Krampf
Beschaffungsmanagement

 **So erhalten Sie Ihre persönliche E-Book-Ausgabe dieses Buches**

1. Auf www.vahlen.de/eBooks gehen

2. Registrieren und Code eingeben

   Ihr Code: **G93UR-4CP8X-FP3DM**

3. Sie erhalten Ihren Downloadlink per E-Mail

Beschaffungsmanagement

Eine praxisorientierte Einführung in
Materialwirtschaft und Einkauf

von

Dr. Peter Krampf

2., überarbeitete und erweiterte Auflage

Verlag Franz Vahlen München

Dr. Peter Krampf ist Gründer und Geschäftsführer der Beratungsfirma Conadeo und darüber hinaus Lehrbeauftragter für Einkaufs- und Prozessmanagement an der Universität Bayreuth. Er hat mehr als 20 Jahre Erfahrung in Management, Beratung und Wissenschaft. Sein Spezialgebiet ist dabei das Beschaffungsmanagement. Dr. Peter Krampf war vor Conadeo bei der Volkswagen AG, McKinsey & Company und der EnBW AG unter anderem in Deutschland, Kroatien, der Türkei und in Dänemark beschäftigt.

ISBN 978 3 8006 4848 1

© 2014 Verlag Franz Vahlen GmbH, Wilhelmstr. 9, 80801 München
Satz: Fotosatz Buck
Zweikirchener Str. 7, 84036 Kumhausen
Druck und Bindung: BELTZ Bad Langensalza GmbH
Neustädter Straße 1–4, 99947 Bad Langensalza
Umschlaggestaltung: Ralph Zimmermann – Bureau Parapluie
Bildnachweise: © Thomas_EyeDesign – istockphoto.com
© AGphotographer – fotolia.com
Gedruckt auf säurefreiem, alterungsbeständigem Papier
(hergestellt aus chlorfrei gebleichtem Zellstoff)

Vorwort zur zweiten Auflage

Die Nachfrage des Verlags Vahlen, eine zweite Auflage des Buches zu erstellen, hat mich sehr gefreut, da mir dies verdeutlicht, dass ich nicht nur von einzelnen Lesern ein positives Feedback erhalten habe, sondern ein breiter Lesekreis Freude an der ersten Auflage hatte. So weiß ich von zahlreichen Praktikern, die das Buch inzwischen in ihrer täglichen Arbeit als Nachschlagewerk nutzen. Sogar an Lehrstühlen außerhalb der Bayreuther Universität wird es für Vorlesungen als Basisliteratur eingesetzt. Und viele Studierende nutzen meine Darstellungen für ihre Master- und Bachelorarbeiten oder Dissertationen. Damit scheint die Idee, Praxis und Theorie im Bereich der Beschaffung näher aneinander zu bringen, gelungen zu sein.

Dieses Buch spiegelt meine zwanzigjährige Erfahrung mit Einkaufsthemen aus verschiedensten Blickwinkeln wider. So habe ich meine Erkenntnisse aus der Theorie ebenso integriert, wie das Know-how als Einkaufssachbearbeiter und -führungskraft sowie mein Wissen aus der Unternehmensberatung. Der Aufbau und die Inhalte differenzieren sich daher auch von anderen Publikationen, da es meine Idee war, sowohl den theoretisch Interessierten, als auch den praktischen Anwendern eine Unterstützung bei der Weiterbildung in Beschaffungsfragen zu geben. Weder war es mein Anliegen, ein reines Lehrbuch mit ausschließlich wissenschaftlichem Verständnis, noch ein reines operatives Nachschlagewerk für die Praxis zu kreieren. Daher sind alle Ausführungen zum besseren Verständnis branchenübergreifend mit zahlreichen Beispielen aus der unternehmerischen Praxis angereichert, und am Ende jedes Kapitels stehen Fragen, deren Antworten sich am Ende des Buches befinden. Die Kapitel schließen jeweils mit einem sehr praxisnahen Fallbeispiel, das kapitelübergreifend verbunden ist.

Aufbau des Buches

Die Struktur des Buches folgt meinen persönlichen Erkenntnissen, wie man sich einem neuen Einkaufsbereich am sinnvollsten nähert und entspricht daher auch dem Aufbau meiner Vorlesung an der Universität Bayreuth. Kapitel 1 beschäftigt sich mit einer Einführung in die Grundlagen der Beschaffung. Am Ende stößt man auf die generelle Fragestellung nach der eigenen Beschaffungsphilosophie, die dann in den beiden nachfolgenden Kapiteln mit den entsprechenden Hebeln ausführlich behandelt werden. Bei der Erhöhung des Wettbewerbsdrucks (Kapitel 2) werden Volumenbündelung, der Einsatz von Alternativlieferanten, ein kontinuierliches Anfragemanagement, Jobrotation, Quotenverschiebung und E-Procurement-Lösungen behandelt. Kapitel 3 (Analyse zur Harmonisierung von Spezifikationen) betrachtet dann die Hebel funktionsübergreifender Teams, Lieferantenmanagement, Konzeptwettbewerbe, technische Ausbildung, Lieferantenintegration sowie Target Costing.

Erst im Anschluss erfolgt die Diskussion zur Einkaufsorganisation (Kapitel 4), weil es meiner Erfahrung entspricht, dass man erst ein Grundverständnis über die Philosophie, Kultur und Strategie eines Unternehmens bzw. eines Bereiches haben sollte, bevor man sich über die Struktur Gedanken macht. In Kapitel 5 folgen wesentliche Fragestellungen zum Einkaufscontrolling, da man gerade im Einkauf sicherstellen muss, dass aus Ideen auch wirkliche Einsparungen werden. Nachdem der Einkauf bei unternehmensweiten Einsparprogrammen immer mehr in den Blickpunkt rückt, findet sich am Ende des Buches (Kapitel 6) ein Praxisbeispiel, das konkret aufzeigt, wie man sehr effizient und in kurzer Zeit Einsparungen durch die Beschaffung erzielen kann.

Neue Inhalte in der zweiten Auflage

Für die zweite Auflage habe ich einige Ergänzungen vorgenommen, um meine Erkenntnisse der letzten beiden Jahre einfließen zu lassen. Neben der allgemeinen Überarbeitung des gesamten Werkes habe ich einige zusätzliche Themen aufgenommen. So habe ich das erste Kapitel um die Betrachtung der strategischen Komponente des Einkaufs im Zusammenspiel mit der Unternehmensstrategie erweitert (Kapitel 1.6). In Kapitel 3.5 wurde das Thema Kooperationen aufgegriffen und hinsichtlich vertikaler und horizontaler Ausrichtung systematisiert sowie um die Darstellung der verschiedenen Ausprägungen, wie man sie in der betrieblichen Praxis vorfindet, ergänzt. Auch im Bereich der Erfolgsmessung habe ich das Konfliktpotenzial zwischen Einkauf und Controlling weiter vertieft, um auch dort eine Brücke zwischen verschiedenen Funktionsbereichen zu ermöglichen. Da es immer noch nicht gelungen ist, eine einheitliche Vorgehensweise bei der Erfolgsmessung zu realisieren, habe ich die Berücksichtigung von externen Effekten und die Überleitung zwischen Controlling und Beschaffung dargestellt und in Kapitel 5.5 verarbeitet. Die transparente Vorgehensweise ist für die Akzeptanz des Einkaufs von enormer Bedeutung, da es sich bei der Kostenreduzierung um die Kernaufgabe der Beschaffung handelt. Ebenso habe ich ein weiteres zusätzliches Kapitel eingefügt, um den aktuellen Entwicklungen des Risikomanagements in der Beschaffung Rechnung zu tragen (Kapitel 5.6).

Mein Dank gilt allen, die mich in den letzten 20 Jahren einkäuferisch inspiriert, begleitet, weiterentwickelt und gefördert haben. Insbesondere bei Siemens Karl-Heinz Weiß, bei Volkswagen Ulf Berkenhagen, Jens Graumann, Thomas Gropp, Stefan Günzel, Ignacio López und Garcia

Sanz, bei McKinsey Dr. Ulrich Fincke, Christian Harm, Dr. Elmar Kades und Massimiliano Sammartano, bei EnBW Kristina Anhut, Wolfgang Braun, Lars Eigenmann, Dieter Lagois, Uwe und Andreas Ludwig und Franc Schütz sowie an der Universität Bayreuth Prof. Dr. Jörg Schlüchtermann. Letztendlich gilt der Dank insbesondere meiner Frau für die Zeit, Unterstützung und Geduld, die sie mir zur Erstellung und Überarbeitung des Buches gelassen hat.

Bedanken möchte ich mich bei meinem Lektor Herrn Dennis Brunotte und dem Verlag Vahlen für die sehr gute Zusammenarbeit bei der Erstellung der ersten und zweiten Auflage. Ebenso bedanken möchte ich mich bei allen Lesern, die mit ihrem Feedback zur Weiterentwicklung beigetragen haben. Ich möchte Sie alle ermuntern, dies auch weiterhin zu tun, denn ich freue mich über jegliche Anregungen und Kritik, da nur so dieses Buch und das Beschaffungsmanagement in Theorie und Praxis weiter voran gebracht werden kann.

Viel Spaß beim Lesen und Studieren.

Ihr *Peter Krampf*
peter.krampf@web.de

Inhaltsverzeichnis

Vorwort zur zweiten Auflage		V
1. Grundlagen der Beschaffung		1
1.1	Beschaffung – Signifikanter Wertbeitrag für das Unternehmen	3
1.2	Aufgaben und Ziele	5
1.3	Beschaffungsprozess – Von der Bedarfsmeldung zum Bestellabruf	6
1.4	Herausforderungen im Einkauf	9
1.5	Merkmalsausprägungen der Beschaffung – Abschied vom Bestellschreiber	11
1.6	Einordnung der Einkaufsstrategie in die Gesamtstrategie eines Unternehmens	14
1.7	Strategiedimensionen im Einkauf	19
1.8	Wettbewerbshebel bzw. Dimensionen der Beschaffung – Die Kunst des Einkaufs	24
1.9	Fragen zu Kapitel 1	26
1.10	Fallstudie 1: Angebotsanalyse der Ausschreibung für Kabel	28
1.11	Literatur zu Kapitel 1	31
2. Erhöhung des Wettbewerbsdrucks auf die Lieferanten zur Reduktion der Produktkosten		33
2.1	Volumenbündelung – Realisierung von Skaleneffekten	33
2.2	Alternativlieferanten – Single versus Multiple Sourcing	35
	2.2.1 Differenzierung von Single Sourcing	36
	2.2.2 Vorteile von Single und Multiple Sourcing	38
2.3	Anfragemanagement – aktiv, konsequent und kontinuierlich	39
	2.3.1 Vier Schritte beim kontinuierlichen Anfragemanagement	42
	2.3.2 Erfolgsfaktoren beim kontinuierlichen Anfragemanagement	45
2.4	Global Sourcing – Verbreiterung der Lieferantenbasis	46
	2.4.1 Grundgedanken zu Global Sourcing	47
	2.4.2 Priorisierungsmöglichkeit bei der Einführung	51
	2.4.3 Vor- und Nachteile von Global Sourcing	55

- 2.5 Jobrotation – Erhöhung der Dynamik 57
- 2.6 Quotenverschiebung – Nutzung kurzfristiger Potenziale .. 59
- 2.7 E-Procurement zur Prozess- und Produktkostenoptimierung 60
- 2.8 Exkurs: Die Forderung nach einer Reduzierung der Lieferantenzahl bzw. die Suche nach der optimalen Lieferantenzahl 65
- 2.9 Fragen zu Kapitel 2 67
- 2.10 Fallstudie 2: Global Sourcing........................... 68
- 2.11 Literatur zu Kapitel 2 69

3. **Kosteneinsparungen durch Harmonisierung von Spezifikationen**... 71
   - 3.1 Zusammenarbeit in funktionsübergreifenden Teams...... 71
     - 3.1.1 Optimierung der Produktkosten................... 76
     - 3.1.2 Potenzialanalyse mit Linear Performance Pricing 78
   - 3.2 Nutzung eines Lieferantenmanagements 81
     - 3.2.1 Prozess des Lieferantenmanagements 81
     - 3.2.2 Auswahlkriterien bei der Lieferantenauswahl 85
   - 3.3 Design-to-Value – Nutzung des verfügbaren Know-hows .. 87
   - 3.4 Technische Ausbildung der Einkäufer 92
   - 3.5 Kooperationen mit Lieferanten und Wettbewerbern....... 94
     - 3.5.1 Vertikale Kooperationen – Intensivierung der Zusammenarbeit mit den Lieferanten 97
     - 3.5.2 Modular Sourcing – Veränderung der Lieferantenpyramide 99
     - 3.5.3 Just-in-time – Erhöhte Verantwortung bei Zulieferern 103
     - 3.5.4 Horizontale Kooperationen – Bedarfe mit Wettbewerbern bündeln 105
   - 3.6 Target Costing – Analyse von Zielvorgaben 108
   - 3.7 Fragen zu Kapitel 3 114
   - 3.8 Fallstudie 3: Verhandlungsstrategie 118
   - 3.9 Literatur zu Kapitel 3 120

4. **Einkaufsorganisation – Zentralisation versus Dezentralisation** 125
   - 4.1 Dezentrale Einkaufsorganisation – Nutzung der Kundennähe 126
   - 4.2 Zentrale Einkaufsorganisation – Bündelung der unternehmensweiten Kompetenz............................... 127
   - 4.3 Hybride Organisationsformen im Einkauf – Das Beste aus zwei Extremwelten 129

4.4	Veränderung der Einkaufsorganisation – Praxisbeispiel Kion Group	134
4.5	Fragen zu Kapitel 4	137
4.6	Fallstudie 4: Einkaufsorganisation	137
4.7	Literatur zu Kapitel 4	138

5. Einkaufscontrolling zum Erfolgsnachweis ... 141

5.1	Grundlagen des Einkaufscontrollings	142
5.2	Portfoliomanagement in der Beschaffung	144
5.3	Balanced Scorecard im Einkauf	146
5.4	Kennzahlen – Transparenz und Kostenkontrolle	152
5.5	Messung der Beschaffungsperformance zum Nachweis der Leistungsfähigkeit des Einkaufs	156
5.6	Risikomanagement in der Beschaffung	162
5.7	Visualisierung von Informationen	165
5.8	Projektcontrolling – Von Ideen zu Einsparungen	167
5.9	Fragen zu Kapitel 5	170
5.10	Fallstudie 5: Einkaufscontrolling	171
5.11	Literatur zu Kapitel 5	172

6. Praxisbeispiel: Durchführung eines effizienten Programms zur Materialkostenoptimierung durch Erhöhung des Wettbewerbsdrucks ... 175

6.1	Diagnosephase zur Projektorganisation und Potenzialermittlung	176
6.2	Erzeugung von Datentransparenz	179
6.3	Start des Anfrageprozesses	180
6.4	Durchführung der Verhandlung und Entscheidungsfindung	184
6.5	Umsetzung von Entscheidungen	186
6.6	Fragen zu Kapitel 6	188
6.7	Literatur zu Kapitel 6	188

7. Lösungen zu den Fragen und Fallstudien in den jeweiligen Kapiteln ... 191

7.1	Lösungen zu den Fragen	191
7.2	Lösungen zu den Fallstudien	204

Literaturverzeichnis ... 209

Sachregister ... 215

1 Grundlagen der Beschaffung

> „Purchasing was considered a ‚cost of doing business' item, instead of a contributor to the company's bottom line. The purchasing department was customarily stuck in the back offices and outfitted with castaway furniture, broken-down chairs, and old typewriters. In extreme cases, purchasing was a clerical function, usually run by an older supervisor who knew a lot about the company and product, but who was not considered star material or a candidate for one of the glamorous front-office jobs."
>
> Paquette, 2004, S. 1

„Einkaufen kann jeder". Diese Meinung über die Aktivitäten im Einkauf ist sicherlich die größte Hürde in den Professionalisierungsanstrengungen der Beschaffung. Erscheint es auf den ersten Blick relativ unkompliziert und unspektakulär, Waren oder Dienstleistungen einzukaufen, so zeigt sich bei intensiver Beschäftigung mit dem Thema, dass es sich doch um einen entscheidenden Werthebel im Unternehmen handelt und ein professionelles Vorgehen unabdingbar ist. Mit dem „Shopping" am Wochenende hat die professionelle Vorgehensweise im Einkauf am Ende nur wenig gemeinsam.

Auf Grund dieser allgemeinen Meinung verwundert es auch nicht, dass erst in den 90er Jahren die ersten wissenschaftlichen Auseinandersetzungen mit dem Thema Beschaffung und Einkauf begonnen haben und sich erste Arbeiten dazu finden. Sicherlich wurde diese Entwicklung durch die öffentlichkeitswirksamen Aktivitäten von Dr. José Ignacio López de Arriortúa ab 1987 bei General Motors und zwischen 1993 und 1996 bei Volkswagen angetrieben. Bereits vorher hatte er mit seinen „Kriegern" bei General Motors große Erfolge durch Verbesserungen im Einkauf erzielt, nachdem Jack Smith nach seiner Ernennung zum Europachef von Opel erkannt hatte, dass die Materialkosten nicht nur über 50 % des Aufwandes im Unternehmen ausmachen, sondern ein effizient gemanagter Einkauf auch einen klaren Wettbewerbsvorteil darstellt.[1] Sukzessive wird seit dieser Zeit der enorme Werthebel der Beschaffung in den Unternehmen hervorgehoben. Doch trotz der stärkeren Berücksichtigung in Theorie und Praxis klafft auch weiterhin in vielen Unternehmen eine deutliche Lücke zwischen machbarer und wirklich gelebter Praxis. Das liegt weitestgehend an der fehlenden Kenntnis und Ausbildung der Manager im Bereich Einkauf. So haben bis heute nur sehr wenige Vorstände in den Dax-Unternehmen überhaupt Erfahrung im Einkauf sammeln können. Garcia Sanz von Volkswagen oder der ehemalige Peugeot-Vorstand Jean-Philippe Collin stellen dabei eine große

---

[1] Vgl. Versteeg, 1999, S. 12, López, 1998, S. 90 f.

Ausnahme dar. In Erkenntnis der hohen Bedeutung innerhalb des Unternehmens wurde beispielsweise auch bei BMW inzwischen ein eigenes Vorstandsressort für die Einkaufsaktivitäten eingerichtet.

Auch die Überzeugung, sowieso bereits alles richtig zu machen, ist für Optimierungsbemühungen hinderlich. Welcher Top-Manager, der die Beschaffung schon längere Zeit verantwortet, lässt sich gerne die Frage gefallen, warum er plötzlich mehrstellige Millionenbeträge im Einkauf einsparen kann und nicht bereits viel früher damit gestartet hat? Statt dem Blick zurück, sollte aber besser ein derartiges Ergebnis positiv hervorgehoben und entsprechend gewürdigt werden.

Herausforderungen im Einkauf

Verschiedenste Herausforderungen betreffen die zukünftige Ausrichtung und Aufstellung des Einkaufs. So stellt sich die Frage, inwieweit eine Kostenorientierung und/oder eine Betrachtung des Gesamtergebnisses im Vordergrund stehen. Wie weit gehen die Aufgaben des Einkaufs innerhalb der Wertschöpfungskette („Supply Chain Management")? In welchen Ländern wird zukünftig verstärkt produziert und wie findet man für welche Warengruppe dort geeignete Lieferanten? Wie kann die Auswahl und die Zusammenarbeit mit den Lieferanten gestaltet werden? Und wie sollte sich der Einkauf zukünftig aufstellen? Ist eher eine zentrale oder dezentrale Einkaufsorganisation erfolgreich? Wie kann die Erfolgsmessung des Einkaufs im Zusammenspiel mit den Anforderungen des Unternehmenscontrollings aussehen? Für diese und etliche andere Fragestellungen soll in diesem Buch eine Antwort gegeben werden, die theoretisch fundiert, aber auch praktikabel hinterlegt ist, und mit Beispielen untermauert wird. Dabei wird häufig auf Beispiele aus der Automobilindustrie zurückgegriffen. Das liegt zum einen daran, dass diese Industrie als eine der ersten erkannt hat, welches Potenzial im Einkauf steckt und zahlreiche Ideen bereits erfolgreich umgesetzt hat. Zum anderen ist das Beispiel „Auto" auch für viele sehr einfach verständlich und nachvollziehbar. Die meisten Beispiele können sehr einfach auf andere Branchen und Unternehmensgrößen übertragen werden. Am Ende findet sich noch die Darstellung, wie ein Einkaufsprojekt erfolgreich auf- und umgesetzt werden kann, um die Kosten für extern bezogene Materialien und Dienstleistungen konsequent zu reduzieren. In den meisten Organisationen ist dies, mit der Komplexität ihrer über Tausenden von Teilenummern und Hunderten von Lieferanten keine ganz einfache Aufgabe.

1.1 Beschaffung – Signifikanter Wertbeitrag für das Unternehmen

„Erstmals in der Unternehmensgeschichte von General Motors nahmen die Materialkosten, die bisher stetig gestiegen waren, von Jahr zu Jahr ab."

López, 1998, S. 90

Vergleicht man den Anteil der Kostenarten in unterschiedlichen Branchen, so fällt auf, dass der Materialkostenanteil in den meisten Fällen einen signifikanten Anteil einnimmt. In der Mehrzahl starten Optimierungsprojekte bei der Reduktion von Mitarbeitern. Aber während die Personalkosten in den meisten Branchen zwischen 20 % und 30 % schwanken zeigt sich im Materialkostenanteil, der sich in der Regel zwischen 50 % und 70 % bewegt, ein wesentlich höherer Hebel für Optimierungen. In den meisten Unternehmen wurden in der Vergangenheit bereits mehrfach die Personalkosten reduziert und Outsourcing vorangetrieben. Der Materialkostenanteil wurde jedoch häufig nur „stiefmütterlich" betrachtet. So verstärkt sich das Optimierungspotenzial, das im Einkauf steckt, in der Praxis noch. Entsprechende Projekte zeigen auf, dass Einsparungen von 10 % und mehr bei den Materialkosten noch möglich sind. Dies trifft insbesondere dort zu, wo der Einkauf im Unter-

50 % bis 70 % der Gesamtkosten sind Materialkosten

Abb. 1: Kostenvergleich in verschiedenen Branchen

Material- und Personalkosten in verschiedenen Branchen

Kostenanteile
in Prozent vom Bruttoproduktionswert

Branche	Materialkosten	Personalkosten	Sonstige Kosten
Bergbau	34,7	28,7	36,6
Chemische Industrie	60,0	14,8	25,2
Textilgewerbe	56,9	23,4	19,7
Maschinenbau	55,8	24,2	20,0
Fahrzeugbau	72,1	14,8	13,1
Elektrotechnik	53,5	26,2	20,3
Metallerzeugnisse	70,8	12,6	17,6
Baugewerbe	61,6	28,6	10,8

↑ 100%

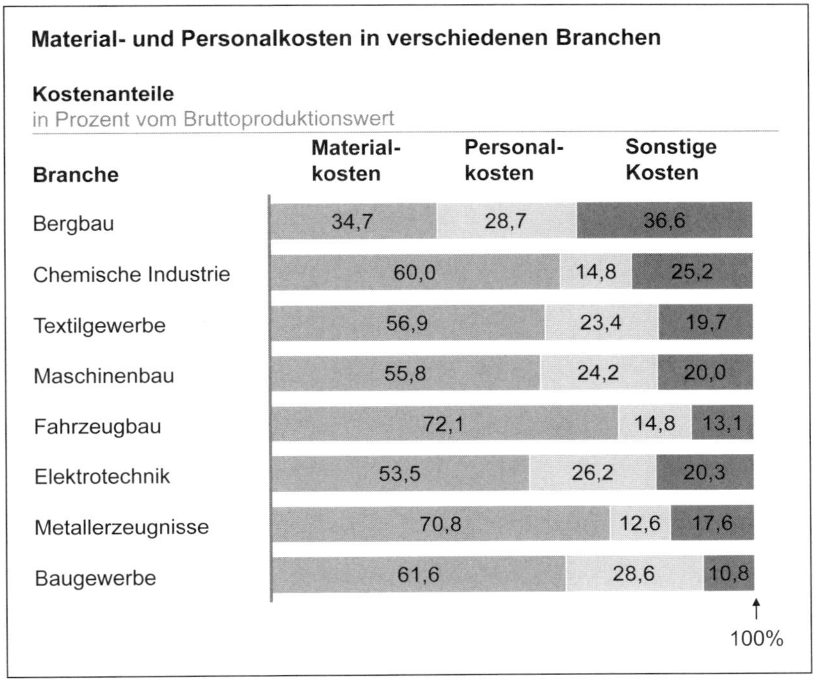

Quelle: Statistisches Bundesamt, 2010, S. 377

1 Grundlagen der Beschaffung

nehmen lediglich als „Bestellabwickler" betrachtet wird und hauptsächlich administrative Aufgaben übernimmt. Teilweise fehlt dort sogar mit dem einfachen Überblick über Einkaufsvolumen, Lieferanten und Vertragskonditionen bereits die Basis jeglicher aktiver Einkaufsarbeit. Dies trifft in der Praxis in einigen Branchen leider immer noch zu.

Bei Kostenoptimierungen hat der Einkauf oberste Priorität

Definitiv tragen alle Bereiche und Abteilungen zum Erfolg eines Unternehmens bei. Bei Kostenoptimierungen hat jedoch der Einkauf oberste Priorität. Als Hebeleffekt in der Beschaffung wird dabei das Phänomen bezeichnet, dass mit Einsparungen im Einkauf relativ leicht signifikante Verbesserungen der Unternehmenskennzahlen erzielt werden können, wohingegen andere Optimierungsmaßnahmen nur sehr schwer an diese Ergebnisse heranreichen. Der Hebeleffekt kann durch ein einfaches Beispiel verdeutlich werden:[2]

4 % Kosteneinsparung können den ROI um 40 % erhöhen

Ein Unternehmen mit einem Umsatz von 105 Einheiten, Material- und sonstigen Kosten von jeweils 50 Einheiten und betriebsnotwendigem Kapital von 35 Einheiten kann seinen Return on Investment (RoI) durch eine Senkung der Materialkosten von vier Prozent (Reduktion von 50 auf 48 Einheiten) um 40 % verbessern. Um den gleichen Effekt mithilfe des Vertriebes zu erzielen, müsste dort der Umsatz um 40 % erhöht werden.

Abb. 2: Hebeleffekt der Beschaffung

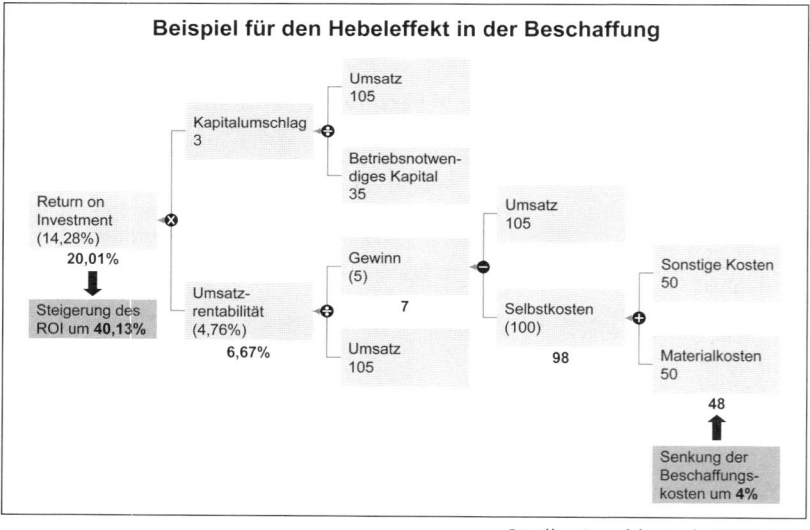

Quelle: Arnolds et al., 2012, S. 15

Ein derartig hohes Umsatzwachstum ist heutzutage jedoch nur in neuen Märkten bzw. mit neuen Produkten zu erzielen. Eine Senkung der Materialkosten um vier Prozent ist bei konsequentem Einsatz der Einkaufshebel jedoch durchaus realistisch und – wie oben geschildert – in Branchen

---
[2] Vgl. Arnolds et al., 2012, S. 14 f.

bzw. Unternehmen, in denen die Beschaffung in der Vergangenheit nur einen geringen oder überhaupt keinen Fokus hatte, sogar deutlich zu übertreffen. Warum aber bis heute der Einkauf immer noch in vielen Bereichen ein „stiefmütterliches Dasein" fristet, ist schwer nachvollziehbar. Insbesondere wenn man berücksichtigt, dass die Einspareffekte personalneutral sind, d.h. zur Realisierung kein Personalabbau im eigenen Unternehmen notwendig ist. Darüber hinaus können die freiwerdenden finanziellen Mittel für die Finanzierung von Wachstumsthemen des eigenen Unternehmens genutzt werden.

1.2 Aufgaben und Ziele

> *„Glücklicherweise waren und sind Einkäufer zu einem großen Teil ‚Macher'"*
> Bergauer, Wierlemann, in: Bergauer, Wierlemann, 2008, S. 19

Aufgabe der Beschaffung ist es, innerhalb des Unternehmens die Verfügbarkeit der benötigten, aber nicht selbst hergestellten Objekte unter Beachtung des Wirtschaftlichkeitsprinzips sicherzustellen. Dies bedeutet die Planung, Steuerung, Durchführung und Kontrolle von Verbrauchsfaktoren und Betriebsmitteln. Die Beschaffung versorgt die anderen Unternehmensbereiche damit mit denjenigen Gütern, die diese zur Erfüllung ihrer Funktion benötigen. In der Praxis werden die zu versorgenden Organisationseinheiten auch als Bedarfsträger oder interne Kunden bezeichnet. **Aufgaben**

Der Einkauf hat damit die Verantwortung für alle Inputfaktoren, die in die Fertigung gelangen, d.h. Verbrauchsfaktoren und Betriebsmittel. Diese werden häufig auch als direktes und indirektes Material bezeichnet. Manche Autoren integrieren dabei die Humanfaktoren. Da dies jedoch in der unternehmerischen Praxis nur in sehr seltenen Fällen vorkommt und in der Regel das Personalwesen einen eigenen Unternehmensbereich darstellt, soll dieser Ansatz im Folgenden nicht weiter verfolgt werden.

Der Einkauf bearbeitet die Inputfaktoren der Fertigung (Planung, Steuerung, Durchführung und Kontrolle) unter dem Wirtschaftlichkeitsprinzip, d.h. sein Ziel ist es, eine gegebene Menge zu minimalen Kosten zu beschaffen bzw. für definierte Kosten die beschaffte Menge zu maximieren. **Ziele**

In der Literatur werden die anfallenden Ziele im Einkauf in drei Gruppen unterteilt: Die Sach- und Formalziele sowie die Nebenbedingungen.

Das Sachziel bedeutet, dass man vom Einkauf erwartet, den Bedarf in der richtigen Menge, zum richtigen Zeitpunkt, im geforderten Qualitätsniveau und zu den günstigsten Kosten zur Verfügung zu stellen. Der Sicherheit der Versorgung wird dabei immer größere Bedeutung zugemessen, da Fragen der Produkthaftung, wie z.B. Rückrufaktionen im **Sachzielquadrant: Menge, Zeit, Qualität, Kosten**

ns. Fehlende Bauteile oder fehlerhafte Fertigprodukte beeinträchtigen darüber hinaus den Verkaufserfolg eines Unternehmens, was insbesondere dann von großer Bedeutung ist, wenn eine schnelle Markteinführung für den Erfolg eines Produktes und die Amortisation von Forschungs- und Entwicklungs-Kosten notwendig ist, wie man dies z. B. in der Pharma- oder IT-Branche vorfindet.

Die Qualität von Produkten wird im Wesentlichen durch die Exaktheit der Spezifikation, die Präzision von Zeichnungen, die Auswahl qualifizierter Lieferanten sowie die Durchführung von Eingangsprüfungen beeinflusst.

Formalziel Das Formalziel teilt die Kosten in die direkten, d. h. Anschaffungskosten und die indirekten, d. h. die Bestellabwicklungs-, Lagerhaltungs- und Fehlmengenkosten auf, die durch den Einkauf reduziert werden müssen. Daneben gibt es für den Einkauf unternehmensspezifische Nebenbedingungen, wie z. B. dass die Beschaffung schnell abgewickelt, durch Gegengeschäfte der Absatz erhöht und eigene Konzernbetriebe bei der Vergabe berücksichtigt werden.

1.3 Beschaffungsprozess – Von der Bedarfsmeldung zum Bestellabruf

„Nur wenn man weiß, was der Kunde will, kann man gezielt und erfolgreich einkaufen und produzieren."

Hildebrandt, in: Fröhlich, Lingohr, 2010, S. 59

Maverick Buying Eine wesentliche Herausforderung ist es, die Beschaffungsaktivitäten im Unternehmen ausschließlich über den Einkauf zu organisieren. In vielen Unternehmen findet man noch eine hohe Anzahl an Fachbereichen, die ohne Einbindung des Einkaufs Aufträge an Lieferanten vergeben können. Dies wird als „Maverick Buying" bezeichnet. Beschaffungstätigkeiten werden dabei ohne Befugnis oder entgegen den formalen Regeln von anderen Bereichen übernommen. Z. B. beauftragt der Rechtsbereich externe Anwaltskanzleien für Gutachten, Merger & Akquision oder der Finanzbereich involviert direkt Banken für Transaktionen, die Marketingabteilung kauft Kreativleistungen bei Agenturen und der Finanz- und Steuerbereich arbeitet mit Wirtschaftsprüfungsgesellschaften zusammen. Auch die Nichtnutzung von abgeschlossenen Rahmenverträgen zählt dazu. Dies kann vielfältige Ursachen haben. Beispielsweise könne die Rahmenverträge nicht bekannt sein, die Überzeugung vorliegen, dass die Konditionen nicht optimal sind, ein anderer Lieferanten präferiert sein oder ganz einfach Kompetenz- und Machtspiele vorliegen. So hat sich bei genauer Analyse der HypoVereinsbank AG herausgestellt, dass der Einkauf nur 25 % des Gesamtvolumens kennt und damit 75 %

1.3 Beschaffungsprozess

weder verantworten noch beeinflussen konnte.[3] Letztendlich reicht es nicht aus, Maverick Buying durch Sanktionen oder Zwangsmaßnahmen unterbinden zu wollen, sondern es muss eine genauere Ursachenanalyse stattfinden, da in der Praxis häufig auch die geringe Dienstleistungsqualität der Beschaffung einen Grund darstellt, dass andere Unternehmensbereiche den Einkauf umgehen.

Der Beschaffungsprozess kann vielfältig dargestellt werden und hängt ganz wesentlich davon ab, welche Aufgaben an den Einkauf delegiert werden. Insbesondere gibt es in der Theorie und Praxis keine Einigkeit, ob logistische Aktivitäten in die Aufgabenbeschreibung zu integrieren sind. Die Logistik beschäftigt sich dabei mit dem physischen Transport aller eingekauften Waren vom Lieferanten zur eigenen Produktion bzw. innerhalb des eigenen Unternehmens.

Im Folgenden soll eine Übersicht des Beschaffungsprozesses anhand eines achtstufigen Vorgehens dargelegt werden.[4] In den nachfolgenden Kapiteln dieses Buches werden auf dieser Basis einzelne Schritte bzw. Elemente vertieft und im sechsten Kapitel ein praxiserprobter Ansatz anhand eines Kosteneinsparungsprogramms aufgezeigt.

Achtstufiger Beschaffungsprozess

Vom internen Kunden muss dem Einkauf das „Signal" für den Start des Beschaffungsprozesses in Form einer Bedarfsmeldung gegeben werden. Dabei sollten im Projektgeschäft bereits auch entsprechende Budgetfreigaben vorliegen. Idealerweise geschieht die Bedarfsmeldung in einem Unternehmen über eine einheitliche IT-Plattform, um einen standardisierten Ablauf zu gewährleisten.

1. Bedarfsmeldung

Um die Anforderungen der Technik bzw. des anfordernden Bereiches richtig an den Lieferanten übermitteln zu können und um spätere Ungereimtheiten zu vermeiden, ist es erforderlich, dass vom internen Kunden entsprechende Spezifikationen erstellt werden, die das Anforderungsprofil an die Dienstleistung bzw. Material, Ausgestaltung, Beschaffenheit, Menge, Qualität, Lieferzeitpunkt etc. möglichst exakt beschreiben. Derartige Lastenhefte für das zu beschaffende Produkt bzw. die Dienstleistung werden dann der Anfrage als Basis beigelegt. Sollten die Beschreibungen nicht vorhanden sein, hilft es teilweise auch, Referenzteile mit in der Ausschreibung zu versenden. Mithilfe der Grobanforderungen kann dann eine sogenannte funktionale Ausschreibung erfolgen. Dies kann den Vorteil haben, dass Lieferanten zusätzlich ihre eigenen kreativen Ideen in den Lösungsansatz einbringen können. Je genauer jedoch die Produkte bereits in diesem frühen Stadium spezifiziert sind, desto einfacher ist später eine verursachungsgerechte Zuordnung bei Änderungen. Ansonsten drohen umfangreiche Diskussionen, wenn Lieferanten Mehrkosten einfordern und somit ihre Preise zu erhöhen versuchen.

2. Erstellung Spezifikation

---

[3] Vgl. Pintz, in: Bergauer, Wierlemann, 2008, S. 143.
[4] Eine ähnliche Unterscheidung und sehr ausführliche Beschreibung des Beschaffungsprozesses findet sich bei Arnolds et al., 2012, S. 161 ff.

Abb. 3: Beschaffungsprozess

Schritte im Beschaffungsprozess in der Praxis

D = Durchführung
M = Mitwirkung

	Bedarfs-meldung	Erstellung Spezifikation	Anfrage/ Ausschreibung	Angebots-vergleich	Verhand-lungsvor-bereitung	Vergabe-verhand-lung	Bestell-schreibung	Bestell-abruf
	• Bedarfsanforderung an den Einkauf • Information hinsichtlich Menge und Budget	• Spezifikation unter Berücksichtigung von Qualität, Funktion und Materialkosten	• Gemeinsame Lieferantenauswahl • Erstellung Ausschreibung • Versand Unterlagen • Eingang Angebote	• Technische Freigabe durch Kunden • Kaufmännische Freigabe durch Einkauf	• Gemeinsame Abstimmung der Strategie • Planung Verhandlungsablauf	• Verhandlungsführung • Technisch: Kunde • Kaufmännisch: Einkauf • Vergabe	• Bestellschreibung im Einkaufssystem	• Abrufe aus Rahmenverträgen
Verantwortung								
Interner Kunde	D	D	M	M	M	M	M	D
Einkauf	M	M	D	D	D	D	D	M

Quelle: Eigene Darstellung

3. Anfrage/Ausschreibung	Aufgabe des Einkaufs ist es anschließend, das zu beschaffende Gut auf Basis der vom Kunden gelieferten Informationen auszuschreiben. Hierzu werden gemeinsam Lieferanten festgelegt. Viele Unternehmen nutzen dabei heute bereits elektronische Tools, die den gesamten Beschaffungsprozess deutlich verschlankt und vereinheitlicht haben.
4. Angebotsvergleich	Der Einkauf nimmt nach der Ausschreibung die Angebote entgegen und versucht auf einer objektiven Ebene diese zu vergleichen, um eine Entscheidungsfindung vorzubereiten. Die fachliche Prüfung hat dabei durch den internen Kunden zu erfolgen. Die kaufmännische Analyse unterliegt dem Einkauf.
5. Verhandlungsvorbereitung	Die Aufgabe des Beschaffungsbereiches ist es dann, eine entsprechende Verhandlungstaktik auszuarbeiten und abzustimmen. Je besser es ihm gelingt, die Interessen der Verkäufer zu verstehen und sich darauf einzustellen, desto eher wird der Einkäufer einen Lösungsansatz kreieren, der beide Seiten zufrieden stellt. Eine große Zahl an Seminaranbietern hat sich auf entsprechende Trainings spezialisiert und schlägt unterschiedliche Vorgehensweisen vor. Am bekanntesten ist sicherlich das „Harvard-Prinzip"[5], welches das Ziel verfolgt, durch Ausgleich der Bedürfnisse eine Win-win-Situation zu schaffen. Generell ist es das Grundverständnis aller Ansätze, dass eine entsprechend gute Vorbereitung mit Lieferantenanalyse, Benchmarks etc. einen wesentlichen Garant für eine

---
[5] Vgl. Fisher, Ury, Patton, 2013.

erfolgreiche Verhandlung darstellt. Am Ende muss die Verhandlungstaktik mit den involvierten Verhandlungspartnern des eigenen Unternehmens, so beispielsweise Technik, Logistik abgestimmt werden.

Auf Basis der Vorbereitung findet anschließend die eigentliche Verhandlung statt. In der Praxis hat sich neben der persönlichen oder telefonischen inzwischen auch die elektronische Verhandlung etabliert. Dort finden sich verschiedene Vorgehensweisen, wie beispielsweise die holländische oder die Reverse Auction[6], die teilweise auch im privaten Umfeld (z. B. Ebay) Einklang gefunden haben. Am Ende der Verhandlung stellt der Einkauf das Ergebnis zusammen und legt dies im Idealfall einem interdisziplinär besetzten Gremium als Vergabevorschlag dar. Zielsetzung ist es in der Regel, dem wirtschaftlich günstigsten Lieferanten den Auftrag für die Belieferung zu erteilen.

6. Vergabeverhandlung

Begann bis vor einigen Jahren erst mit der Bestellschreibung die Wertschöpfung des Einkaufs, so hat sich dies inzwischen weitestgehend verändert. Die Bestellschreibung stellt den Abschluss erfolgreicher Einkaufsaktivitäten dar. Nach der Vergabeentscheidung müssen die entsprechenden Daten in das IT-System eingepflegt und eine entsprechende Bestellung an den Lieferanten verschickt werden. Viele Firmen sind dazu übergegangen, dass nur mit der Angabe der Auftragsnummer, die mit der Bestellung automatisch vergeben wird, Rechnungen vergütet werden. Damit wird das Maverick Buying und die Vergabe „auf Zuruf" im Unternehmen signifikant reduziert.

7. Bestellschreibung

Am Ende des Beschaffungsprozesses können bei Rahmenverträgen, die Aufträge über einen längeren Zeitraum beinhalten, auf Basis der eingegebenen Bestellung nun die anfallenden Mengenabrufe aus dem IT-System getätigt werden. Diese Aktivität entfällt in zahlreichen Unternehmen auch bereits auf den Bereich Disposition bzw. Logistik.

8. Bestellabruf

1.4 Herausforderungen im Einkauf

„Die Beschaffung wurde ... lange von vielen Firmen nur als notwendiges Übel und nicht als wertsteigernde Funktion angesehen."
Hildebrandt, in: Fröhlich, Lingohr, 2010, S. 59

Zahlreiche Umwelt- und Umfeldveränderungen zwingen den Einkauf, seine Aktivitäten kontinuierlich zu überprüfen und anzupassen. So gewinnt bspw. die Internationalisierung immer mehr an Bedeutung und

Internationale Lieferantenbasis

---

[6] Bei der holländischen Auktion nennt der Auktionator anfänglich einen niedrigen Preis, der sukzessive erhöht wird. Derjenige Lieferant, der als erstes das Gebot akzeptiert, erhält den Zuschlag. Bei der Reverse Auktion wird mit einem Maximalpreis (meist das günstigste Angebot der ersten Runde) gestartet und während eines fest definierten Zeitraums unterbieten sich die Zulieferer. Es erhält derjenige Lieferant den finalen Zuschlag, der am Ende das günstigste Angebot abgibt.

erhöht die Anforderungskomplexität an die Beschaffung von Produkten. Auf der einen Seite werden die Absatzmärkte globaler erschlossen, auf der anderen Seite findet auch die Produktion zunehmend in unterschiedlichen Ländern statt. Daher muss der Einkauf seine Lieferantenbasis international ausrichten, um z. B. Local Content-Anforderungen gerecht zu werden, wenn Länder einen gewissen Bezug von nationalen Lieferanten fordern, um überhaupt erst Endprodukte in diesem Land vertreiben zu können, beispielsweise eine Fertigung zu unterhalten. Z. B. verbessert sich in der Türkei die Einspeisevergütung, wenn man beim Bau von Windkraftanlagen türkische Zulieferer bei Bauteilen berücksichtigt. Darüber hinaus hilft der Bezug von ausländischen Lieferanten, um Potenziale auf Basis unterschiedlicher Preisniveaus auszunutzen. In erster Linie geht es dabei um die Nutzung von Lohnkostenunterschieden. Daneben zeigen sich ebenso Differenzen in den Materialkosten und dem Einsatz von Kapital in unterschiedlichen Ländern.

Variantenvielfalt Auch die Kundenanforderungen zwingen die meisten Branchen zu immer höherer Variantenvielfalt ihrer Endprodukte. So erwarten die Kunden Auswahlmöglichkeiten beispielsweise zwischen Karosserievarianten, verschiedenen Motorstärken, Farb- und Stoffkombinationen sowie weiteren optionalen Ausstattungsmöglichkeiten. Das reduziert die eingekaufte Menge bei gleichzeitig höherer Varianz an unterschiedlichen Zukaufteilen. Parallel steigt jedoch auch die Komplexität und Vernetzung der einzelnen Produktkomponenten. Waren beispielsweise vor einigen Jahren noch viele mechanische Bauteile in einem Fahrzeug zu finden, so haben die neuen Modelle der Automobilindustrie kontinuierlich mehr elektronische Bauteile bekommen. Trotz einer höheren Variantenvielfalt und geringeren Mengen je Kaufteil wird von der Beschaffung erwartet, die Produkte zu gleichen bzw. günstigeren Konditionen zu beziehen.

Interdisziplinäre Entscheidungen Der Einfluss von Anspruchsgruppen nimmt in der Entscheidung ebenfalls zu. Eine gesamthafte Betrachtung unter Total Cost Gesichtspunkten benötigt neben dem Einkaufsbereich z. B. auch die Involvierung des Technikbereichs, der Produktion, der Qualitätssicherung oder der Logistik. Eine Nichtberücksichtigung derartiger Unternehmensbereiche könnte im späteren Ablauf zu Mehraufwänden, wie z. B. in der Fertigung oder durch Nacharbeiten, führen.

Kürzere Entwicklungszeiten Eine wesentliche Herausforderung ist es auch, die immer weiter sinkenden Innovationszeiten von Produkten zu bewerkstelligen. Die Verkaufszeit der ersten Golfgeneration war beispielsweise noch neun Jahre (von 1974 bis 1983) gewesen. Die Entwicklungszeit des Nachfolgermodells war damit ebenfalls entsprechend lang. Inzwischen hat sich dies beim Modellwechsel von Golf V auf Golf VII auf vier Jahre (von 2008 bis 20012) verkürzt. Das bedeutet, dass sich die Entwicklung und Entscheidungsfindung für neue Kaufteile mehr als halbiert hat. Neben der schnelleren Reaktionszeit für Entwicklung, Einkauf, Produktion etc. ist ein Produkt damit auch eine deutlich geringere Zeit auf dem Markt und muss in

1.5 Merkmalsausprägungen der Beschaffung

Abb. 4: Produktlebenszyklus bei Golf-Modellen

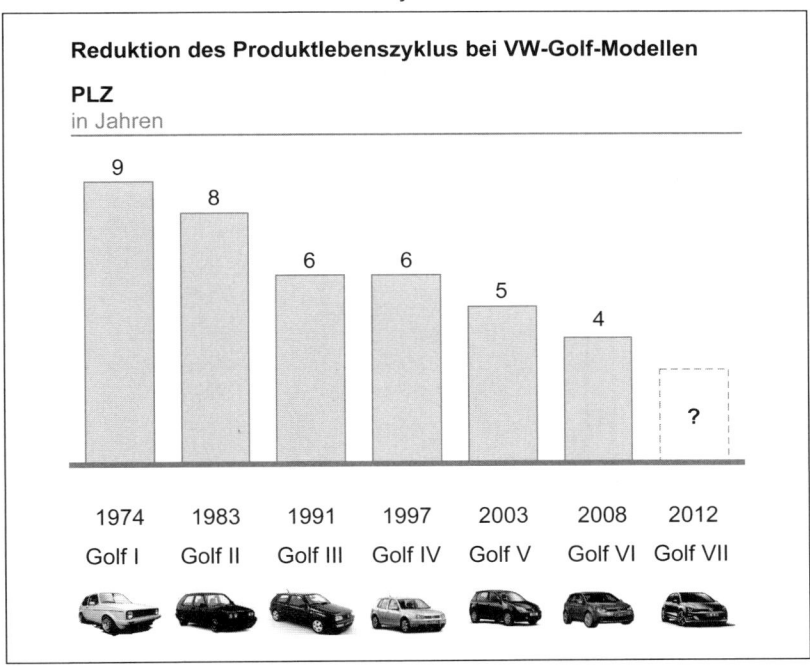

Quelle: FAZ, 2.9.2012, S. 36, Eigene Darstellung

dieser Phase seine Entwicklungskosten amortisieren. Steigen die Verkaufszahlen pro Jahr nicht entsprechend an, so bedeutet dies, dass sich auch die Stückzahlen je verkauften Modells drastisch reduzieren. Während vom Modell Golf I 6,7 Millionen Stück verkauft werden konnten wurde das letzte Modell, der Golf VI, nur noch 2,8 Millionen Mal an Kunden ausgeliefert. Bei gleichbleibenden Entwicklungskosten hätte sich damit der Fixkostenbetrag für Entwicklungskosten je Fahrzeug mehr als verdoppelt.

1.5 Merkmalsausprägungen der Beschaffung – Abschied vom Bestellschreiber

„Compared to other business functions, for quite some time purchasing has lacked adequate recognition as a major contributor to achieving sustainable competitive advantages."

Kaufmann, in: Hahn, Kaufmann, 2002, S. 5

Das Berufsbild des Einkäufers hat sich in den Branchen und Unternehmen, die dem Einkauf eine höhere Bedeutung zugewiesen haben, in den letzten Jahren stark verändert. War früher der Fokus eher auf dem „Be-

Einkäufer als Inhouse-Consultant

Abb. 5: Merkmalsausprägungen der Beschaffung

Merkmalsausprägungen der Beschaffung

	Marktorientierung Niedrig	Marktorientierung Hoch
Betriebsorientierung Hoch	Materialwirtschaft	Beschaffungsmarketing
Betriebsorientierung Niedrig	Bestellschreibung	Moderner Einkauf

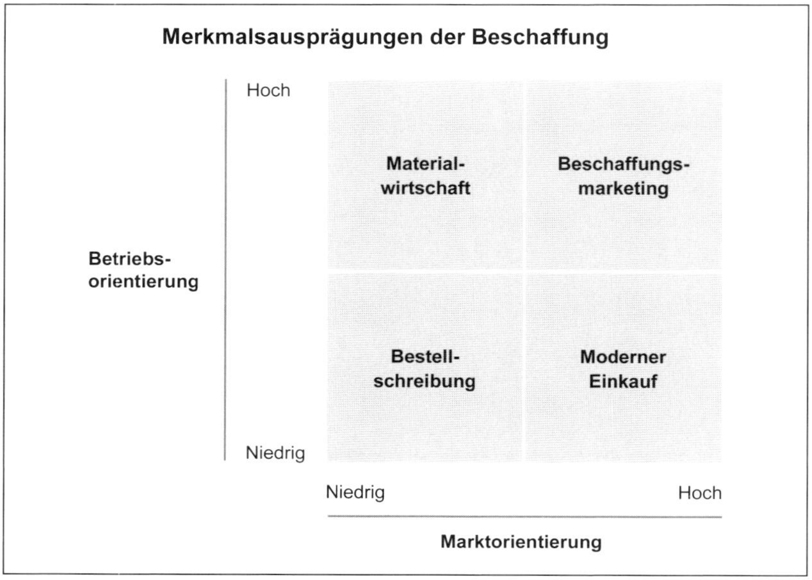

Quelle: Arnolds et al., in der Ausgabe von 1996, S. 25

stellschreiber", der nach der Entscheidung durch die Technik lediglich die Abwicklung von Beschaffungsvorgängen erledigt hat, so sind heute Mitarbeiter im Einkauf gefragt, die über betriebswirtschaftliches und technisches Know-how verfügen, eine nutzwertmaximierende Bildung von Nahtstellen betreiben, wie Inhouse-Consultants im eigenen Unternehmen agieren und dabei die Zulieferer weiterentwickeln und in die internen Abläufe integrieren.

Bereits in den ersten Veröffentlichungen zum Einkauf vor 100 Jahren haben Autoren darauf hingewiesen, dass die Qualifikation und Bezahlung in der betrieblichen Praxis der Beschaffung deutlich hinter derjenigen von Vertriebsleuten hinterherhinkt. Mitte der 90er-Jahre haben dann die ersten Autoren versucht, den Bedarf an Weiterentwicklung aufzuzeigen. Die Merkmalsausprägungen der Beschaffung lassen sich in einer Matrix auf Basis der Achsen Betriebs- und Marktorientierung verdeutlichen. Die Betriebsorientierung stellt dabei die interne Unternehmensbetrachtung dar, die Marktorientierung kennzeichnet den „Blick nach außen", d. h. es zeigt die Bereitschaft auf, in wieweit Einflüsse außerhalb des eigenen Unternehmens zugelassen werden.

Bestellschreibung Sind beide Dimensionen niedrig ausgeprägt, so arbeitet der Einkäufer in der traditionellen Rolle eines „Bestellschreibers", der lediglich versucht, die Vorgaben der Technik entsprechend umzusetzen. Die Aktivitäten der Beschaffung konzentrieren sich dabei hauptsächlich auf verwaltende und operative Tätigkeiten und das Vorgehen ist passiv aus den Aufgaben anderer Unternehmensbereiche abgeleitet. Teilweise wird der Beschaf-

1.5 Merkmalsausprägungen der Beschaffung

fung dabei „sogar erlaubt", Verhandlungen durchzuführen, wobei die Verhandlungsergebnisse von den Lieferanten vorab auf das Angebot aufgeschlagen sind, um dann dem Einkauf „großzügig" mit geringfügigen Nachlässen in „harten" Verhandlungsrunden entgegen zu kommen. In der Regel entscheidet die Entwicklungsabteilung, welcher Lieferant die Produkte oder Dienstleistungen liefert und bei welchen „unkritischen" Umfängen der Einkauf selbst aktiv werden darf. In dieser Ausgestaltung ist der Einfluss und die Handlungsmöglichkeiten der Beschaffung extrem eingeschränkt und die Gesamtkosten in der Regel signifikant höher als bei einer modernen Vorgehensweise. Trotz der generellen Fortschritte im Einkauf findet sich jedoch diese Merkmalsausprägung in der betrieblichen Praxis auch heute noch in einigen Unternehmen bzw. Branchen.

Ein „Moderner Einkauf" zeichnet sich dadurch aus, dass er zwar seine Aktivitäten innerhalb des eigenen Unternehmens nicht weiter ausweitet, jedoch erarbeitet sich der Einkäufer in dieser Merkmalsausprägung selbständig eine Marktübersicht und -transparenz, um die überlassenen Beschaffungsvorgänge unter Wettbewerbsgesichtspunkten zu vergeben. Die reine Bestellabwicklung tritt damit stärker in den Hintergrund und die Orientierung an der Preis- und Leistungsfähigkeit der Lieferanten nimmt zu. Damit gelingt es dem Einkauf, die Preisorientierung in den Vordergrund zu rücken. Die Hauptaktivitäten sind die Beschaffungsmarktforschung, die Durchführung qualifizierter Angebotsvergleiche und die Vergabeverhandlungen.
Moderner Einkauf

Man spricht dann von „Materialwirtschaft", wenn es dem Einkauf gelingt, innerhalb des Unternehmens eine bereichsübergreifende Gesamtkostensicht (inkl. Logistik, Qualitätskosten etc.) aufzubauen und nach dieser die Entscheidungsfindung zu steuern. Auch Make-or-Buy-Fragestellungen fließen in derartige Betrachtungen in die Entscheidungsfindung mit ein. Letztendlich betrachtet der Einkauf die Interessen und Einflussfaktoren der gesamten internen Wertschöpfungskette und leitet seinen Bedarf von den Bedürfnissen der Endkunden ab.
Materialwirtschaft

Gelingt dem Einkauf sowohl eine Betriebs- wie auch Marktorientierung, so können seine Aktivitäten als „Beschaffungsmarketing" bezeichnet werden. Die Vorgehensweise und Entscheidungsfindung von Beschaffungsvorgängen orientieren sich am Unternehmensgewinn. Der gesamte Versorgungsprozess des eigenen Unternehmens wird von der aktuellen Konjunkturlage und dem Leistungspotenzial der Lieferanten bestimmt. Dabei spielen auch Kriterien wie Sicherheit und Marktveränderungen eine Rolle und werden frühzeitig in die Betrachtungen einbezogen. Die Beschaffungsaktivitäten werden aktiv und kreativ durch den Einkauf gesteuert.
Beschaffungsmarketing

1.6 Einordnung der Einkaufsstrategie in die Gesamtstrategie eines Unternehmens

> „In diesem Sinne sind Beschaffungsstrategien als Ergebnis strategischer Managementhandlungen für den Bereich der Beschaffung und in ihrer Gesamtheit als Funktionsbereichsstrategien der Beschaffung zu verstehen, die aus den Unternehmensgesamtstrategien bzw. den Geschäftsbereichsstrategien abgeleitet werden müssen."
>
> Large, 2013, S. 40

Die stärkere Berücksichtigung von Einkaufsthemen in der wissenschaftlichen Literatur hat bei einigen Autoren zu einer wahren Euphorie geführt, die die Bedeutung des Einkaufs für den Unternehmenserfolg teilweise sogar überbewertet oder, trotz statistischer Belege, übertriebene Empfehlungen ausspricht. So bekommt man bei einigen Artikeln den Eindruck vermittelt, ohne den Beitrag des Einkaufs bei der Definition einer Unternehmens- oder Konzernstrategie sei das Ergebnis wertlos und eine Ausrichtung der Organisation nicht möglich. Bereits 1996 wurde daher die Frage in einem wissenschaftlichen Artikel gestellt „Is purchasing really strategic?"[7]. Um sowohl den theoretischen Möglichkeiten, als auch der Realität in der betrieblichen Praxis Rechnung zu tragen, wird im Folgendem dargestellt, wo die Einkaufsstrategie ansetzt, und wo sie einen Beitrag für die Gesamtausrichtungen eines Unternehmens liefern kann. Aber ebenso wird auch gezeigt, wo die Beschaffung lediglich Ableitungen aus übergeordneten Themenstellungen machen kann, und wo die Grenzen einer zu starken Involvierung der Einkäufer in Themenstellungen anderer Bereiche liegen.

Strategieelemente

Für den Strategiebegriff finden sich in der Literatur unterschiedliche Definitionen. Mit einer Strategie werden langfristige, konsistente und für alle verständliche Ziele verfolgt. Letztendlich geht es primär darum, eine Wegbeschreibung für die zukünftige Ausrichtung eines Unternehmens zu generieren, die aus einem Bündel von Maßnahmen besteht. Dabei wird aufgezeigt, wie Erfolgspotenziale erhalten oder sogar ausgebaut werden können. Eine gute Strategie beantwortet die Fragen „Wo stehen wir?", „Wo wollen wir hin?" und „Wie erreichen wir dies?". Damit wird sie zu einer entsprechenden Orientierung für die tägliche Arbeit aller Bereiche und Mitarbeiter im Unternehmen. Die Strategie ist damit sowohl Entscheidungshilfe, als auch Koordinationsmechanismus. Wichtig für ihren Erfolg ist es, dass sie eine hohe Akzeptanz bei allen Stakeholdern besitzt.

Elemente jeder Strategiedefinition im Einkauf sind dabei die Langfristigkeit, die Potenzialerzielung durch die Beschaffung, die Festlegung konkreter Ziele, das Bestreben, einen entsprechenden Erfolg für das Unternehmen zu erzielen, die Erlangung von Wettbewerbsvorteilen, die

---

[7] Carter, Narasimhan, 1996, S. 20.

1.6 Einordnung der Einkaufsstrategie

Verankerung auf der obersten Entscheidungsebene im Unternehmen sowie die hohe Unsicherheit strategischer Aufgaben.

Die Theorie hat in den letzten Jahrzehnten mit dem Market-based View und dem Ressource-based View zwei unterschiedliche Ansätze verfolgt, wobei beide Betrachtungsweisen für die Erfolgsquellen eines Unternehmens von Bedeutung sind. Sowohl die externe Branchenstruktur (market-based), als auch die eigene Ressourcenausstattung (ressourcebased) müssen bei der Strategiedefinition berücksichtigt werden.

Idealtypisch durchläuft der Strategieprozess, ob für das Gesamtunternehmen oder Teilbereiche, mehrere Phasen und wird rollierend in einem jährlichen Rhythmus durchgeführt. Er kann anhand der fünf Elemente Zielbildung, Umfeld- und Unternehmensanalyse, Strategiewahl und Implementierung beschrieben werden. Innerhalb der Zielbildung werden die Mission und Vision eines Unternehmens festgelegt und grobe strategische Zielsetzungen formuliert. Die Mission dient dabei zur Vermittlung des Unternehmenszwecks nach außen, d.h. insbesondere die Kommunikation an die Kunden. So formuliert beispielsweise McDonalds „to be our customers' favorite place and way to eat and drink". Die Vision, als eine Konkretisierung der Mission, verdeutlicht den Unternehmenszweck an die Mitarbeiter. Neben rein qualitativen verbalen Be-

Strategieprozess

Abb. 6: Strategieprozess

Strategieprozess

	Zielbildung	Umfeld-analyse	Unternehmens-analyse	Strategiewahl	Implementierung
Aktivitäten	• Festlegung Mission • Definition Vision • Formulierung strategischer Zielsetzungen	• Analyse von Markt und Branche hinsichtlich makro- und mikroökonomischer Faktoren • Berücksichtigung von technologischen, kulturellen und gesellschaftlichen Veränderungen	• Beachtung materieller und finanzieller Ressourcen • Berücksichtigung immaterieller und kultureller Aspekte	• Nutzung von Chancen • Abwendung bzw. Reduktion von Risiken	• Festlegung von Aktivitäten, Meilensteinen und Verantwortlichen • Controlling der strategischen Aktivitäten
Tools (Auswahl)	• Workshops • Interviews	• McK-Matrix • BCG-Matrix • Five Forces von Porter	• Stärken-Schwächen-Profil • SWOT-Analyse	• Workshop	• Maßnahmen-Controlling

Quelle: Eigene Darstellung

schreibungen sollten diese auch quantitative Größen wie Unternehmenswert, Umsatz oder Rentabilität enthalten.

Als zweite Phase erfolgt die Umfeldanalyse, bei der Markt und Branche anhand makro- und mikroökonomischer Faktoren untersucht werden. Dabei sind auch technologische, kulturelle, gesellschaftliche und demografische Veränderungen zu berücksichtigen. Bei der Unternehmensanalyse, der dritten Phase im Strategieprozess, werden die materiellen und finanziellen Ressourcen sowie immaterielle Güter, wie Patente, Image oder Unternehmenskultur und Fähig- und Fertigkeiten der Mitarbeiter, betrachtet. In der Praxis greift man dabei häufig auf eine einfache Stärken-Schwächen-Betrachtung oder die SWOT-Analyse zurück.

Die vierte Phase, die Strategiewahl, entwickelt auf Basis der Überlegungen hinsichtlich externer und interner Einflussgrößen die groben zukünftigen Stoßrichtungen für das Unternehmen, um Chancen zu nutzen und die identifizierten Risiken abzuwenden bzw. zu minimieren.

Im letzten Schritt des Strategieprozesses ist es dann wichtig, einen Umsetzungsplan (Wer, macht was, bis wann?) und das entsprechende Controlling für die nachhaltige Realisierung zu definieren, um die erfolgreiche Umsetzung der Strategie sicherzustellen. Viele Unternehmensstrategien scheitern gerade an diesem Schritt. Nicht jede Strategie kann und wird in dem Umfang umgesetzt, wie sie zu Beginn definiert wurde. Da es sich um eine langfristige Ausrichtung handelt, können exogene Veränderungen einen Anpassungsbedarf im Zeitablauf nach sich ziehen. Daher sollte der Strategieprozess in Abhängigkeit von der Dynamik des Umfelds regelmäßig durchlaufen werden.

Top-Down- versus Bottom-up-Prozess

Bei der Strategieentwicklung kann danach unterschieden werden, ob diese in einem Top-Down- oder Bottom-up-Prozess erarbeitet wurde. Der Top-Down-Prozess legt dabei auf der Konzernebene Rahmenbedingungen fest, die in den einzelnen Unternehmensbereichen und Untergesellschaften als feste Vorgaben gelten. Dies macht immer dann Sinn, wenn die Entwicklung relativ gut prognostizierbar und keine allzu dynamischen Veränderungen zu erwarten sind, oder wenn radikale Maßnahmen, wie in einem Turnaround, erforderlich erscheinen. Der Bottom-up-Prozess greift hingegen die Ideen der Einzelbereiche auf und ermittelt daraus die Gesamtstrategie für das Unternehmen. Ein derartiges Vorgehen ist dann sinnvoll, wenn eine hohe Marktdynamik vorliegt und Einzelpersonen bzw. Gruppen auf Konzernebene die Geschwindigkeit und Komplexität nicht adäquat erfassen können.

In vielen Unternehmen hat sich ein gemischter Ansatz in Form eines Gegenstromverfahrens etabliert, so dass die Vorteile beider Ansätze genutzt werden können. Die operativen Einheiten und Querschnittsfunktionen werden in den Planungsprozess eingebunden, erhalten aber dennoch, wo nötig, feste Vorgaben. Diese können aber auch im Zeitablauf durch neuere Erkenntnisse angepasst werden.

1.6 Einordnung der Einkaufsstrategie

In einem Konzern wird der Strategieprozess auf drei Ebenen durchlaufen. Die Konzernebene legt dabei die gesamte Ausrichtung des Unternehmens fest. Dabei wird definiert, in welchen Bereichen man zukünftig weiter aktiv sein möchte, welche Geschäftsfelder bzw. Märkte zusätzlich erschlossen und welche nicht mehr in das Kerngeschäft des Unternehmens fallen, so dass ein klares Wachstums-, Stabilisierungs- und Desinvestitionsvorgehen für die Geschäftsfelder vorliegt. Innerhalb der einzelnen Geschäftsfelder muss darüber hinaus ebenfalls eine Strategie entwickelt und nachgehalten werden. Dabei dient die Konzernstrategie als Handlungsrahmen und wird für das jeweilige Geschäftsfeld konkretisiert und operationalisiert. Im Sinne von Porter können so durch eine Ausrichtung nach Kostenführerschaft, Differenzierung oder Nischenführerschaft Wettbewerbsstrategien definiert werden, die aufzeigen, welche Wettbewerbsvorteile im Geschäftsfeld erreicht werden sollen. Auf einer Funktionalebene, in der sich auch die Beschaffung befindet, muss im Rahmen eines Strategieprozesses aufgezeigt werden, wie wertschöpfende Aktivitäten unterstützt werden. Die Funktionalstrategie stellt eine zusätzliche zeitliche und inhaltliche Konkretisierung der Konzern- und Geschäftsfeldstrategie für wichtige Funktionsbereiche, wie sie beispielsweise auch die Beschaffung ist, dar.

Strategieebenen

In empirischen Untersuchungen hat sich gezeigt, dass die Funktionalstrategie für den Erfolg eines Unternehmens einen wesentlichen Beitrag liefern kann. So zeigt sich, dass Wettbewerber, trotz gleicher Bedingungen im Umfeld und ähnlichen Konzern- und Geschäftsfeldstrategien nicht die gleichen Ergebnisse erzielen, was auf unterschiedliche Funktionalstrategien zurückzuführen ist. Für den Einkaufsbereich im Unternehmen sollte deshalb eine entsprechende Strategie festgelegt und die Implementierung nachverfolgt werden. Dabei muss jedoch sichergestellt werden, dass ein kontinuierlicher Informationsfluss zwischen dem Beschaffungsbereich und der Konzern- sowie Geschäftsfeldebene besteht. Ebenso ist man sich inzwischen einig, dass der Einkauf bereits am Anfang des Strategieprozesses in die Entwicklung einer Unternehmensstrategie eingebunden werden sollte, da die ständigen Veränderungen im Lieferantenmarkt, der steigende Wettbewerbsdruck und das meist hohe strategische Potenzial des Einkaufs auf der Gesamtunternehmensebene Berücksichtigung finden müssen. Obwohl dieser integrative Prozess in der Theorie unumstritten ist, findet sich in der Praxis leider sehr selten ein derartiges Vorgehen, so dass das Zusammenspiel zwischen Konzern- und Funktionalstrategie kaum stattfindet. Dadurch fehlt es an inhaltlicher Konsistenz, an kommunikativen und informationstechnischen Austausch sowie der Akzeptanz für die Strategie. So fehlt beispielsweise die Berücksichtigung von Absatzprognosen, so dass die zukünftigen Beschaffungsmengen nur unzureichend an die Lieferanten als Vorschau übermittelt werden können. Oder auf der Konzernebenen werden im Strategieprozess Informationen hinsichtlich Materialknappheit, Veränderungen bei Schlüssellieferanten oder Preissteigerungen von Rohstoffen nicht integriert. Die fehlende Vernetzung der unterschiedlichen Stra-

Funktionalstrategie

tegieebenen bedeutet, dass sowohl von den Einkäufern die Konzern- und Geschäftsfeldstrategien nicht vollumfänglich unterstützt werden, als auch andere Bereiche im Unternehmen sich mit den Aktivitäten der Beschaffung nicht oder nur eingeschränkt identifizieren. Damit verliert das gesamte Unternehmen an Durchschlagskraft.

Beschaffungsstrategie Mit der Beschaffungsstrategie wird festgelegt, mit welchem Vorgehen und in welchen Schritten der Einkauf agiert. Sie sollte im Einklang mit der Unternehmensstrategie stehen, um ihre volle Effektivität und Effizienz entfalten zu können. Ist eine Innovations- und Qualitätsführerschaft das übergeordnete Ziel, sollte die Lieferantenentscheidung nicht ausschließlich nach Kostengesichtspunkten erfolgen. Ebenso ist die Lieferantenentwicklung und enge partnerschaftliche Zusammenarbeit nicht primäres Ziel im Einkauf, wenn das Unternehmen eine Kostenführerschaft verfolgt. Wird ein neues Geschäftsfeld angestrebt oder ein bestehendes zu erweitern versucht, so kann die Beschaffung dahingehend unterstützen, dass sie aktiv neue Zulieferer identifiziert und entwickelt, um diese Lieferanten frühzeitig in die Prozesse des Unternehmens zu integrieren. Bei Aufgabe eines Geschäftsfeldes sollte der Beschaffungsbereich frühzeitig die bestehenden Verträge mit den Zulieferern entsprechend dem Auslaufszenario anpassen bzw. keine neuen Verträge mit einer mehrjährigen Laufzeit abschließen.

Auch die Einkaufsstrategie ist, ähnlich der Strategie für das Gesamtunternehmen, individuell und nicht standardisierbar. Best Practice-Vergleiche können daher lediglich auf die Einhaltung des Prozesses, die Verzahnung mit den Konzern- und Geschäftsfeldstrategien sowie der Funktionsfähigkeit von Informationsflüssen abzielen.

Einen hohen Einfluss auf die Unternehmens- und damit auch auf die Einkaufsstrategie haben das Wettbewerbsumfeld und die Branchensituation. Die Dynamik in der IT- oder Automobilbranche ist eine deutlich andere, als beispielsweise in der klassischen Energiewirtschaft, wobei auch dort die Transformation des Energiesystems, häufig als „Energiewende" bezeichnet, in den letzten Jahren eine höhere Dynamik und Kostendruck hervorruft. Je höher der Anteil an fremdbezogenen Materialien und Dienstleistungen ist, desto wichtiger werden auch die klare Festlegung der Beschaffungsstrategie sowie deren erfolgreiche Umsetzung. Auch der Produktlebenszyklus hat einen Einfluss auf die Beschaffungsstrategie. Im IT-Bereich sind die Lebenszyklen sehr kurz, so dass Zulieferer mit niedrigen Einstandspreisen bevorzugt werden. Bei längeren Laufzeiten, wie in der Automobilindustrie, spielen dagegen auch Qualität, Service und Innovationen eine Rolle. Unternehmen, die im Wesentlichen Kaufteile mit Wiederholcharakter beschaffen, haben häufig einer andere Einkaufsstrategie, als diese im Anlagenbau vorzufinden ist, wo hohe Einmalinvestitionen erfolgen, die über einen langen Zeitraum abgeschrieben werden. Die Beschaffungsstrategie muss daher so definiert sein, dass sie die Prioritäten im Unternehmen berücksichtigt und die Kompetenzen im Einkauf entsprechend aufgebaut werden.

Die Anforderung an eine gute Strategie ist dabei, dass die strategische **Anforderungen**
Richtung klar definiert und durch festgelegte Aktivitäten auch operationalisiert ist. Nur so kann eine Strategie nachhaltig umgesetzt und auf ihre Zielerreichung kontrolliert bzw. bei Veränderungen des Umfelds angepasst werden. Letztendlich muss die Strategie auch im Management verankert sein und ein gemeinsames Strategieverständnis erwecken. Damit unterstützt sie eine einheitliche Kommunikation innerhalb des Unternehmens sowie an externe Stakeholder. Innerhalb der Strategie ist dabei ein gemeinsames Wertesystem, oftmals in Form eines „Code of Coducts" festzulegen, das u. a. den Umgang mit Partnern und Lieferanten sowie die Einhaltung ökologischer und sozialer Standards definiert. Darüber hinaus bedarf es einer Mission und Vision, die das gewünschte Zukunftsbild des Unternehmens aufzeigt und die Mitarbeiter zur Zielerreichung motiviert. Und schließlich müssen die strategischen Stoßrichtungen für die Beschaffung festgelegt sein.

1.7 Strategiedimensionen im Einkauf

> *„Auch Improvisation ist eine gute Methode,*
> *aber kein Ersatz für fehlende Strategien."*
> Hirschsteiner, 1999, S. 24

Will die Beschaffung einen Beitrag zur Unternehmensstrategie liefern, so muss eine eigene Beschaffungsstrategie entwickelt sowie mögliche Teilstrategien auf ihre Einsatzmöglichkeit überprüft werden. Daher bietet sich eine strukturierte Betrachtungsweise möglicher Strategiedimensionen an. Dabei unterscheidet man für die Beschaffung die Dimensionen strategische Qualität und geografischer Aktionsradius.[8] Der geographische Aktionsradius beschreibt dabei, in wieweit die Lieferantenbasis rein lokal bzw. national oder aber international genutzt wird. Die strategische Qualität differenziert die Aktivitäten des Einkaufs hinsichtlich einer eher operativen oder strategischen Vorgehensweise. **Strategische Qualität und geografischer Aktionsradius**

Ist die Tätigkeit des Einkaufs rein auf nationaler Ebene und auf operative Tätigkeiten beschränkt, so spricht man vom „traditionellen Einkauf". Seine Zielfunktion richtet sich ausschließlich auf die Erreichung des betriebswirtschaftlichen Optimums mit den Unterzielen, die Materialien und Dienstleistungen in der richtigen Menge, zum richtigen Zeitpunkt, in der vorgegebenen Qualität am richtigen Ort zu organisieren. Die Preis- und Kostenkomponente spielt dabei eine untergeordnete Rolle. Wie bei der Merkmalsausprägung „Bestellschreiber" im vorangegangenen Kapitel ist die Handlungsfähigkeit der Beschaffung stark eingeschränkt. **Traditioneller Einkauf**

---

[8] Vgl. Arnold, in: Hahn, Kaufmann, 2002, S. 204 ff.

1 Grundlagen der Beschaffung

Abb. 7: Strategiedimensionen der Beschaffung

Strategiedimensionen der Beschaffung

	Operativ	Strategisch
International	Internationaler Einkauf	Global Sourcing
National	Traditioneller Einkauf	Strategische Beschaffung

Geografischer Aktionsradius (vertikal) / Strategische Qualität (horizontal)

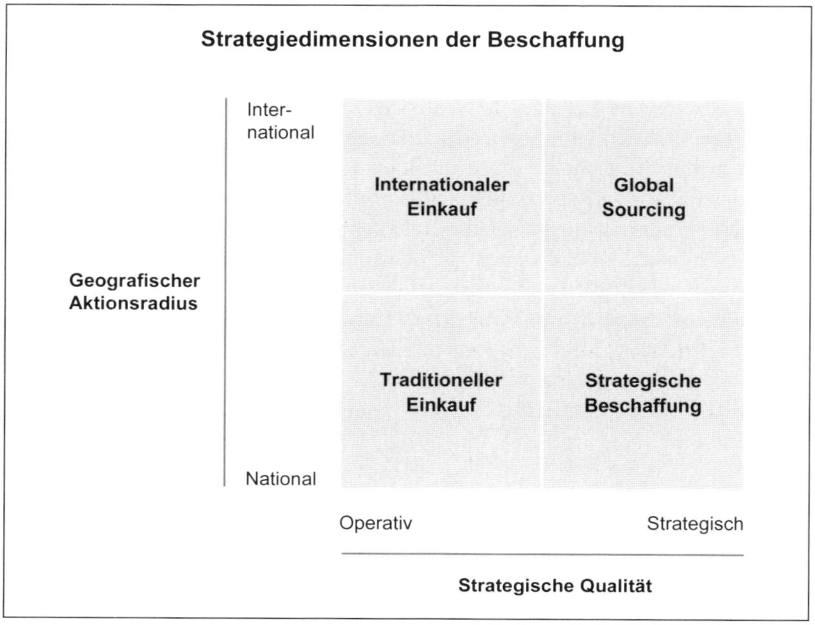

Quelle: Arnold in: Hahn, Kaufmann, 2002, S. 208 ff.

Strategische Beschaffung

Eine Entwicklung in Richtung „Strategische Beschaffung" erfordert eine stärkere Orientierung an übergreifenden Fragestellungen, wie der interdisziplinären Optimierung der Beschaffungsaktivitäten, z. B. mit Forschung und Entwicklung oder der Logistik und damit eine frühzeitige Involvierung der Beschaffung in die Neuentwicklung von Produkten, um bereits in einem frühen Stadium der Entwicklung die Kosten beeinflussen zu können. Der Einkauf versucht darüber hinaus die Versorgungssicherheit mit Inputfaktoren für das eigene Unternehmen langfristig sicherzustellen, was insbesondere bei sich schnell ändernden Märkten bzw. innovationsintensiven Produkten von großer Bedeutung ist. So ist es in der Pharmaindustrie auf Grund der langen Forschungszeiten und hohen Innovationskosten extrem wichtig, Markteinführungen schnell und reibungslos durchzuführen, bevor der Patentschutz ausläuft und Wettbewerber in den Markt einsteigen. Fehlende Bestandteile der Endprodukte, wie z. B. die Nichtverfügbarkeit der Verpackung, würden hohe Folgekosten nach sich ziehen. Die Strategische Beschaffung beschäftigt sich damit generell nicht nur mit den Kaufpreisen, sondern betrachtet die gesamten Kosten des Produktlebenszyklus, die als Total Cost of Ownership (TCO) bezeichnet werden. Beispielsweise ist es bei der Vergabe von IT-Software bzw. -Hardware entscheidend, nicht nur die Anschaffungskosten in die Entscheidungsfindung einzubeziehen, sondern gerade die Kosten für Wartung, Systemmanagement, Nutzergebühren und Opportunitätskosten, die bei Systemausfällen durch entgangene

1.7 Strategiedimensionen im Einkauf

Erträge entstehen. Diese Kostenbestandteile können einen günstigen Anschaffungspreis sehr schnell überkompensieren.

Der Internationale Einkauf richtet seine Aktivitäten nicht nur auf den heimischen Markt und übernimmt vorgegebene Lieferanten, sondern weitet seinen Betrachtungshorizont aus. Unter Beachtung und Nutzung der Möglichkeiten globaler Beschaffungsmärkte sollen dabei die Kosten stärker gesenkt werden. In den letzten Jahren hat sich dabei der Fokus auf unterschiedliche Regionen gerichtet. Waren zu Beginn der Internationalisierung der Lieferantenbasis eher die an Deutschland angrenzenden Märkte in Osteuropa und Türkei im Fokus, richtet man heute seine Bemühungen z. B. stärker nach China und Indien. Auch wenn in Unternehmen oftmals gezielt Ländermärkte angegangen werden, zeigt die Erfahrung jedoch, dass es schwer ist, sich nur auf eine Region oder ein Land bzw. Länderregion zu fokussieren. Theoretisch lassen sich auf Basis von Daten wie Lohn-, Material- und Kapitalkosten Abschätzungen vornehmen. Am Ende muss sich jedoch zeigen, ob in der anvisierten Region überhaupt ein Lieferant für ein bestimmtes Bauteil gefunden werden kann, der alle Entscheidungskriterien erfüllt.

Internationaler Einkauf

Die Kombination von strategischer Ausrichtung und internationaler Betrachtungsweise hat sich unter dem Begriff „Global Sourcing" eingeprägt. Darunter versteht man die vorausschauende und internationale Bearbeitung der Lieferantenmärkte (z. B. bewusste Wahrnehmung von weltweiten Beschaffungsmärkten, rechtzeitige Identifizierung von Trends, Nutzung der Markttransparenz für das eigene Unternehmen), wobei gleichzeitig die Gesamtkosten der gesamten Wertschöpfungskette (z. B. Logistik, Zölle) Beachtung finden müssen. Dies ist bei internationaler Beschaffung umso mehr von Bedeutung, da Kostenbestandteile für z. B. Ausfallzeiten, Transport, Flexibilität in der Lieferung und Qualität der Bauteile einen erhöhten Einfluss haben und einen vermeintlich günstigeren Kaufpreis leicht zu Nichte machen können. Ziel von Global Sourcing ist es, durch Kostenverbesserungen das eigene Unternehmen nachhaltig in der Wettbewerbsfähigkeit zu unterstützen.

Global Sourcing

Eine Erweiterung erfährt die zweidimensionale Betrachtungsweise nach Strategischer Qualität und geografischem Aktionsradius, wenn man eine dritte Dimension hinzufügt und nach weiteren Kriterien unterscheidet. Dabei werden neben der bereits gezeigten Unterscheidung nach Region, auch als reines Arealkonzept bezeichnet, zusätzlich Orientierungen nach Lieferantenmarkt, Objektbezug, Zeit und Subjekt eingefügt.[9]

Innerhalb des Arealkonzeptes kann man zwischen Local und Global Sourcing unterscheiden. Bei Local Sourcing konzentriert man sich auf den Heimatmarkt, was bei bestimmten Kaufteilen unumgänglich ist, wie beispielsweise bei der Beschaffung von Produkten aus Styropor auf Grund der damit verbundenen hohen Logistikkosten. Global Sourcing

Arealkonzept

---

[9] Vgl. Arnold in: Hahn, Kaufmann, 2002, S. 208 ff.

1 Grundlagen der Beschaffung

Abb. 8: Konzeptbestandteile der Beschaffung

Strukturierung der Beschaffung nach Konzeptbestandteilen

Subjektkonzept
Zeitkonzept
Objektkonzept
Lieferantenkonzept
Reines Arealkonzept

	Operativ	Strategisch
International	② Internationaler Einkauf	④ Global Sourcing
National	① Traditioneller Einkauf	③ Strategische Beschaffung

Geografischer Aktionsradius

Strategische Qualität

Quelle: In Anlehnung an Arnold, in: Hahn, Kaufmann 2002, S. 208 ff.

nutzt – wie oben gezeigt – weltweite Beschaffungsmöglichkeiten und findet sich z. B. bei Rohstoffen wieder.

Lieferantenkonzept Die Ausrichtung nach der Zahl der Lieferanten, das sogenannte Lieferantenkonzept, kennt in der Literatur im Wesentlichen vier Differenzierungen: Sole, Single, Dual und Multiple Sourcing. Sole Sourcing konzentriert sich dabei auf den Bezug von einem Lieferanten auf Grund seiner Monopolstellung im Markt. Dies findet sich häufig bei innovativen Produkten, die zu Beginn durch Patente geschützt werden, bzw. bei spezifischen technologischen Entwicklungen (z. B. Einspritzpumpen von Bosch). Beim Single Sourcing konzentriert man sich ebenfalls auf einen Lieferanten, jedoch wird diese Entscheidung vom Einkauf bewusst getroffen, um entsprechende Mengendegressionseffekte zu nutzen bzw. Komplexitäten zu reduzieren. Dual Sourcing bedeutet den Bezug von zwei Lieferanten, die sich das Einkaufsvolumen eines Bauteils teilen. Dies muss jedoch nicht zwangsläufig zu gleichen Anteilen sein. Damit wird versucht, einen gewissen Wettbewerb zu erhalten bzw. eine Risikoreduktion für Lieferausfälle, z. B. durch Streiks, zu erzeugen. Dies ist insbesondere bei Kaufteilen mit hohen Stückzahlen der Fall, die z. B. bei Volkswagen in die „Golf-Plattform" einfließen und damit die Marken Volkswagen (Golf), Audi (A3), Skoda (Octavia) und Seat (Leon) beeinflussen. Multiple Sourcing hingegen involviert eine Mehrzahl an Lieferanten,

1.7 Strategiedimensionen im Einkauf

um die Elemente von Dual Sourcing noch zu verstärken. Dies findet man insbesondere dort, wo eine hohe Standardisierung vorliegt, wie z. B. bei Transformatoren oder Stromzählern.

Der Objektbezug unterscheidet drei Dimensionen: Unit, Modular und System Sourcing. Unit Sourcing bezeichnet Kaufteile mit geringer Komplexität und Wertschöpfungstiefe beim Lieferanten, wie beispielsweise einfache Plastikteile, Schrauben etc. In der Regel werden derartige Produkte in einer hohen Stückzahl gefertigt und unterliegen einem großen Wettbewerb. Als Modular Sourcing bezeichnet man die Beschaffung von kompletten Baugruppen, den sogenannten „Modulen", die aus unterschiedlichen Einzelteilen bestehen und vom Zulieferer zusammengebaut werden. Meist ist die Wertschöpfung in den letzten Jahren gezielt auf die Lieferanten übertragen worden. Beispiele finden sich z. B. in der Automobilindustrie beim Bezug von kompletten Türen, Kabelsätzen oder Sitzen. Auch in anderen Branchen nutzt man den Gedanken von Modular Sourcing und bezieht beispielsweise komplette Nasszellen, Gewürz- oder Müslimischungen als vorgefertigte Module von Zulieferern. Eine Weiterentwicklung ist das System Sourcing, bei dem – im Gegensatz zum Modular Sourcing – auch die Entwicklungsverantwortung auf den Lieferanten übertragen wird. So werden inzwischen ganze Getriebe, Navigations- und Soundsysteme oder Klimaanlagen bei Zulieferern eigenständig entwickelt, gefertigt und an die Hersteller geliefert. Auch im Bau von Großanlagen, wie z. B. bei Kraftwerken, findet sich ein entsprechendes Konzept, was dort als „Generalunternehmer", „EPC-Contractor" oder „Turn-Key" bekannt ist.

Objektbezug

Der Zeitbezug beinhaltet strategische Überlegungen zur Bestandsoptimierung und unterscheidet dabei zwischen Stock Sourcing, Demand Tailored Sourcing und Just-in-time. Stock Sourcing sichert die Versorgung durch Einrichtung von Zwischenlägern, was insbesondere bei geringwertigen Verbrauchsgütern, wie z. B. Büromaterial, der Fall ist. Demand Tailored Sourcing bezeichnet die Einzelbeschaffung, die nur im Bedarfsfall durchgeführt wird, um damit Bestände zu reduzieren. So werden in der betrieblichen Praxis oftmals Rahmenverträge für ein Jahr verhandelt und auf Basis dieser dann die benötigten Kaufteile bzw. Dienstleistungen abgerufen. Dies findet man beispielsweise beim Bezug von Kabeln oder Transformatoren. Bei Just-in-time wird auf die eigene Bevorratung ganz verzichtet und diese Verantwortung auf den Lieferanten übertragen. In der Automobilindustrie findet sich dies z. B. bei Getrieben oder Motoren. Auch Türen werden vorgefertigt und bereits lackiert direkt an das Fertigungsband geliefert.

Zeitbezug

Der Subjektbezug unterscheidet nach der Struktur der beschaffenden Organisation. In der Praxis tritt im Wesentlichen Individual Sourcing auf, d. h. das Unternehmen beschafft ausschließlich für den eigenen Bedarf. Die gemeinsame Durchführung von Beschaffungsaktivitäten mit anderen Unternehmen, die als horizontale Kooperationen beziehungsweise als Collective Sourcing bezeichnet werden, hat sich dagegen nur

Subjektbezug

1 Grundlagen der Beschaffung

in wenigen Fällen durchgesetzt. Bei mittelständischen Unternehmen, Krankenhäusern oder Banken findet dies gelegentlich Anwendung. Dort werden die Beschaffungsaktivitäten auch teilweise an einen externen Anbieter ausgelagert (z. B. HPI, Accenture). Im Gegensatz zu einer vollständigen Zusammenlegung von Einkaufsbereichen unterschiedlicher Unternehmen findet man in der Praxis auch die Kooperation für die Beschaffung von einigen ausgewählten Bauteilen oder Produkten, wie beispielsweise die gemeinsame Beschaffung von Volkswagen und Porsche bei den Fahrzeugen VW Touareg und Porsche Cayenne, die bereits vor dem Zusammenschluss beider Unternehmen bestand. Auch BMW und Daimler betreiben eine Einkaufskooperation bei Teilen, wie z. B. Sitzgestellen, die nicht zur Differenzierung der zwei Marken beitragen und damit auch für den Wettbewerb nicht relevant sind.

1.8 Wettbewerbshebel bzw. Dimensionen der Beschaffung – Die Kunst des Einkaufs

> *„Ein exzellenter Einkauf muss sowohl günstige Einkaufspreise durchsetzen können als auch den Beschaffungsmarkt für ein überlegenes Produktdesign nutzen. Dies kann aber nur gelingen, wenn der Einsatz der unterschiedlichen Erfolgshebel sorgfältig ausbalanciert wird."*
>
> Fincke, Kades, Krampf, 2001, S. 20

Zwei Kategorien bei Einkaufsorganisationen

Einkaufsorganisationen lassen sich bei ihrer Vorgehensweise in der Beschaffung in zwei Gruppen kategorisieren: Diejenigen, die eher auf Wettbewerbsdruck bei ihren Lieferanten setzen und diejenigen, die mehr eine Harmonisierung der Spezifikationen anstreben. Diese Unterscheidung soll in den beiden nachfolgenden Kapiteln vertieft werden, da sich an den beiden Hebeln die wesentlichen Elemente der Beschaffung gut nachvollziehen lassen.

Unternehmen mit Fokus auf Wettbewerbsdruck im Einkauf nutzen Elemente wie Volumenbündelung, Einsatz von Alternativlieferanten, kontinuierliche Anfrage des Einkaufsvolumens, Global Sourcing, gezielte Jobrotation bei Einkäufern, Verschiebung der Lieferquoten bei Zulieferern und den Einsatz von E-Procurement bei der Ausschreibung und Vergabe. Einkaufsorganisationen mit Fokus auf die Harmonisierung von Spezifikationen arbeiten in interdisziplinären funktionsübergreifenden Teams, haben ein umfangreiches Lieferantenmanagement, führen regelmäßig Konzeptwettbewerbe in einem frühen Stadium des Produktlebenszyklus durch, setzen auf eine technische Ausbildung bei ihren Einkäufern, integrieren die Lieferanten in die Produktentwicklung und arbeiten mit Target Costing-Methoden zur Minimierung von Materialkosten. Die Kapitel 2 und 3 dienen dazu, die jeweiligen Ausprägungen umfangreich darzustellen.

1.8 Wettbewerbshebel bzw. Dimensionen der Beschaffung

Abb. 9: Wettbewerbshebel bzw. Dimensionen der Beschaffung

Wettbewerbshebel bzw. Dimensionen der Beschaffung

Leistung
Material

Erhöhung Wettbewerbsdruck — Hoch / Niedrig
Harmonisierung Spezifikationen — Niedrig / Hoch
Ziel (oben rechts)

Erhöhung Wettbewerbsdruck
- Volumenbündelung
- Alternativlieferanten
- Anfrage 70% des Einkaufsvolumens
- Global Sourcing
- Jobrotation Einkäufer
- Quotenverschiebung
- E-Procurement

Harmonisierung Spezifikationen
- Spezifikationsharmonisierung in funktionsübergreifenden Teams
- Lieferantenmanagement
- Regelmäßige Konzeptwettbewerbe
- Technische Ausbildung Einkäufer
- Integration von Lieferanten
- Target Costing

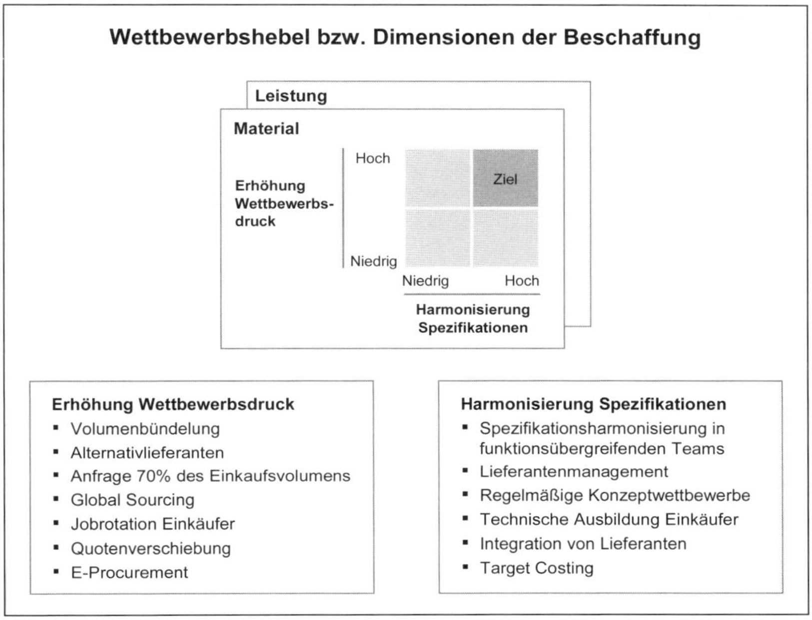

Quelle: Fincke et al., 2001, S. 17

Unter Einbezug von Daten, die durch den Supplier Satisfaction Index der Universität Bamberg[10] generiert wurden, wurde von McKinsey 2001 eine Analyse der Automobilhersteller durchgeführt. Dabei zeigen sich zwei Gruppen. Während Einkaufsorganisationen wie Opel, Volkswagen, Ford und Audi eher durch eine Erhöhung des Wettbewerbsdrucks ihre Materialkosten minimieren, versuchen die Hersteller Daimler, Porsche und BMW dies verstärkt durch die Harmonisierung von Spezifikationen zu erreichen.[11] In der Zwischenzeit wurde diese Logik der Wettbewerbshebel bzw. Dimensionen der Beschaffung auch von anderen Beratungsunternehmen, wie z. B. der Boston Consulting Group, übernommen[12] bzw. in anderen Branchen, wie beispielsweise Konsumgüter oder Weiße Ware, durchgeführt. Dies hat die Stoßrichtungen bestätigt und zu einer breiten Akzeptanz geführt.

Das „Idealbild" wäre sicherlich, nicht nur eine der beiden Dimensionen intensiv zu betreiben, sondern beide „Welten" miteinander zu verbinden. Damit würde man in den rechten oberen Quadranten gelangen und das Beste aus beiden Stoßrichtungen miteinander vereinen. Diese „Sowohl als Auch"-Strategie ist nur in Teilen umsetzbar, weil sich einige Punkte gegenseitig ausschließen. So führt die kontinuierliche Quotenverschie-

---

[10] Vgl. Meinig, 2001.
[11] Vgl. Fincke, Kades, Krampf, 2001, S. 17.
[12] Vgl. Maurer, Dietz, Lang, 2004, S. 18.

Abb. 10: Wettbewerbshebel der Beschaffung – Beispiel Automobilhersteller

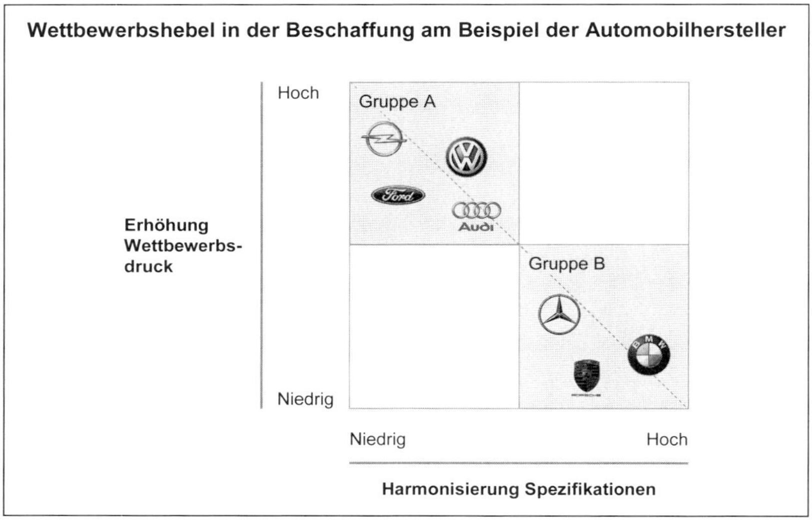

Quelle: Fincke et al., 2001, S. 17

bung bei Lieferanten nicht zu einem Gefühl von partnerschaftlichen Verhalten. Damit wird es schwer, den Zulieferer eng in die Prozesse des Herstellers zu integrieren. Ebenso ist in der betrieblichen Praxis der Aufwand für Einkäufer und Techniker zur Harmonisierung der Spezifikationen inklusive der notwendigen Umsetzung erheblich und stellt die Möglichkeit zu regelmäßigen Ausschreibungen temporär stark in den Hintergrund.

Generell kann man in verschiedenen Industrien unterschiedliche Elemente für den Einkauf erlernen und für die eigene Organisation übernehmen. Während sich die Automobilindustrie hinsichtlich der interdisziplinären Zusammenarbeit zwischen Einkauf, Technik, Qualitätssicherung und Produktion und der Kostentransparenz der Kaufteile auszeichnet, besticht beispielsweise der Handel durch die Geschwindigkeit, Standardisierung und Konsequenz in der Entscheidungsfindung.[13]

1.9 Fragen zu Kapitel 1

1. Ein Energieversorgungsunternehmen hat folgende Unternehmenskennzahlen: Umsatz: 14,7 Mrd. EUR, Materialkosten: 1,9 Mrd. EUR, sonstige Kosten: 11,5 Mrd. EUR, betriebsnotwendiges Kapital: 10,3 Mrd. EUR. Um wie viel Prozent ändert sich der ROI, wenn die Materialkosten um 4% reduziert werden? Wie viel Prozent müsste der Vertrieb den Umsatz steigern, um das gleiche Ergebnis zu erzielen?

---

[13] Vgl. Bergauer, Wierlemann, in: Bergauer, Wierlemann, 2008, S. 20.

1.9 Fragen zu Kapitel 1

Begründen Sie kurz, warum die Differenz zwischen Einkaufs- und Vertriebshebel geringer ist als in klassischen Produktionsunternehmen (z. B. Automobilindustrie, Maschinenbau, etc.).

2. Ein deutscher Automobilhersteller, der sich bisher im Einkaufsverhalten eher durch kooperatives Verhalten und Technikorientierung ausgezeichnet hat, ist durch eine Krise gezwungen, signifikante Einsparungen zu erzielen. Erläutern Sie kurz, warum ein wesentlicher Hebel dazu im Einkauf liegt und zeigen Sie Maßnahmen auf, um den Wettbewerbsdruck auf die Lieferanten zu erhöhen.

3. Die Literatur skizziert die Entwicklung der Einkäufer häufig vom „Bestellschreiber" zum „betriebswirtschaftlich-technisch versierten Inhouse-Consultant sowie Zulieferer-Coach mit nutzwertmaximierenden Nahtstellenbildungseigenschaften". Was ist damit gemeint?

4. Ein Einkaufsvorstand erzählt Ihnen von seinem erfolgreichen Optimierungsprojekt: „Ich habe unseren RoI um 100 % verbessert!". Sie kennen dabei einige seiner Unternehmenskennzahlen, wie z. B. Umsatz: 30 Mrd. EUR, Materialkosten: 14 Mrd. EUR, sonstige Kosten: 15 Mrd. EUR, betriebsnotwendiges Kapital: 10 Mrd. EUR.

Wie hoch sind die absoluten Einsparungen der Materialkosten in EUR, die der Einkaufsvorstand erzielt hat? Um wie viel Prozent wurden dabei die Materialkosten gesenkt? Wie viel Prozent müsste der Vertrieb den Umsatz steigern, um das gleiche Ergebnis zu erzielen?

5. „Unsere Einkäufer sind stark technisch orientiert. Wir erzielen damit gute Erfolge!" Zeigen Sie auf, welche Werthebel in entsprechend aufgestellten Einkaufsorganisationen ergriffen werden und beschreiben Sie diese kurz. Was wäre die Alternative zu einer „Harmonisierung von Spezifikationen"?

6. Beschaffungsstrategien können nach dem Subjektkonzept unterschieden werden. Erläutern Sie die daraus entstehenden Alternativen und geben Sie jeweils entsprechende Beispiele für Ihre Anwendung. Benennen Sie darüber hinaus weitere Unterscheidungskonzepte für Beschaffungsstrategien.

7. Die Kosteneinsparungsprogramme vieler Unternehmen korrelieren sehr stark mit massiven Einschnitten im Personalbereich. Zeigen Sie an einem selbst gewählten Beispiel auf, wie entsprechende Programme durch die Integration des Einkaufs die Mitarbeiterreduktionen entlasten können.

8. Dem Einkauf kommt in den meisten Unternehmen in der Zwischenzeit eine hohe Bedeutung zu. Welche Aufgaben und Ziele gibt es im Unternehmen für den Einkauf?

9. In der Beschaffung ist nicht nur eine Reduzierung der externen Materialkosten gefragt, sondern auch die Verbesserung interner Abläufe, um Prozesskosten zu reduzieren. Zeigen Sie an einem Beispiel den typischen Verlauf des Einkaufsprozesses auf.

10. Die alternative Ausgestaltungsmöglichkeit des Einkaufs kann hinsichtlich des Einsatzes seines geographischen und strategischen Aktionsradius gekennzeichnet werden. Stellen Sie die verschiedenen Alternativen dar.

1.10 Fallstudie 1: Angebotsanalyse der Ausschreibung für Kabel

Geschafft! – Denken Sie, denn es ist Ihr erster Tag in Ihrem ersten Aufgabengebiet bei Ihrem ersten Arbeitgeber. Endlich das Studium erfolgreich abgeschlossen und voller Stolz betreten Sie die Pforten der Power AG, einem internationalen Energieerzeuger. Die Suche nach einem spannenden Job ist Ihnen nicht allzu schwer gefallen. Natürlich ist der Arbeitsmarkt im Moment nicht gerade einfach, aber Ihnen war bereits im Studium klar geworden, dass Sie eine operative Aufgabe übernehmen wollen, bei der Sie die Möglichkeit haben, etwas zu bewegen. Und da war es nur konsequent, dass die Arbeit in einer Einkaufsabteilung genau das Richtige ist. Schon immer haben Sie davon geträumt, millionenschwere Aufträge zu verantworten und mit Ihren Einsparungen bei Lieferanten einen direkten Beitrag für den Unternehmenserfolg zu leisten.

„Herzlich Willkommen", begrüßt Sie Ihr neuer Chef Hans Schuster, „wir haben uns schon sehr auf Sie gefreut". Herr Schuster ist Mitte 30, aber schon ein alter Einkaufsprofi. Das merkt man schnell und Sie haben sich bereits im Vorstellungsgespräch darauf gefreut, viel von ihm zu lernen. „Heute Vormittag stelle ich Sie Ihren neuen Kollegen in der Abteilung vor", erläutert Ihnen Hans Schuster, „und bevor wir dann morgen zur Vorstellung in die einzelnen Fachabteilungen gehen, zu denen Sie Schnittstellen haben, habe ich mir gedacht, dass Sie heute Nachmittag eine kleine Aufgabe übernehmen. Dann haben Sie morgen gleich einen fachlichen Anknüpfungspunkt mit den Schnittstellen. Wir haben gerade eine Ausschreibung zu Kabel laufen und die Angebote sind letzte Woche eingetroffen. Da wir derzeit sehr viel zu tun haben, ist bisher keiner zur Auswertung der Angebote gekommen. Nachdem Sie sowieso das Arbeitsgebiet „Kabel und Freileitungen" übernehmen, ist es eine ganz gute Möglichkeit, den Prozess gleich von Anfang an zu begleiten. Da wäre es toll, wenn Sie mir eine erste Übersicht der Angebote und Ihre Ideen zur weiteren Vorgehensweise bei der Ausschreibung ausarbeiten. Dann können wir anschließend gemeinsam darüber diskutieren und morgen mit den Technikern über den Status sprechen."

Die Praxis hat Sie also eingefangen. So schnell haben Sie nun wirklich nicht mit Ihrer ersten Verantwortung gerechnet. Das Examen war ja anstrengend genug gewesen und die Professoren hatten Sie schon sehr gefordert. Aber es ist ja auch eine gute Chance. Sie wollen sowieso lieber ins kalte Wasser geschmissen werden um zu lernen. Theorie hatten Sie in den letzten Jahren nun genug gehabt. „Wollen wir doch mal sehen, was der Praxisbezug im Studium so gebracht hat", ist Ihr Gedanke.

„Ich gebe Ihnen die aktuellen Beschaffungspreise und Lieferanten sowie die Angebote", sagt Ihr Chef. „Verschaffen Sie sich einen Überblick, überlegen Sie das weitere Vorgehen bevor wir anschließend gemeinsam in die Verhandlung einsteigen. Ich habe nachher eine Lücke in meinem Terminkalender von 10 Minuten. Da können wir Ihre Ergebnisse diskutieren".

Aktuelle Preise
Warengruppe Kabel
Power AG, Bayreuth

1.10 Fallstudie 1: Angebotsanalyse der Ausschreibung für Kabel

Nr.	Teil	Lieferant	Bedarf (in km)	Preis (in EUR/km)	Kosten p.a. (in TEUR)
1.	Kabel De Luxe	Elektro Kabel	1.000	500.–	500
2.	Kabel Spezial	ZKF AG	50	1.500.–	75
3.	Kabel Ultra	ZKF AG	20.000	220.–	4.400
4.	Kabel Extra	Dürrenstein	10.000	300.–	3.000
5.	Kabel XXL	Kabel Schmidt	10.000	250.–	2.500

Elektro Kabel — Brief 1

Wagnerstraße 10
Bayreuth

Sehr geehrter Herr Hans Schuster,
Wir freuen uns Ihnen Ihre Anfrage Nr. 4711 wie folgt anbieten zu können:

Kabel De Luxe: 500 EUR
Kabel Spezial: 3.000 EUR
Kabel Ultra: 250 EUR
Kabel XXL: 300 EUR

Die Kabelversion „Extra" entspricht leider nicht unserem Fertigungssegment, so dass wir von einem Angebot absehen.

Alle Preise verstehen sich ex works und sind in EUR/km angegeben. Bei einer Bedarfsschwankung p.a. von +/–10 % behalten wir uns eine Preisanpassung vor. Unsere Preise sind die nächsten 14 Tage gültig.

Wir freuen uns auf eine Auftragsvergabe und eine kooperative Zusammenarbeit.

Mit freundlichen Grüßen,
M. Müller

Kabel-Schmidt GmbH — Brief 2

Lilienstraße 12
Nürnberg

Ihre Anfrage 4711

Sehr geehrter Herr Schuster,
als Nr. 1 in der Qualität der Kabellieferanten und prämierter Partner der „Initiative Deutschland" sind wir bestrebt, unsere Vorreiterrolle beizubehalten und weiter auszubauen. Wir sind stolz auf eine langjährige Partnerschaft mit Ihrem Hause und würden diese mit nachfolgendem Angebot gerne weiter ausbauen.

Unsere Preise haben eine Bindung für die nächsten 3 Wochen. Anschließend müssten wir eine Neukalkulation vornehmen, da die derzeitigen Schwankungen an den Rohstoffmärkten keine längerfristige Preisbindung mehr zulassen. Wir haben Ihre Anfrage derart verstanden, dass wir die Kabeltrommeln in unserem Hause (ex works) zur Verfügung stellen und die Logistik von Ihnen übernommen werden würde. Sollte dies nicht der Fall sein, bitten wir um kurzfristige Information.

Kabel De Luxe (Nr. 1): Bedarf: 1.000 km, Preis: 550 EUR/km
Kabel Spezial (Nr. 2): Bedarf: 50 km, Preis: 3.000 EUR/km
Kabel Ultra (Nr. 3): Bedarf: 20.000 km, Preis: 175 EUR/km
Kabel Extra (Nr. 4): Bedarf: 10.000 km, Preis: 250 EUR/km
Kabel XXL (Nr. 5): Bedarf: 10.000 km, Preis: 250 EUR/km

Wir haben uns erlaubt, das Kabel Extra nach unserer Spezifikation 007 anzubieten (entsprechend Kabel XXL), da unsere Erfahrungen zeigen, dass diese Qualität ausreicht und die von Ihnen geforderte Norm nicht notwendig ist. Sie können mit uns dadurch Kosteneinsparungen erzielen.

Wir freuen uns auf Ihr Feedback und stehen Ihnen für Rückfragen gerne zur Verfügung.

Ihre (Kabel-)Schmidts aus Nürnberg

ZKF AG

Brief 3

Kabelstraße 40
Wunsiedel

Sehr geehrte Damen und Herren,

nach Jahren geringer Investitionen in Ihrem Haus nehmen wir positiv zur Kenntnis, dass Sie massive Aktivitäten in Ihrem Versorgungsgebiet geplant haben. Mit unserem hohen Service und der überdurchschnittlichen Zuverlässigkeit unserer Produkte sind wir Ihnen bei diesen Herausforderungen eine wertvolle Stütze. Sie gehören zu unseren strategischen Kunden, denen wir uns in den letzten Jahren intensiv gewidmet haben. Wir wollen dieses Vertrauen mit unserem Angebot auch weiterhin gewährleisten und bieten Ihnen daher zu Ihrer Anfrage Nr. 4711 unsere allerbesten Konditionen.

Wir haben auch erfahren, dass ein neuer Einkäufer unsere Warengruppe übernehmen soll. Ist dieser schon im Haus und können wir ihn kennen lernen?

Ihre Teilenummer 1, das Kabel De Luxe, können wir Ihnen zu 580 EUR je km anbieten. Es ist eines unserer Standardprodukte, weshalb wir diesen günstigen Preis erst realisieren können. Ihre Spezifikation entspricht unserem Standard.

Mit Kabel Spezial (Nummer 2) sind wir bereits bei Ihnen in Vertrag. Wir verstehen daher nicht, warum wir dazu angefragt wurden. Durch die steigenden Rohstoffpreise und dem gesunkenen Bedarf in Höhe von nur 50 km im Jahr ist dies außerhalb der Serienfertigung. Die Fertigung ist für uns nicht mehr kostendeckend. Auf Grund der langjährigen guten Beziehung zu Ihrem Haus würden wir die Mehrkosten in Kauf nehmen. Bei einmaliger Fertigung und Bezug der gesamten Jahresmenge können wir Ihnen dieses Kabel für 2.000 EUR je km liefern. Es würde jedoch Sinn machen, wenn Sie dieses ganz aus Ihrem Sortiment nehmen.

Auch die Teilenummer 3, das Kabel Ultra, liefern wir bereits. Die Konditionen sind 220.– EUR/km.

Kabel Extra (Nummer 4) würden wir gerne liefern, da dies besonders gut in unsere Fertigung passt. Wir sind mit 330 EUR sehr preiswert und würden uns über Ihre Zusage bei den anvisierten 10.000 km sehr freuen. Gerne können wir Ihnen auch noch technische Optimierungen aufzeigen, nachdem uns in der Zeichnung aufgefallen ist, dass Sie dort als Schutz sehr hochwertige Materialien verwenden, die aus unserer Erkenntnis nicht notwendig sind und eine weitere Optimierung von bis zu 5 % zulassen. Unsere Konstrukteure stehen Ihnen jederzeit gerne zur Verfügung.

Wir erlauben uns, Sie in den nächsten Tagen hierzu telefonisch zu kontaktieren, um das weitere Vorgehen zu besprechen.

Mit freundlichen Grüßen,
Hans Wurst

> **Dürrenstein** — Brief 4
>
> Industriepark Nord
> Kemnath
>
> Sehr geehrter Herr Schuster,
> wir kommen zurück auf Ihre Anfrage 4711 und bieten wie folgt an:
>
> Kabel De Luxe   470.–
> Kabel Spezial   2.500.–
> Kabel Ultra   150.–
> Kabel Extra   300.–
>
> Alle Preise sind in EUR/km und ex works. Angebotsgültigkeit: 14 Tage.
>
> Mit freundlichen Grüßen,
> Max Knapp

1.11 Literatur zu Kapitel 1

Arnold (1997), Beschaffungsmanagement, 2. Auflage, 1997.

Arnolds et al., Materialwirtschaft und Einkauf, 12. Auflage, 2012.

Bergauer, Wierlemann, Einkauf – Die unterschätzte Macht, 2008.

Carter, Narasimhan, Is Purchasing really strategic?, in: International Journal of Purchasing and Materials Management, 32. Jahrgang, Nummer 1, 1996, S. 20–28.

Fincke, Kades, Krampf, Besser einkaufen, in: Akzente, Nummer 22, Dezember 2001, S. 16–21.

Fisher, Ury, Patton: Das Harvard-Konzept. Der Klassiker der Verhandlungstechnik, 24. Auflage, 2013.

Fröhlich, Lingohr, Gibt es die optimale Einkaufsorganisation? Organisatorischer Wandel und pragmatische Methoden zur Effizienzsteigerung, 2010.

Grossmann, Einkauf. Kosten senken – Qualität sichern – Einsparpotenziale realisieren, 5. Auflage, 2012.

Hahn, Kaufmann, Handbuch industrielles Beschaffungsmanagement: Internationale Konzepte – Innovative Instrumente – Aktuelle Praxisbeispiele, 2. Auflage, 2002.

Heß, Supply-Strategien in Einkauf und Beschaffung: Systematischer Ansatz und Praxisfälle, 2. Auflage, 2010.

Hirschsteiner, Einkaufsverhandlungen. Strategien, Techniken, Regeln, Praxis, 1999.

Hungenberg, Strategisches Management im Unternehmen, 7. Auflage, 2012.

Kerkhoff, Milliardengrab Einkauf. Einkauf – Die Top-Verantwortung des Unternehmens nicht nur in schwierigen Zeiten, 2. Auflage, 2011.

Large, Strategisches Beschaffungsmanagement. Eine praxisorientierte Einführung mit Fallstudien, 5. Auflage, 2013.

López de Arriortúa, Du kannst es: Memoiren eines Arbeiters, 1998.

Maurer, Dietz, Lang, Beyond Cost Reduction. Reinvesting the Automotive OEM-Supplier Interface, BCG Report, March 2004.

Meinig, Die Zufriedenheit von Zulieferunternehmen der deutschen Automobilindustrie – eine empirische Analyse, 2001.

Paquette, The Sourcing Solution. A Step-by-Step Guide to Creating a Successful Purchasing Program, 2004

Rast, Chefsache €inkauf, 2008.

Statistisches Bundesamt, Statistisches Jahrbuch 2010.

Versteeg, Revolution im Einkauf. Höchste Qualität und bester Service zum günstigsten Preis, 1999.

Wannenwetsch, Erfolgreiche Verhandlungsführung in Einkauf und Logistik. Praxiserprobte Erfolgsstrategien und Wege zur Kostensenkung, 4. Auflage, 2013.

2 Erhöhung des Wettbewerbsdrucks auf die Lieferanten zur Reduktion der Produktkosten

„Nur durch Druck entsteht ein Diamant"
Abteilungsleiter im Einkauf der Volkswagen AG

Die Steigerung des Wettbewerbsdrucks unterstützt die primäre Aufgabe des Einkaufs, Kosteneinsparungen für das Unternehmen durch Reduktion der Einstandspreise bei den Lieferanten zu erzielen. Je höher die Preissensitivität der Kunden beim Endprodukt ist, desto stärker rücken der Wettbewerbsdruck und das Kostenbewusstsein in den Vordergrund. Dies kann im Wesentlichen in Eigenverantwortung durch die Beschaffung erfolgen. Geht es mehr um Zeit- und Qualitätsaspekte, so erfolgt die Organisation der Aktivitäten stärker in interdisziplinären Teams, was eine übergreifende Abstimmung und Koordination erfordert. Die Erhöhung des Wettbewerbsdrucks zeichnet sich im Wesentlichen durch sieben Stellhebel aus, die in entsprechenden Einkaufsorganisationen in unterschiedlicher Intensität und Ausprägung genutzt werden können: Volumenbündelung, Einsatz von Alternativlieferanten, kontinuierliches Anfragemanagement, Global Sourcing, konsequente Jobrotation, Quotenverschiebung sowie Einsatz von e-Procurement-Lösungen.

2.1 Volumenbündelung – Realisierung von Skaleneffekten

„Eine wichtige Aufgabe der Einkäufer besteht in der Erhaltung und Belebung des Wettbewerbs, z. B. durch Konzentration der Nachfragemengen ... oder Nutzen von Erfahrungskurveneffekten."
Schuster, in: Bogaschewsky, Götze, 2003, S. 339

Die Bündelung von Volumen basiert auf dem Konzept der Economies of Scale und des Erfahrungskurveneffekts. Der reine Skaleneffekt zeigt auf, dass sich die Stückkosten sukzessive mit steigender Produktionsmenge reduzieren. Dies beruht auf dem dabei sinkenden Anteil an Fixkosten pro produziertem Stück. Damit sinken selbst bei konstanten variablen Kosten die Gesamtkosten pro produziertem Teil. Durch den sinkenden Fixkostenanteil wird dieser Effekt auch als „Fixkostendegression" oder positive „Economies of Scale" bezeichnet. **Economies of Scale und Erfahrungskurveneffekt**

Eine höhere Stückzahl kann auch durch die Reduktion der Artikelvielfalt über mehrere Standorte oder Gesellschaften erzielt werden, so dass derartige Bündelungs- und Preiseffekte realisiert werden können. So findet **Reduktion der Artikelvielfalt** man beispielsweise in Krankenhäusern, die einen entsprechend gezielten Klinikeinkauf betreiben, nur zwei bis drei Varianten von OP-Handschuhen. In Krankenhäusern mit weniger Fokus auf Beschaffungsaktivitäten werden hingegen oftmals fünf- bis zehnmal so viele unterschiedliche Varianten eingesetzt.

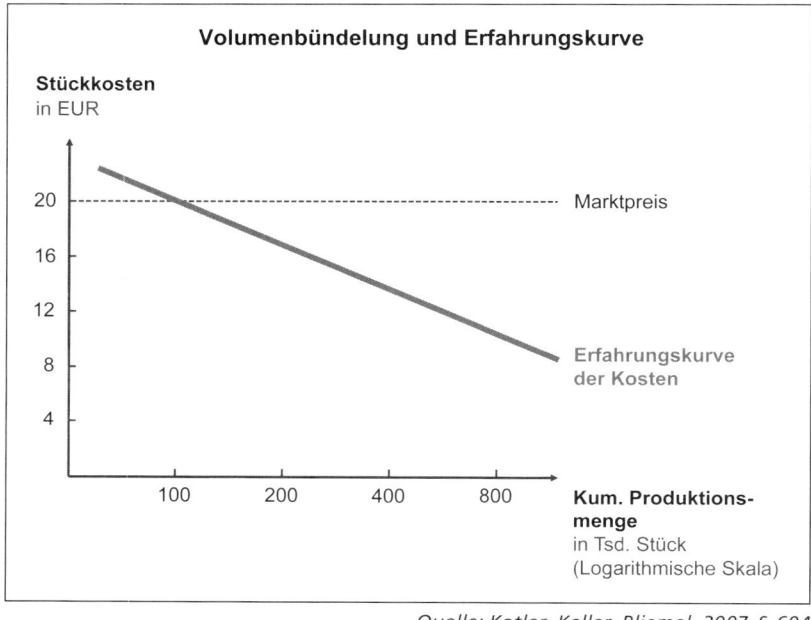

Abb. 11: Erfahrungskurve

Quelle: Kotler, Keller, Bliemel, 2007, S. 604

Lernkurveneffekt Neben der reinen Fixkostendegression ist bei steigender Fertigungsmenge auch ein Erfahrungs- und Lernkurveneffekt zu erkennen, was die Stückkosten zusätzlich senkt und somit eine Volumenbündelung im Einkauf unterstützt. Dabei geht man davon aus, dass durch Lerneffekte sowohl individueller als auch organisatorischer Art weitere Kostenreduzierungen realisiert werden können. Die Möglichkeiten sind dabei zahlreich. So können Lerneffekte z. B. durch die Optimierung von Abläufen oder der Reduktion unnötiger Wege- und Wartezeiten erreicht werden. Dabei erwartet man in der Regel, dass durch eine Verdoppelung der kumulierten Menge die Stückkosten um ca. 20 % gesenkt werden können. Im Einkauf kann man aber nicht prinzipiell davon ausgehen, dass eine Verdoppelung des eigenen Bedarfs an Kaufteilen, z. B. durch die Bündelung von zwei auf einen Lieferanten Fixkostendegressions- und Erfahrungskurveneffekte in entsprechender Höhe erzielt. Handelt es sich um standardisierte Bauteile beim Zulieferer, die auch von einer Vielzahl anderer Kunden bezogen werden, so kann die Verdoppelung des Liefervolumens bei einem Kunden auch nur eine geringe Erhöhung des gesamten Fertigungsvolumens bei diesem Zulieferer ausmachen. Als Beispiel kann die Beschaffung von Standardschrauben dienen, die in millionenfacher Stückzahl für unzählige Kunden produziert werden.

Darüber hinaus ist es für die Lieferanten wichtig, dass die entsprechenden Effekte auch tatsächlich realisiert werden, um Kostensenkungspotenziale weitergeben zu können bzw. um eine vorhandene Gewinnmarge nicht zu reduzieren. Ansonsten bleiben die Potenziale nur theoretisch und senken nicht die Gesamtkosten in der Wertschöpfungskette. Daher ist es nötig, Rationalisierungs-, Standardisierungs- und Automatisierungsmaßnahmen sowie Lernprozesse und technischen Fortschritt auch im Produktionsbereich umzusetzen.

Ebenso passiert es in der betrieblichen Praxis leider immer noch allzu häufig, dass der Einkauf Einsparungen bei den Lieferanten erzielt und der interne Kunde das freigewordene Budget nicht reduziert, sondern für andere „dringende" Aktivitäten, z. B. höhere Anforderungen an Produkte und Dienstleistungen, zusätzliche Beratungsaufwendungen, Sponsoring etc. verbraucht. Damit werden zwar letztendlich Potenziale beim Lieferanten realisiert. Diese kommen aber nicht beim Endkunden in Form von Preisreduzierungen an.

Für den Einkauf bedeutet die Berücksichtigung des Erfahrungskurvenkonzepts, dass die Preise für Folgeaufträge geringer ausfallen, als dies bei der Erstvergabe akzeptiert wurde. Ebenso können beim Aufbau von Wettbewerb teilweise neue Lieferanten mit höheren Preisen eingesetzt werden, wenn sichergestellt ist, dass sie im Zeitablauf ihre Kosten reduzieren können und damit die höheren Preise zu Beginn der Zusammenarbeit überkompensieren.

2.2 Alternativlieferanten – Single versus Multiple Sourcing

„Hinsichtlich der Lieferantenzahl pro Beschaffungseinheit lassen sich zwei Extremstrategien unterscheiden, von denen eine die Zusammenarbeit mit möglichst vielen Lieferanten anstrebt (Multiple Sourcing) und die andere die Zusammenarbeit mit nur einem (Single Sourcing)."

Homburg, in: Hahn, Kaufmann, 2002, S. 183

Während die Bündelung des Einkaufsvolumens auf einen Lieferanten hilft, die oben beschriebenen Economies of Scale zu realisieren, versuchen Einkaufsorganisationen, die das Ziel verfolgen, durch Steigerung des Wettbewerbsdrucks Kostenvorteile zu erzielen, parallel alternative Lieferanten aufzubauen, um der Gefahr der Monopolisierung zu entgehen. In der Literatur und Praxis nennt man dabei die Verbreiterung der Lieferantenbasis auf mehrere Lieferanten je Bauteil „Multiple Sourcing". Die Konzentration auf einen Lieferanten wird hingegen als „Single

Sourcing" bezeichnet, wobei in den meisten Fällen unklar bleibt, wie die Abgrenzung getroffen werden soll.

2.2.1 Differenzierung von Single Sourcing

> „Es kommt auf die Abgrenzung des Kaufteils an, um festzustellen, was im Unternehmen als Single Sourcing verstanden werden soll."
>
> Krampf, 2000, S. 192

Der Begriff des Single Sourcing für den Bezug von einem Lieferanten hat sich in Theorie und Praxis zwar einheitlich durchgesetzt. Jedoch fehlt es in der Regel an einer eindeutigen Definition, wofür nur ein Lieferant als Beschaffungsquelle eingesetzt wird. Am Beispiel eines Automobilherstellers sei die Problematik verdeutlicht: Hier stellt sich die Frage, ob ein Zulieferer über alle Baureihen und über alle Produktionsstätten als alleiniger Lieferant ausgewählt wird oder nur einen Teil der Gesamtmenge liefert. Man kann dann von partiellem Single Sourcing über eine Baureihe oder über ein Werk, bzw. in einer Baureihe in einem Werk sprechen. Dies würde zu einer Risikominimierung im Gesamtunternehmen führen, da für das gleiche Kaufteil in einem anderen Produktionsstandort bzw. in einer anderen Baureihe ein Alternativlieferant vorhanden wäre, der Lieferausfälle kompensieren kann. Darüber hinaus kann durch den

Abb. 12: Abgrenzungsproblematik beim Single Sourcing

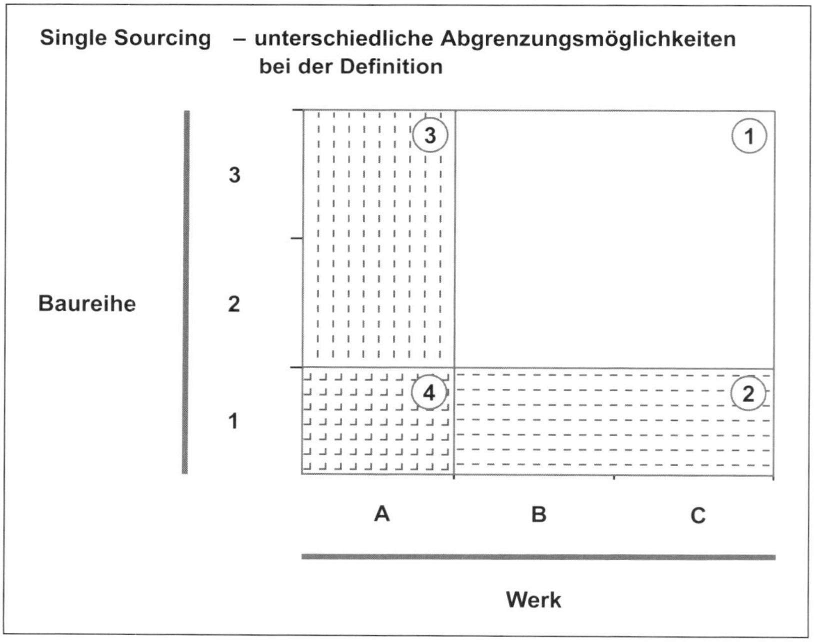

Quelle: Krampf, 2000, S. 191

2.2 Alternativlieferanten – Single versus Multiple Sourcing

Wettbewerb unter den Lieferanten die Kostentransparenz erhalten werden ohne in die einseitige Abhängigkeit eines Zulieferers zu gelangen.

Die Abbildung zeigt die Abgrenzungsproblematik beim Single Sourcing. Nimmt man die Unterscheidung nach Einsatz in den Baureihen bzw. Lieferung der Werke als Unterscheidungskriterium, so ergeben sich vier Fälle des Single Sourcing.

Fall 1: Lieferant beliefert alle Werke und Baureihen

Im ersten Fall beliefert der Lieferant alle Werke und Baureihen des Fahrzeugherstellers mit seinen Teilen bzw. Dienstleistungen. Beispielsweise ist dies der Fall, wenn Bosch als Exklusivlieferant für Benzineinspritzpumpen herangezogen wird. Bei Bauteilen mit Vorlaufzeit in Forschung und Entwicklung bzw. bei der Notwendigkeit zur Herstellung von Werkzeugen für die Fertigung der Produkte hat der Einkauf keine Möglichkeit, kurzfristig auf Alternativlieferanten auszuweichen. Die Verhandlungsmacht des Herstellers für das Endprodukt ist damit stark eingeschränkt.

Fall 2: Lieferant beliefert alle Werke einer Baureihe

Der Lieferant beliefert innerhalb einer Baureihe (z. B. VW Golf, Audi A3, Skoda Octavia) alle Werke. Das Single Sourcing bezieht sich damit lediglich auf die Baureihe. Bei Schwierigkeiten (z. B. Streik, Fertigungsproblemen) hat der Einkauf innerhalb seiner Werke die Möglichkeit, die Kaufteile mit der identischen Spezifikation der alternativen Lieferanten einzusetzen, d. h. die beschafften Teile können von einer Baureihe auf die andere übertragen werden. Der Vorteil bei der Fokussierung auf einen Lieferanten je Baureihe ist, dass bei technischen Problemen bzw. Rückrufaktionen sehr schnell und eindeutig der entsprechende Lieferant identifiziert werden kann. Auch der technische Bereich behält einen Ansprechpartner beim Lieferanten für seine Fragestellungen.

Fall 3: Lieferant beliefert in einem Werk alle Baureihen

Bei der Belieferung aller Baureihen in einem Werk ist das Single Sourcing werksspezifisch und ermöglicht dadurch eine Reduktion der Logistikkosten, da jedes Werk nur von einem Lieferanten beliefert wird. Dies ist insbesondere erforderlich, wenn die Lieferanten in der Nähe der Endmontage fertigen müssen. Diese Art der Volumenaufteilung auf zwei oder mehrere Zulieferer findet man in der betrieblichen Praxis häufig bei hochvolumigen Teilen, die stark standardisiert wurden. Die Flexibilität mit Alternativlieferanten ist in diesem Fall lediglich übergreifend über die verschiedenen Fertigungsstandorte möglich.

Fall 4: Lieferant beliefert nur ein Werk innerhalb einer Baureihe

Jeder Lieferant beliefert nur ein Werk innerhalb einer Baureihe. Diese weiteste Auslegung des Single Sourcing bedeutet auf der einen Seite eine hohe Flexibilität, auf der anderen Seite entspricht dieser Zustand bei einer hohen Anzahl von Fertigungsstandorten und Baureihen bereits eher dem Multiple Sourcing.

2.2.2 Vorteile von Single und Multiple Sourcing

> „Sowohl single sourcing als auch multiple sourcing weisen allerdings auch Nachteile auf, die sich spiegelbildlich aus den Vorteilen der jeweils anderen Option ergeben."
>
> Piontek, 1997, S. 11

Die Vor- und Nachteile von Single und Multiple Sourcing sind spiegelbildlich im Vergleich zur jeweiligen Alternative. Deshalb sollen im Folgenden nur die entsprechenden Vorteile beider Varianten dargestellt werden.[14]

Multiple Sourcing

Reduktion des Lieferrisikos

Multiple Sourcing führt z. B. im Falle eines Streiks durch den Einsatz mehrerer Lieferanten zu einer deutlichen Reduktion des Lieferrisikos, so dass eine kontinuierliche Fertigung des eigenen Endprodukts sichergestellt ist. Insbesondere in der Pharmaindustrie, bei der die schnelle Marktdurchdringung bei der Produktneueinführung einen wesentlichen Erfolgsfaktor darstellt, um den hohen Aufwand für Forschung und Entwicklung zu amortisieren oder in der Automobilindustrie, in der eine hohe Auslastung der automatisierten Fertigungsstraßen für die Deckung der Fixkosten notwendig ist, stellen Lieferengpässe eine hohe Gefahr für den Unternehmenserfolg dar.

Wettbewerb bei den Zulieferern

Eine Vielzahl an Lieferanten für das gleiche Kaufteil erhöht den Wettbewerb unter den Zulieferern, so dass Preiszugeständnisse einfacher erreichbar sind bzw. Innovationen in neue Produkte und Techniken gefördert werden. Die Abhängigkeit von einzelnen Lieferanten wird durch alternative Zulieferer gesenkt. Gerade die Aufnahme kleinerer und mittlerer Unternehmen, die in der Regel durch enorm hohe Einsatzbereitschaft und Flexibilität verfügen, kann dazu beitragen, den einseitigen Druck großer globaler Lieferanten signifikant zu reduzieren. Die bisherigen Lieferanten fürchten in der Regel, dass durch die Vergabe geringerer Mengen an kleinere Lieferanten ein neuer Wettbewerber beim Kunden entsteht und bei entsprechend guter Lieferqualität sukzessive dessen Lieferanteile vergrößert werden und damit die eigenen Umsatzzahlen und Gewinne in der Zukunft sinken. Dabei sind mittelständische Unternehmen häufig in der Lage, die Nachteile gegenüber einem größeren Wettbewerber, die z. B. durch fehlende Größeneffekte, geringere Produktpalette u. a. entstehen, durch bessere Reaktionsgeschwindigkeiten zu kompensieren.

Steigerung der Flexibilität

Die Aufteilung auf mehrere Anbieter ermöglicht dem Einkäufer eine höhere Flexibilität. Dabei können z. B. durch sinnvolle Nutzung der Kapazitäten der Lieferanten Bedarfsschwankungen besser ausgeglichen werden, was den Zulieferern die Möglichkeit eröffnet, die eigene Lagerhaltung zu minimieren. Dies kann wiederum zu Preissenkungen führen.

---

[14] Vgl. dazu Krampf, 2000, S. 195 ff., und die dort angegebene Literatur.

Eine Erwartungshaltung von Single Sourcing ist die Verbesserung von Qualitätskennzahlen, da man sich auf lediglich einen Zulieferer fokussiert und damit Verbesserungsprojekte und Qualitätskontrollen mit geringerem Aufwand für beide Unternehmen realisiert werden können.

Single Sourcing Verbesserung der Qualität

Die einfachere Auftragsabwicklung und der reduzierte Verwaltungsaufwand, der z. B. durch die Abstimmung in der Logistik, qualitative Anforderungen, evtl. Änderungen u. a. mit nur einem Lieferanten anfällt, führt bei Zulieferer und Abnehmer zu reduzierten Gemeinkosten. Die Volumenbündelung führt über die oben beschriebenen Erfahrungskurveneffekte und Fixkostendegression (Economies of Scale) ebenfalls zu Kostensenkungspotenzialen, die realisiert werden können.

Höhere Kostensenkungspotenziale

Durch die Vermeidung alternativer Lieferanten kann der Informationsaustausch verbessert werden, was insbesondere bei forschungs- und entwicklungsintensiven Gütern bzw. bei Produkten mit hohem Abstimmungsbedarf, wie z. B. bei Baugruppen, die entsprechend angepasst werden müssen, notwendig ist. Dies spiegelt sich z. B. in zuverlässigeren und stabileren Bedarfszahlen, besserem Feedback sowie durch Darstellung von Alternativen und möglichen Designmodifikationen wieder. Der verbesserte Informationsfluss führt auch zur höheren Konzentration auf die Interessen der Marktgegenseite, so dass sich eine Stabilität in der Geschäftsbeziehung entwickelt, welche beiden Seiten hilft, ihre Unternehmensausrichtung zu optimieren. Dies erfolgt z. B. durch gemeinsam durchgeführte Kostenreduktionsprogramme.

Besserer Informationsaustausch

Single Sourcing hat sich in den letzten Jahren zu einer weit verbreiteten und akzeptierten Beschaffungsstrategie entwickelt. Eine Grundvoraussetzung muss jedoch die Vorteilhaftigkeit für beide Seiten sein. Sowohl der Einkauf des Kunden, als auch der Verkauf des Lieferanten muss dabei die jeweiligen Verbesserungen in der Zusammenarbeit im Sinne einer „Win-win-Partnerschaft" erkennen können.

2.3 Anfragemanagement – aktiv, konsequent und kontinuierlich

> „Ab und zu einmal ein Angebot einzuholen, am besten nur von solchen Unternehmen, die Ihnen eine Broschüre senden … damit ist es nicht getan. Sie müssen schon umfassender und strukturierter eine Marktuntersuchung durchführen."
>
> Grossmann, 2012, S. 23

Um den Wettbewerbsdruck auf den Zuliefermarkt zu erhöhen bzw. diesen konstant auf einem hohen Niveau zu halten, ist ein wesentliches Element des Einkaufs, kontinuierliche Anfragen des bestehenden Leistungsportfolios durchzuführen. Viele Organisationen übersehen dieses Potenzial im Unternehmen immer noch und gehen davon aus, dass einmal vereinbarte Preise am Anfang eines Produktlebenszyklus konstant auf dem besten Niveau verharren. Maximal wird eine jährliche Preisverhandlungsrunde gestartet. In der Realität ergeben sich jedoch im Zeitablauf oftmals signifikante Schwankungen der Preise, da z. B. über technische Änderungen Mehrpreisforderungen sehr leicht realisiert werden können. Die Zulieferer haben die „Angewohnheit", jede Veränderung gleich mit einer Preiserhöhung zu verbinden. Die Argumente klingen dabei sehr einleuchtend und plausibel.

Pauschale Preisabschläge reichen nicht aus

Im Falle von finanziellen Problemen kommt bei Unternehmen oftmals die Idee auf, pauschale „freiwillige" Reduzierungen in Form von prozentualen Preisabschlägen bei den Lieferanten zu fordern. Auch wenn dieses Mittel bei einigen Unternehmen funktioniert, ist es sehr einfallslos und in der Regel nicht ausreichend, um die Kostenprobleme eines Unternehmens zu lösen, da entsprechend hohe Forderungen nie derart pauschal durchgesetzt werden können. Daher ist es wichtig, den Lieferanten über eine möglichst breit angelegte Anfrage einen objektiven Spiegel ihrer Wettbewerbsfähigkeit vorzuhalten.

Ohne ein entsprechendes kontinuierliches „Benchmarken" der Einkaufspreise verliert der Abnehmer auch die Übersicht über Marktveränderungen, wie z. B. technische Fortschritte oder Optimierungen im Fertigungsablauf, die das Kostenniveau verändern. Darüber hinaus steigt die Gefahr, in Abhängigkeit von monopolistischen Lieferanten zu geraten. Daher ist es eine der Kernaufgaben im Einkauf, entsprechende Anfragen des Einkaufsvolumens regelmäßig durchzuführen. Wichtig ist es dabei, nicht nur diejenigen Umfänge anzufragen, die eine hohe Stückzahl besitzen, sondern das gesamte Lieferspektrum eines Lieferanten zu betrachten. Sonst besteht die Gefahr, dass ein Zulieferer nach Verlust seiner Umsatzträger bei den verbleibenden Kleinaufträgen massive Preiszugeständnisse einfordert.

> **Beispiel Opel und Volkswagen: 70 % des Lieferumfanges müssen jährlich angefragt werden**
>
> In der Automobilbranche wird z. B. bei Opel und Volkswagen von der Beschaffung erwartet, dass jährlich ca. 70 % des Lieferumfanges ausgeschrieben werden. Teilweise muss der Einkäufer sogar je Kaufteil eine Begründung abgeben, falls er von dieser Vorgabe abweicht. Damit reduziert man die Gefahr, Veränderungen im Zulieferermarkt zu spät oder nur mit einem enormen zeitlichen Verzug zu erkennen. Die Erkenntnisse der Kostensituation fließen dann parallel in die Wirtschaftlichkeitsberechnungen für neue Fahrzeugmodelle ein.

Klassisches Anfragemanagement

In traditionellen Einkaufsorganisationen finden im Idealfall am Ende des Jahres Preisverhandlungen mit den Lieferanten statt, bei denen auf Basis des Gesamtvolumens eines Lieferanten prozentuale Preisabschläge vereinbart werden. Es besteht sogar häufig die Gefahr, dass die Verkäufer durch gut vorbereitete Argumente, wie Lohn- oder Rohstoffpreissteigerungen eine Erhöhung durchsetzen. Bei solchen Preisab- bzw. -zuschlägen fallen Inkonsistenzen zwischen den Preisen unterschiedlicher Kaufteile in der Regel nicht auf, da diese pauschal vorgenommen werden. Bei

2.3 Anfragemanagement – aktiv, konsequent und kontinuierlich

Abb. 13: Klassisches und modernes Anfragemanagement

Element	Anfragemanagement – Vergleich zwischen klassischer und moderner Vorgehensweise	
	Klassisches Anfragemanagement	Modernes Anfragemanagement
Verhandlung	Pauschal	Je Kaufteil
Preisreduzierung	Als Paket über Lieferspektrum	Als „Cherry Picking"
Teileumfang	Ausgewählte Kaufteile je Warengruppe (3 – 4)	Alle Kaufteile (80 % des Einkaufsvolumens)
Lieferanteninvolvierung	Ausgewählte Lieferanten je Gesellschaft	Alle konzernweiten Lieferanten der Warengruppe
Involvierung Entwicklung/Qualitätsabteilung	Vor der Anfrage zur Abstimmung der Lieferanten-Shortliste	Nach dem Eingang kaufmännisch attraktiver Angebote

Quelle: Eigene Darstellung

Anfragen werden gewöhnlich drei bis vier bekannte Zulieferer verwendet, so dass ein stärkerer Wettbewerb und damit Transparenz mit neuen Anbietern ausgeschlossen ist. Oder es wird vor dem Start einer Anfrage bereits eine „Shortlist" aus der Technik bzw. dem Qualitätswesen vorgegeben. Auf eine vollständige Anfrage aller Kaufteile wird verzichtet. Stattdessen begnügt man sich mit Referenzteilen, die als Basis für die Verhandlungen des Gesamtvolumens dienen.

Moderne und dynamische Einkäufer ändern dieses Verhalten bei Anfragen und stellen ihr gesamtes Einkaufsvolumen in den Markt bzw. schreiben entsprechend der 80/20-Regel ca. 70 %–80 % des Einkaufsvolumens jährlich aus. Für jedes Kaufteil bitten sie möglichst viele Zulieferer um eine Angebotsabgabe, d. h. sowohl bereits vorhandene als auch potenzielle neue Anbieter. Dabei sollten die Anfragen auch nicht nur an fünf, sondern in der Regel an bis zu fünfzehn Zulieferer versendet werden. Eine hohe Bieteranzahl ist deshalb so wichtig, weil es einen starken Zusammenhang zwischen Angebotsanzahl und -preisen gibt. *Viele Zulieferer anfragen*

Im Anschluss wird nicht auf Basis von Referenzteilen, sondern jedes Kaufteil auf Basis des besten Angebots verhandelt, was häufig auch als „Rosinenpicken" bzw. „Cherry-Picking" bezeichnet wird. Die Involvierung der Technik und Qualitätssicherung erfolgt erst dann, wenn die Angebote kaufmännisch überprüft sind. Nur diejenigen Zulieferer werden diesen Bereichen vorgestellt, die auch das beste kommerzielle Angebot für ein Kaufteil abgegeben haben. Das erspart zum einen der Technik und Qualitätssicherung die Betrachtung aller möglichen Lieferanten-Teile-Kombinationen, zum anderen vermeidet man auch den Ausschluss von Lieferanten auf Basis subjektiver Empfindungen. Ganz im Gegenteil muss nun Teil für Teil auf Basis von Fakten erläutert werden, warum nicht mit dem kommerziell günstigsten Lieferanten die Zusammenarbeit stattfinden kann. Dabei kommt es nicht selten vor, dass *Cherry-Picking*

auch die bisherigen Lieferanten ihre Preise um 25 % – 50 % reduzieren, um ihre Lieferumfänge zu behalten.

Versteeg, einer der engsten Mitarbeiter von Ignacio López bei General Motors und Volkswagen, beschreibt das Vorgehen wie folgt: „Bei uns bekam letztlich derjenige mit der besten Qualität und dem optimalsten Service den Zuschlag – aber nur dann, wenn er auch den besten Preis anbieten konnte. Wir verhandelten so lange, bis das der Fall war … Ohne diese Extremposition verhandeln viele Einkäufer einfach nicht bis zum optimalen Preis."[15]

2.3.1 Vier Schritte beim kontinuierlichen Anfragemanagement

> „Zentrale Bestandteile des neuen Einkaufsprozesses waren und sind bis heute die Koordination der formatübergreifenden Einkaufsaktivitäten in Form von gemeinsamen Ausschreibungen …"
> DeNunzio, in: Bergauer, Wierlemann, 2008, S. 132

Der Prozess eines kontinuierlichen Anfragemanagements gliedert sich in vier wesentliche Schritte, wobei vor Beginn, insbesondere bei der erstmaligen Durchführung, eine Diagnosephase stattfinden sollte, in der das gesamte Einkaufsvolumen erfasst und nach Warengruppen aufgegliedert wird. Trotz der stärkeren Fokussierung auf Einkaufsthemen gibt es immer noch zahlreiche Organisationen, die keine bzw. nur eine geringe Transparenz ihrer gesamten Einkaufsvorgänge besitzen. Darüber hinaus sollte der Ablauf des Anfrageprozesses festgelegt und die „Spielregeln", wie z. B. Involvierung von Abteilungen und Lieferanten, sowie die Vorbereitung zur Vergabeentscheidung eindeutig festgelegt werden.

Schritt 1: Erzeugung von Datentransparenz
In einem ersten Schritt müssen die vorliegenden Daten innerhalb einer Warengruppe analysiert und auf Vollständigkeit bzw. Richtigkeit überprüft werden, um die Datentransparenz zu erzeugen. Gibt es mehrere Einkäufer z. B. in verschiedenen Regionen oder Business Units, sollten diese für einen Workshop zusammenkommen, um gemeinsam die 80 % ihres Einkaufsvolumens festzulegen, die anschließend angefragt werden sollen. Auch hier trifft man auf die 80/20-Regel, nach der 80 % des Einkaufsvolumens durch 20 % der Kaufteile abgedeckt werden. In Großunternehmen können aber auf Grund der Teilevielfalt auch diese 20 % bereits 10.000 und mehr Teile des gesamten Einkaufsvolumens ausmachen. Dabei ist darauf zu achten, dass kleinere Standorte auf Grund ihres geringen Volumenanteils in der Anfrage nicht vollständig vergessen werden bzw. auch solche Kaufteile angefragt werden, die zur Zeit noch am Anfang ihres Lebenszyklus stehen und damit aktuell ein geringes Umsatzvolumen besitzen, zukünftig jedoch höhere Anteile generieren.

---
[15] Versteeg, 1999, S. 32.

2.3 Anfragemanagement – aktiv, konsequent und kontinuierlich

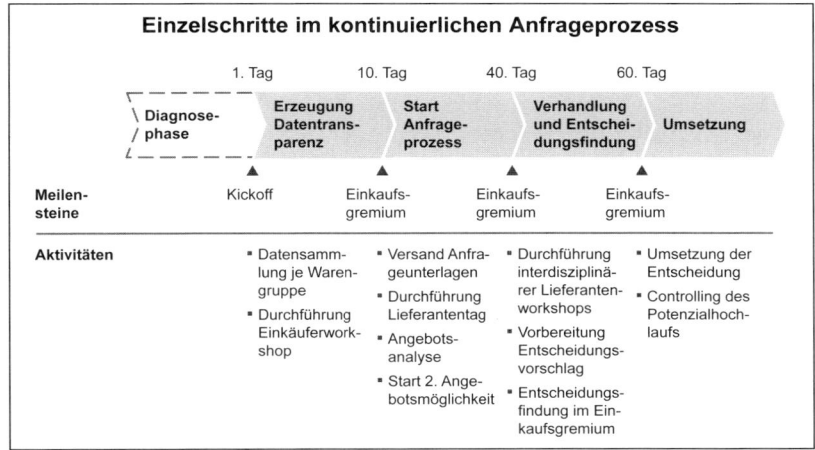

Abb. 14: Anfrageprozess

Quelle: Eigene Darstellung

Anschließend müssen alle erforderlichen Unterlagen, wie z. B. Teilezeichnungen oder Qualitätsanforderungen, zur Verfügung gestellt werden.

Schritt 2: Anfrageprozess starten
Liegen die Unterlagen vollständig zur Anfrage vor, hat es sich insbesondere bei der ersten Durchführung als zielführend erwiesen, in einem zweiten Schritt die Lieferanten zu einem Lieferantentag einzuladen, in denen allen in einer gemeinsamen Veranstaltung das Vorgehen und die Hintergründe der Vorgehensweise erläutert werden. Gerade die Transparenz für jeden Verkäufer vor dem Start des Anfrageprozesses, dass auch alle seine Wettbewerber eingeladen, im gleichen Raum sind und die identischen Informationen erhalten, verdeutlicht die Absicht, in einem transparenten Wettbewerb die Vorgänge an denjenigen zu übertragen, der objektiv das beste Angebot abgibt. Nach Eingang der Angebote werden diese analysiert und anschließend den Lieferanten auf Basis von Zielvorgaben[16] die Möglichkeit gegeben, Ihre Angebote nachzubessern und den günstigsten Preis zu unterbieten. In der Regel steigt dadurch das Potenzial nicht signifikant. Es dient vielmehr dem offenen Feedback an die Lieferanten. Für den Lieferanten bietet dieses Vorgehen die Möglichkeit, seine eigene Kostensituation auf Basis dieser weltweit und für ihn kostenlos gewonnen Benchmarkergebnisse zu überprüfen.

Schritt 3: Verhandlung und Entscheidungsfindung
Nachdem alle Lieferanten die Möglichkeit hatten, ihre Angebote zu korrigieren, werden in interdisziplinär besetzten Workshops unter Einbindung der Technik und Qualitätssicherung mit all denjenigen Lieferanten Verhandlungen geführt, die das günstigste Angebot je Kaufteil vorzuweisen haben. Wichtig innerhalb der Verhandlungen ist es, dass die Einkäufer bzw. das Verhandlungsteam sich kontinuierlich hinterfragt, ob

---
[16] Siehe dazu auch das Kapitel „Target Costing".

sie wirklich das Bestmögliche erzielt haben. Verkäufer sind geschult darin, der Gegenseite das Gefühl zu geben, sie wären tatsächlich am Ende ihrer Möglichkeiten und dem „Konkurs der Firma" nahe. Zu einer fairen Zusammenarbeit mit Zulieferern gehört es, dem aktuellen Lieferanten die Möglichkeit zu geben, auf den besten Angebotspreis einzusteigen, um seinen Auftrag zu behalten. Wenn der bisherige Lieferant aber die notwendigen Kosten- und Preisreduzierungen nicht durchführen kann oder will, muss es zum Lieferantenwechsel kommen.[17] Anschließend erfolgt ein entsprechender Vergabevorschlag durch das Team, das durch die Leitungsebene des Einkaufs, der Technik und der Qualitätssicherung entschieden werden muss. Eine Entscheidung ist erst dann zu treffen, wenn der Preis die Erwartungshaltung des Entscheidungsgremiums erreicht hat.

Schritt 4: Umsetzung der Entscheidungen

Im letzten Schritt müssen die getroffenen Entscheidungen umgesetzt werden. Es empfiehlt sich ein Maßnahmencontrolling auf Kaufteilebene aufzusetzen, um zu erkennen, welche Einsparungen auch realisiert werden und bei welchen Einzelmaßnahmen ggf. eine Unterstützung durch die Leitungsebene notwendig wird. Preisreduktionen beim bisherigen Serienlieferanten müssen lediglich durch den Einkäufer im IT-System hinterlegt werden. Schwieriger und langwieriger sind jedoch Lieferantenwechsel, weil abhängig von der Komplexität des Kaufteils entsprechende Voruntersuchungen und Probelieferungen notwendig sind.

In zahlreichen Projekten, in denen Unternehmen aufgrund finanzieller Schwierigkeiten gezwungen waren, signifikante Einsparungen im gesamten Unternehmen zu erzielen, hat sich herausgestellt, dass die Schritte eins bis drei für die jeweilige Warengruppe unter Anleitung von entsprechenden Einkaufsexperten in maximal 60 Tagen realisiert werden können. Unter der Voraussetzung, dass die Einkaufsdaten zur Verfügung stehen, kann damit bereits 12 Wochen nach dem Start ein erstes quantifiziertes Einsparpotenzial hinterlegt werden. Geht man dabei strukturiert vor, können mehrere hundert Teile gleichzeitig angefragt werden.

> **Beispiel: Maxeda und Deutz**
>
> Ein entsprechend strukturierter und kontinuierlicher Anfrageprozess findet beispielsweise bei der führenden niederländischen Einzelhandelskette Maxeda-Gruppe statt. Durch den gemeinsam definierten Einkaufsprozess ist es möglich, trotz der Wahrung der Identität einzelner Gesellschaften, Bündelungs- und Synergiepotenziale zu realisieren.[18] Auch bei der Deutz AG wurden zur Weiterentwicklung des Einkaufs und zur Realisierung von Einsparpotenzialen z. B. im Bereich der Kabelsätze mehr als 140 Lieferanten weltweit angefragt. Auf dieser Basis erlangte man Erkenntnisse über die zukünftig interessanten Lieferanten hinsichtlich Qualität und Entwicklungs-Know-how.

---

[17] Eine ausführliche praxisorientierte Darstellung über Einkaufsverhandlungen findet sich bei Hirschsteiner, 1999.
[18] Vgl. DeNunzio, in: Bergauer, Wierlemann, 2008, S. 132 ff.

2.3 Anfragemanagement – aktiv, konsequent und kontinuierlich

> Durch die Konfrontation der bestehenden Lieferanten mit den Ergebnissen der Ausschreibung konnte darüber hinaus signifikante Einsparungen in dieser Warengruppe erzielt werden.[19]

Es muss jedoch darauf hingewiesen werden, dass die vollständige Realisierung der aufgezeigten Potenziale anschließend realistischer Weise bis zu zwei Jahren beträgt, da Lieferantenwechsel mit entsprechenden Freigabeprozessen durch den Einkauf und die Technik begleitet werden müssen. Viele Beratungsunternehmen übersehen dies gerne in ihren Darstellungen sowie Projektvorschlägen und erzeugen damit den Eindruck, dass im Einkauf das „schnelle Geld" liegt. Dies ist nur dort möglich, wo der bisherige Lieferant bereit ist, seine Preise zu senken.

Das konsequente Anfragemanagement überzeugt am Ende alle Beteiligten. Trotz zahlreicher gut vorgetragener und teilweise belegter Argumente, dass kein Potenzial mehr vorhanden sei, wie z. B. „wir haben die Preise in den letzten Jahren schon signifikant reduziert" oder „meine Warengruppe ist für eine standardisierte Anfrage zu komplex", zeigt sich, dass im Einkauf immer noch ein erhebliches Potenzial alleine auf Basis von Anfragen steckt. So konnten bei Warengruppen in Einzelfällen sogar Einsparungen über 20 % realisiert werden.

2.3.2 Erfolgsfaktoren beim kontinuierlichen Anfragemanagement

> „Ad-hoc-Entscheidungen und zeitintensive Einzelausschreibungen je Format sind im strategischen Einkauf inzwischen passé."
> DeNunzio, in: Bergamer, Wierlemann, 2008, S. 131

Erfolgsfaktoren für die Durchführung eines kontinuierlichen Anfragemanagements sind z. B. die Anfrage auf Einzelteilebene, um eine faktenbasierte Diskussion zu gewährleisten, eine schnelle Entscheidungsfindung zu ermöglichen und ein kontinuierliches Update der Daten zu gewährleisten. Die Vorgabe ist es, Teil für Teil die Wettbewerbsfähigkeit des Lieferanten nachzuweisen. Darüber hinaus hilft eine klare Zuordnung der Verantwortlichkeit je Einzelteil bzw. Warengruppe durch einen Leadbuyer, der konzernübergreifend den Prozess verantwortet und die Einkaufskollegen aller Gesellschaften des Unternehmens kontinuierlich über den Status des Anfrageprozesses informiert. Ebenso sollte die Anfrage von Lieferanten weltweit erfolgen, um eine Transparenz der Preissituation je Kaufteil zu erhalten und damit eine faktenbasierte Diskussion sicherzustellen. Das heißt insbesondere die Einschaltung aller Einkaufsbüros für alle anzufragenden Teile.

Weltweite Anfrage auf Einzelteilebene

Leadbuyer

Auch die Durchführung eines Lieferantentages zählt zu den Erfolgsfaktoren im Anfragemanagement. Die Zulieferer werden dabei über die

Lieferantentag

---
[19] Vgl. Meyer, in: Bergauer, Wierlemann, 2008, S. 105 f.

Vorgehensweise einheitlich informiert und die Objektivität des Prozesses dargestellt. Darüber hinaus werden insbesondere die bisherigen Serienlieferanten „aufgeweckt", da sie mit ihren neuen Wettbewerbern in Kontakt kommen. Darüber hinaus sollte die Verhandlung in Runden erfolgen. Nach einer ersten schriftlichen Preisabgabe bietet die zweite, ebenfalls schriftlich durchgeführte Runde den Zulieferern die Möglichkeit, *Feedback* auf Basis des Feedbacks aus dem Markt das Angebot noch einmal zu korrigieren. Dies erfolgt mithilfe eines Zielpreises, der auf Basis der ersten Runde den Lieferanten einheitlich kommuniziert wird. Der letzte Verhandlungsschritt dient dann dazu, mit dem besten Anbieter offene Fragen im kaufmännischen, technischen oder qualitativen Bereich zu klären. Die Entscheidungsvorbereitung und -findung wird dann durch *Interdisziplinäre* ein interdisziplinäres Team getätigt, um die Objektivität der Entschei- *Entscheidung* dungsfindung zu gewährleisten. Für die Transparenz der Entscheidung ist es dabei wichtig, dass alle Daten offengelegt werden, d. h. welche Lieferanten involviert wurden und in welcher Höhe die einzelnen Angebote erfolgten. Die Einsparungen bei bestehenden Lieferanten sowie die Nachverfolgung der Aktionspläne und Meilensteine im Falle eines *Umsetzungs-* Lieferantenwechsels erfolgt über das Controlling. Dies ist am sinnvolls- *controlling* ten über ein separates kleines Team zu erreichen, dass auch dafür Sorge tragen muss, dass Abweichungen umgehend gemeldet und Lösungsvorschläge zur Beseitigung erarbeitet werden.

Es ist nicht überraschend, wenn einige langjährige Lieferanten während des Prozesses oder im Anschluss an eine Vergabe an einen neuen Lieferanten versuchen, auf vermeintliche Schwachstellen des Wettbewerbers, wie z. B. Qualitäts- oder Liefermängel, aufmerksam zu machen. Gelegentlich wird auch auf drohende Insolvenzen etc. hingewiesen. Diese „freundlichen Hinweise" haben keinen anderen Hintergrund, als den Wettbewerb auszuhebeln und einen objektiven Prozess zu vermeiden bzw. zu umgehen, der auf die Schwächen des derzeitigen Lieferanten aufmerksam machen würde. Die Erfahrung hat gezeigt, dass es gerade die unflexiblen und undynamischen Zulieferer sind, die auf derartige Methoden zurückgreifen.

2.4 Global Sourcing – Verbreiterung der Lieferantenbasis

> „Bis dahin waren drei Angebote eingeholt worden, mit dem Ergebnis, dass die Zulieferer bei jedem Produkt die gleichen waren... Wir schlugen also vor, mehr als zehn Angebote einzuholen, und zwar ohne Rücksicht auf Landesgrenzen – von Zuliefererfirmen weltweit, von allen, die gute Qualität, guten Service und vernünftige Preise zu bieten hatten."
>
> López de Arriortúa, 1998, S. 93

Global Sourcing ist heute durch die stärkere Konzentration auf Kernkompetenzen, die allgemeine Globalisierung und dem stetig steigenden

2.4 Global Sourcing – Verbreiterung der Lieferantenbasis

internationalen Handel aus dem Alltag nicht mehr wegzudenken. So werden z. B. komplette Mobiltelefone von Lieferanten wie Flextronics oder Celestica in Ländern mit geringen Lohn- und Fertigungskosten produziert. Die offiziell am Markt agierenden und zum Endkunden auftretenden Unternehmen wie Ericsson und Motorola haben dann lediglich ihr Firmenlogo auf den Endprodukten.

2.4.1 Grundgedanken zu Global Sourcing

> *„Global Sourcing zeigt allerdings nur dann effektive Erfolge, wenn in diesem Bereich die Unterstützung der gesamten Geschäftsführung beziehungsweise Konzernleitung gewiss ist."*
>
> Versteeg, 1999, S. 56

Was heute für die meisten Unternehmen wie selbstverständlich klingt, war Mitte der neunziger Jahre noch außergewöhnlich. Selbst in der Automobilbranche kauften viele europäische und amerikanische Unternehmen ihre Bauteile und Dienstleistungen weitestgehend im eigenen Land. Nur Produkte, die national nicht oder nur schwer beschafft werden konnten, wurden importiert.

Inzwischen hat es sich durchgesetzt, dass Anfragen an internationale Zulieferer erfolgen. Das heißt, dass der weltweite Lieferantenmarkt – soweit möglich – in die Betrachtung einbezogen wird. In einigen Branchen, wie z. B. Konsumgüter oder Textilien, ist der Bezug von internationalen Quellen unvermeidlich. Der Karstadt-Quelle-Konzern bezog beispielsweise bereits 2003 fast 25 % des Liefervolumens aus China und unterhielt 26 Einkaufsbüros weltweit. Gerade im Handel ist die Bedeutung der Beschaffung enorm gestiegen und gewinnt eine ähnlich hohe Bedeutung wie die Betrachtung der Absatzseite. Die Kundenbedürfnisse müssen vom Vertrieb nicht nur wahrgenommen, sondern die Anforderungen müssen auch über die globale Beschaffung hin in die Einkaufsregionen und deren Lieferanten „übersetzt" werden. Colgate-Palmolive unterhält dazu z. B. 35 globale Expertenteams im Einkauf weltweit.[20]

Im Gegensatz dazu ist in anderen Branchen, wie z. B. in der Energiewirtschaft, der Bezug aus dem Ausland immer noch eher etwas „exotisches". Eine internationale Öffnung im Lieferantenmarkt führt im Unternehmen auch zu einer internen Kulturveränderung, weil beispielsweise die englische Sprache stärker in den Vordergrund rückt und auf länderspezifische Besonderheiten Rücksicht genommen werden muss.

Analysen zeigen, dass nicht bei allen Kaufteilen eine globale Beschaffung sinnvoll ist. McKinsey hat eine entsprechende Analyse in der Automobilindustrie durchgeführt.[21] Insbesondere bei schwer transportierbaren Teilen, wie z. B. Kraftstofftanks oder Windschutzscheiben, macht ein

Global Sourcing nicht für alle Kaufteile geeignet

---

[20] Vgl. McKinsey Wissen 2004, S. 65.
[21] Vgl. McKinsey Wissen 2004, S. 73.

globaler Bezug aus Kostengesichtspunkten wenig Sinn. Anders gestaltet es sich bei lohnintensiven Kaufteilen, wie z. B. Verdichterventilen oder Generatorriemenscheiben, bei denen Einsparungen bis zu 74 % realisiert werden können. Solange die Arbeitskosten niedrig sind, spielt gerade bei diesen Teilen der Automatisierungsdruck durch die internationale Beschaffung eine sehr geringe Rolle. So wurden z. B. in der Textilindustrie in den letzten Jahren immer wieder neue Beschaffungsmärkte erschlossen, in denen die Lohnkosten im Vergleich zum vorhergehenden Bezugsland erneut günstiger waren.[22] Die Kostenorientierung bei der Beschaffung spielt bei Handelsunternehmen gerade dort eine große Rolle, wo der Preis eine wesentliche Kaufentscheidung für die Endkunden darstellt. Dies ist z. B. bei Discountern der Fall. Jedoch sollte bei der Analyse möglicher Lieferländer neben der reinen Lohnkostenbetrachtung die Produktivität eines Landes bzw. Lieferanten nicht außer Acht gelassen werden und in die Entscheidungsfindung einfließen.

Global Sourcing im IT-Bereich In den letzten Jahren hat sich im Bereich der IT ein umfangreiches Global Sourcing durchgesetzt. Waren es zu Beginn erst einmal die IT-Anbieter selbst, die sukzessive ihre Aufgaben Richtung östliche Länder verlagert haben, so setzt sich dieser Trend nun auch für die IT-Aufgaben in anderen Branchen durch. Procter & Gamble, Credit Suisse, BMW, Johnson&Johnson sind nur einige Unternehmen, die IT-Leistungen nach Osteuropa (als „Nearshore" bezeichnet) oder nach Asien („Offshore"), insbesondere Indien und China verlagert haben. DHL unterhält zum Beispiel drei IT-Support-Center in Tschechien, Malaysia und den USA.

Erschließung neuer Länder Trotz aller Herausforderungen, die beim internationalen Bezug von Kaufteilen und Dienstleistungen gemeistert werden müssen, erfreut sich der Global Sourcing-Gedanke auch weiterhin großer Beliebtheit bei Unternehmen und externen Beratern, die regelmäßig mit neuen Zielländern in den Vorstandsetagen aufwarten. Waren es in den 90er-Jahren eher angrenzende Länder an Deutschland, so erweiterte sich der Fokus mit der Öffnung der Grenzen nach Osteuropa und hat in der Zwischenzeit nach Südamerika auch China und Indien erreicht. Für Textilien sind z. B. die Länder China, Türkei, Indien, Rumänien und Bangladesch die TOP fünf bei der Belieferung in die Europäischen Union.[23] Diese Entwicklung hat soweit geführt, dass inzwischen sogar ausländische Unternehmen unter ihrer eigenen Marken in westliche Länder exportieren. Beispielsweise hat der frühere chinesische Turn-Olympiasieger Li Ning im Jahr 1990 ein Unternehmen unter seinem Namen gegründet, das Sportartikel herstellt. Unter Nutzung seiner internationalen Kontakte produzierte er zunächst für die Marktführer Adidas und Nike, führte aber später eine eigene Marke, die nach ihm benannt ist ein. Nach China und Asien werden die Sportartikel nun sukzessive in westlichen Märkten vertrieben.

---

[22] Vgl. Merkel et al., 2008, S. 51.
[23] Vgl. Merkel et al., 2008, S. 53.

2.4 Global Sourcing – Verbreiterung der Lieferantenbasis

Abb. 15: Fertigungslohnkosten

Fertigungslohnkosten in ausgewählten Beschaffungsländern

Vergleich ausgewählter Länder, 2006
in USD/Std.

Land	USD/Std.
Indonesien	0,4
Bangladesch	0,4
Vietnam	0,5
Philippinen	0,9
Indien	1,0
Ukraine	1,2
China	1,4
Rumänien	3,4
Tschechien	4,4
Taiwan	6,1
Türkei	6,9
Südkorea	12,8

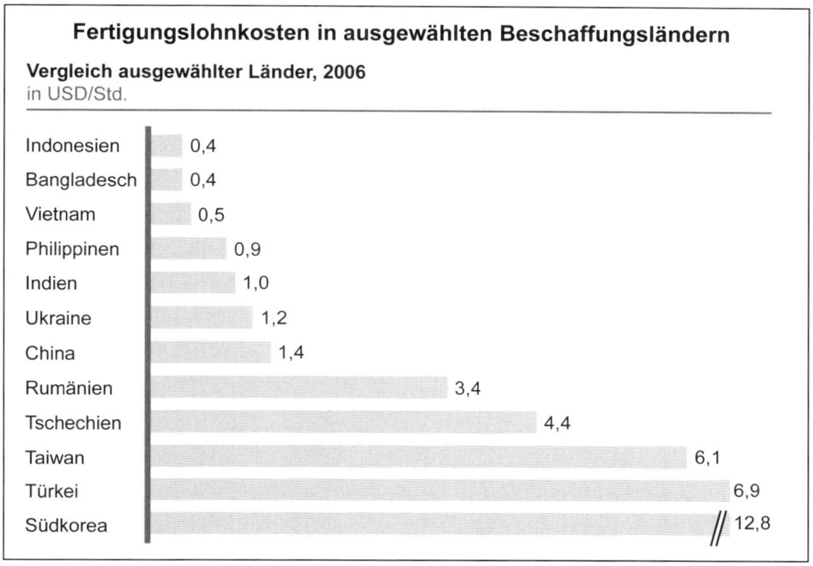

Quelle: In Anlehnung an Merkel et al., 2008, S. 66

Beispiel: Dekorative Kosmetik

Auch im Bereich der dekorativen Kosmetik hat sich der internationale Bezug der einzelnen Komponenten durchgesetzt und als wirtschaftlich sinnvoll erwiesen, auch wenn die Produkte für den Endkunden teilweise nur im Bereich zwischen einem und fünf Euro kosten. So wird die Plastikverpackung für Make-up oder Wimperntusche z. B. aus China bezogen und nur die eigentliche Flüssigkeit in Deutschland produziert. Beim Nagellack einiger Hersteller wird teilweise vollständig auf eine Wertschöpfung in Deutschland verzichtet. Die entsprechende Flüssigkeit wird in Frankreich hergestellt und die dazugehörige Verpackung aus Glas, Pinsel und Kappe aus Italien oder Indien geliefert.

Die globale Ausrichtung des Einkaufs unterstützt die schnellere Verbreitung von technologischem Wissen. Dies wird zum Großteil durch den Aufbau von Einkaufsbüros, die auch als International Procurement Office (IPO) oder Local Purchasing Team (LPT) bezeichnet werden, begleitet. Ihre Aufgabe ist es, als „Außenposten" des Einkaufs vor Ort die Lieferantensuche und -pflege zu übernehmen und mithilfe von lokalen Mitarbeitern auftretende Schwierigkeiten durch schnellere Reaktionszeiten zu lösen. Für den Hersteller sind die globalen Marktinformationen, die über diese Einkaufsbüros zielgerichteter und schneller zugestellt werden können, in unserem dynamischen Umfeld äußerst wichtig. Teilweise wird der Zugang zum weltweit zur Verfügung stehenden Know-how durch Global Sourcing überhaupt erst möglich, da Innovationen in einem frühen Stadium und sehr schnell in das eigene Unternehmen getragen werden können und damit frühzeitig in den Entwicklungsprozess neuer Produkte einfließen.

Internationale Einkaufbüros unterstützen Global Sourcing

Die Einkaufsbüros können in zwei unterschiedlichen Extremausprägungen ausgestaltet werden. Zum einen in einer reinen Dienstleistungsfunktion vor Ort, als „verlängerter Werkarm", bei dem die Mitarbeiter die Qualitätssicherung und -kontrolle der ausländischen Lieferanten übernehmen, administrative Aufgaben, wie beispielsweise Zoll- und Rechnungsabwicklung durchführen und die Serienaufträge hinsichtlich Termin- und Mengenerfüllung verfolgen. Zum anderen ist die Ausgestaltung der Einkaufsbüros als selbständige Einheiten, die nach dem Profit Center-Prinzip geführt werden, möglich. Sie können dabei eigenständig Lieferanten suchen, auswählen und weiterentwickeln sowie die Produkt- und Prozessaudits übernehmen und stehen im Wettbewerb zu den lokalen Einkäufern sowie zu den anderen Einkaufsbüros. Um die Ergebnisverantwortung übernehmen zu können, ist es wichtig, dass sie automatisch in alle konzernweiten Anfragen involviert werden, damit sie auch die Möglichkeit besitzen, eine Nachverhandlung bei entsprechenden Angeboten durchzuführen bzw. proaktiv auf Konsistenz zu überprüfen. Eine starke Position und frühzeitige, automatische Einbindung der Einkaufsbüros erhöht darüber hinaus die Objektivität im Entscheidungsprozess. Die Größe der Einkaufsbüros hängt sehr stark von dem beschafften bzw. zu beschaffenden Volumen in der entsprechenden Region ab.

> **Beispiel: Deutz AG**
>
> Die Deutz AG als deutscher Motorenhersteller besitzt seit längerer Zeit bereits Global Purchasing Offices (GPOs) in Indien, Türkei, Osteuropa, USA und Südosteuropa, die mit den regionalen Vertriebsmärkten übereinstimmen. Nach dem Joint Venture mit dem größten chinesischen LKW-Produzenten Ende 2006 wurde dies um die Region China erweitert. Dabei nutzt Deutz die Einkaufsbüros insbesondere zur Generierung von Transparenz im entsprechenden Markt und zur (Weiter-)Entwicklung der lokalen Lieferanten. Darüber hinaus stellen die Mitarbeiter vor Ort die Schnittstelle zwischen den Zulieferern und den deutschen Abteilungen wie Entwicklung, Qualitätssicherung etc. dar.[24]

Global Sourcing sukzessiv einführen

Es empfiehlt sich, bei der Internationalisierung sukzessive vorzugehen und zuerst mit dem Aufbau einer entsprechenden Abteilung in der Beschaffung zu beginnen, die die ersten Analysen hinsichtlich Zielländer, geeigneten Warengruppen und möglicher potenzieller Lieferanten vornimmt. Mithilfe von Internetrecherchen, Datenbanken oder Messebesuchen ist dies sehr gezielt möglich. Anschließend sollte auf die internationale Lieferantenbasis im Sinne einer „Aktivierung" zugegangen werden. Danach werden auf Basis erster Einsparungen die Sinnhaftigkeit und der Nutzen dieser Aktivitäten dargestellt, um in einem weiteren Schritt die notwendigen Prozesse und eine entsprechende Organisation zu etablieren. Am Ende bleibt die strategische Ausrichtung des gesamten Lieferantennetzwerks. Eine entsprechende Erfolgsmessung sollte die jeweiligen Schritte begleiten, um die Fortschritte zu dokumentieren und ggf. Verbesserungen frühzeitig anstoßen zu können.

---

[24] Vgl. Meyer, in: Bergauer, Wierlemann, 2008, S. 99.

2.4 Global Sourcing – Verbreiterung der Lieferantenbasis

Durch die Globalisierung der Beschaffungsaktivitäten entstehen neue Herausforderung für die Logistik bzw. komplette Supply Chain. So wird z. B. bei Schuhen das Leder aus Südamerika bezogen, aus Indien die Oberteile zur Verfügung gestellt, die Sohlen in Indonesien oder China gefertigt und schließlich die Einzelteile in Italien zusammengefügt. Am Ende steht dann im Schuh nur noch ein Label mit der Aufschrift „Made in Italy"[25].

Abb. 16: Einführung von Global Sourcing

Stufen bei der Einführung von Global Sourcing im Unternehmen

Globale Wettbewerbsfähigkeiten (Hoch → Niedrig)	Stufe	Beschreibung	Ziel
	(5)	Strategische Ausrichtung des Lieferantennetzwerks	Stärkung der gesamten Versorgungskette
	(4)	Stärkung interner Prozesse und Organisation	Prozessoptimierung und Prozesskostensenkung
	(3)	Erzielen von Einsparungen	Einstandskostenoptimierung
	(2)	Aktivierung der internationalen Lieferantenbasis	Erweiterung/Stärkung des Lieferantenportfolios
	(1)	Aufbau der Abteilung Global Sourcing	Permanente Marktscreenings

Zeitraum: Kurzfristig → Langfristig

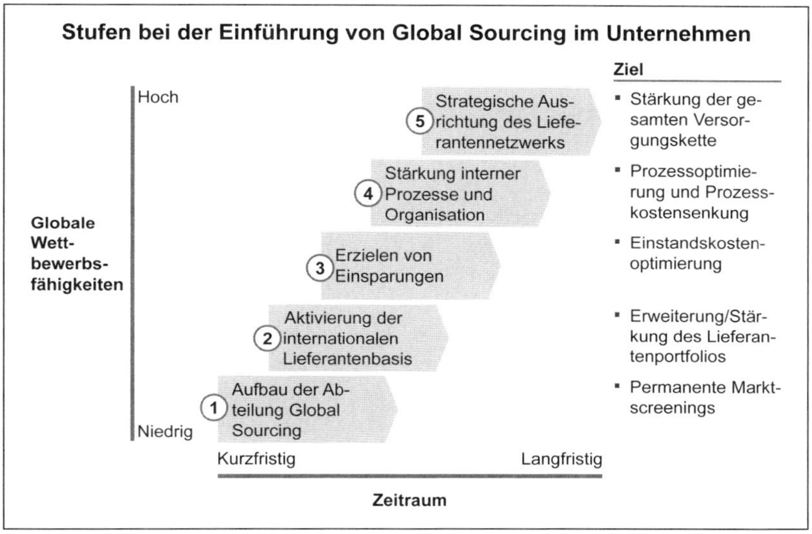

Quelle: Eigene Darstellung

2.4.2 Priorisierungsmöglichkeit bei der Einführung

> „Der Lieferantenmanager ist bestrebt, nur auf solchen Märkten nach Lieferanten zu suchen, die sich durch ein geringes Risiko wie die entsprechenden Kosten- und Leistungsausprägungen auszeichnen."
>
> Fröhlich-Glantschnig, 2005, S. 260

Es macht wenig Sinn, bei der Einführung von Global Sourcing alle Länder und Warengruppen mit der gleichen Priorität zu betrachten. Dafür ist die Komplexität mit oftmals mehreren hundert Warengruppen in einem Unternehmen und rund 200 Ländern dieser Erde zu hoch. Eine Gesamtbetrachtung würde dabei eine Kombination aus mehreren tausend unterschiedlichen Kombinationsmöglichkeiten ergeben. Daher bietet es sich an, ein strukturiertes Vorgehen zu wählen, bei dem sowohl die Länder, als auch die Warengruppen hinsichtlich ihres potenziellen

---

[25] Vgl. Merkel et al., 2008, S. 52.

Wertbeitrages priorisiert werden. Generell gibt es jedoch keine Patentrezepte, in welchem Land welche Warengruppen sinnvoll sind. Daher muss dies unternehmensspezifisch erfolgen.

K.-o.-Kriterien als Filter einsetzen

Sinnvoll ist ein zweistufiges Vorgehen, bei dem zuerst anhand von Filtern mit K.-o.-Kriterien die Länder und Warengruppen auf Ihre grundsätzliche Eignung für internationale Beschaffung überprüft werden. Anschließend erfolgt im zweiten Schritt eine integrierte Kostenanalyse, die die Lohn-, Material- und Kapitalkosten jeder verbleibenden Landes- und Warengruppenkombination untersucht. Als Ergebnis ergibt sich das theoretische Einsparpotenzial einer Warengruppe in einem spezifischen Land. Diese Betrachtung eignet sich als grundlegende Basis für weitere Entscheidungen im Unternehmen. Die strukturierte Vorgehensweise hat sich beim Einsatz in der Praxis bewährt. Warengruppen-Länder-Kombinationen, die kein Einsparpotenzial aufweisen, können von weiteren Analysen ausgeschlossen werden.

K.-o.-Kriterien für Warengruppen

Im Folgenden seien einige K.-o.-Kriterien aufgezeigt, die sich im ersten Schritt als Negativauswahl für die Warengruppenanalyse eignen. Beispielsweise gibt es bei einigen Warengruppen die Notwendigkeit eines Vor-Ort-Services bzw. -Dienstleistung, wie z. B. die Anforderung an eine Notrufbereitschaft. Warengruppen, die derartige Anforderungen besitzen, können international nicht bezogen werden. Ebenso schränken Garantieleistungen und Alleinstellungsmerkmale, wie z. B. durch TÜV-Leistungen oder durch die Deutsche Post beim Briefversand, die internationale Beschaffung stark ein bzw. verhindern diese vollständig. Auch rechtliche Einschränkungen, wie z. B. die Buchpreisbindung in Deutschland, untersagen die globale Betrachtungsweise. Einmalige Bedarfe sollten in der Regel ebenfalls lokal bezogen werden, weil meist erst der Lerncharakter eines mehrmaligen Bezugs die Nachteile bei der internationalen Beschaffung kompensiert. In einigen Warengruppen gibt es auch Transportrestriktionen, die eine internationale Beschaffung ausschließen. So steigen beispielsweise die Logistikkosten beim Bezug von Kaufteilen aus Styropor überproportional mit der Entfernung zwischen Lieferant und Abnehmer. Die günstigeren Teilepreise werden daher in der Gesamtkostenbetrachtung meist durch Lieferkosten überkompensiert. In derartigen Warengruppen steht die Notwendigkeit einer räumlichen Nähe zwischen Hersteller und Lieferant im Vordergrund.

K.-o.-Kriterien für Länder

Auch bei der Länderanalyse kann man unter zu Hilfenahme von K.-o.-Kriterien schnell einige Einschränkungen vornehmen, um die übrigen Länder anschließend einer detaillierten Analyse zu unterziehen. Sekundärdaten können aus verschiedenen Quellen, wie beispielsweise Bundesagentur für Außenwirtschaft, Control Risk Group oder World Economic Forum, gewonnen werden. Beispiele entsprechender Negativkriterien sind z. B. die Einschätzung über das politische Risiko. Sie ist ein wichtiger Indikator für die wirtschaftliche und gesellschaftliche Stabilität eines Landes. Bei einem hohen Risiko besteht die Gefahr, dass selbst zuverlässige Zulieferer auf Grund von äußeren Einflüssen ihren Liefer-

2.4 Global Sourcing – Verbreiterung der Lieferantenbasis

verpflichtungen nicht nachkommen können. Auch das Sicherheitsrisiko kann als K.-o.-Kriterium herangezogen werden. Es spiegelt die Wahrscheinlichkeit wider, mit der z. B. politische Extremisten, Terroristen oder korrupte Beamte die Versorgung, Geschäftspartner oder die Mitarbeiter des eigenen Unternehmens gefährden. Der Korruptionsindex stellt für viele Unternehmen ein wichtiges K.-o.-Kriterium dar, weil Korruption ein hoher Risikofaktor im Unternehmen ist und hohe Schäden, vor allem für das Unternehmensimage verursachen kann.

Auch Compliance-Fragen wachsen in ihrer Bedeutung für die Auswahl von Ländern. So kann die Nichtbeachtung von Kinderarbeit bei Vorlieferanten einen enormen Imageschaden hervorrufen, wie beispielsweise beim Hersteller der WM-Fußbälle 1998, nachdem publik wurde, dass für die Fertigung pakistanische Kinder eingesetzt wurden. Ebenso spielt die Größe eines Landes auf Basis der Bevölkerungszahl eine Rolle, um frühzeitig Kleinstaaten von der weiteren Betrachtung auszuschließen. Darüber hinaus kann man auch der Frage nachgehen, ob die benötigte Stückzahl in einem Land überhaupt bezogen werden kann. So hat sich z. B. China auf die Fertigung großvolumiger Umfänge spezialisiert. Bei kleineren Stückzahlen ist es daher inzwischen sinnvoller, nach Indien oder Osteuropa zu blicken. Im Handel betrachtet man als Negativmerkmal zusätzlich noch, ob ein Land die generellen Beschaffungsstrategien erfüllen kann, insbesondere hinsichtlich der notwendigen Qualitäts-, Zeit- und Kostenziele für das Unternehmen. So ist beispielsweise in einigen Regionen nicht sichergestellt, dass täglich Schiffe die Häfen verlassen, die benötigten Waren rechtzeitig verschiffen und damit dem Kunden zur Verfügung gestellt werden können.

Durch die K.-o.-Kriterien werden diejenigen Warengruppen herausgefiltert, die auch zukünftig ausschließlich im nationalen Markt bezogen werden. Für alle verbleibenden sollte eine integrierte Kostenanalyse durchgeführt werden, um auf Basis theoretisch möglicher Einsparpotenziale eine weitere Priorisierung für die nächsten Bearbeitungsschritte vornehmen zu können.

Eine Kostenanalyse folgt der Analyse der K.-o.-Kriterien

Bei der Warengruppenbetrachtung eignet sich dabei eine prozentuale Aufteilung der Gesamtkosten nach Lohn-, Kapital- und Materialkosten. In der Regel verfügen die verantwortlichen Einkäufer über eine gute Kenntnis hinsichtlich der jeweiligen Anteile. Ansonsten kann über die vorhandenen Lieferanten eine Auskunft eingefordert werden. Bei der Länderanalyse empfiehl es sich, die relativen Vor- bzw. Nachteile hinsichtlich deutscher Werte für die Lohn-, Kapital- und Materialkosten darzustellen. Entsprechende statistische Daten sind über Banken, Organisationen und Behörden verfügbar. Durch eine einfache Matrizenmultiplikation kann darauf aufbauend das Einsparpotenzial ermittelt werden.

In der Praxis zeigt sich, dass insbesondere diejenigen Warengruppen einen starken Kostenvorteil gegenüber Deutschland aufweisen, die einen hohen Lohnkostenanteil besitzen, da sich Material- und Kapitalkosten auf Grund des weltweiten Handels international stark angeglichen ha-

Lohnkostenvorteile sprechen für Global Sourcing

Abb. 17: Integrierte Kostenanalyse

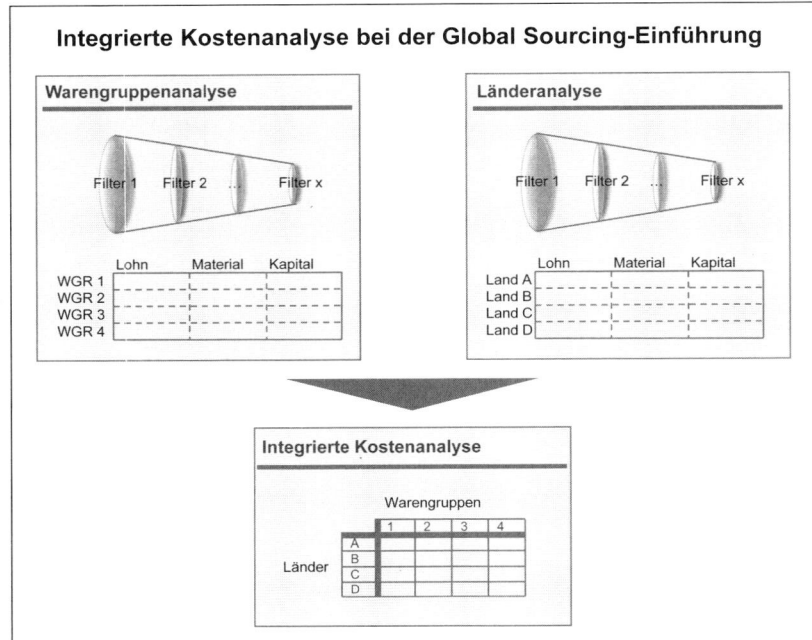

Quelle: Eigene Darstellung

ben, jedoch die Mobilität des Faktors Arbeit noch vergleichsweise stark eingeschränkt ist.

Als Ergebnis der integrierten Kostenanalyse liegen die theoretischen Einsparpotenziale bei Durchführung von Global Sourcing im Unternehmen vor. Erst die Kombination von konsequentem Anfragemanagement und Global Sourcing ermöglicht jedoch signifikant bessere Angebote und damit die Möglichkeit zu entsprechenden Kostenreduzierungen im Unternehmen. Mit der Integration weltweiter Lieferanten werden deutlich mehr Angebote als in einer klassischen Preisverhandlung eingefordert und bearbeitet. Darüber hinaus realisiert man im Lieferantenmarkt, dass der Kunde es mit den Anfragen wirklich ernst meint und es sich nicht um ein einmaliges Vorgehen handelt, bei dem es sich lohnt, die Anforderungen „auszusitzen". Dabei gibt es Preisvorteile bei internationalen Zulieferern insbesondere auf Grund der Lohnkostenunterschiede, da bei arbeitsintensiven Produkten die Kostenunterschiede signifikant sind. Ein Beispiel sind Kühlerschläuche, die bis zu 50 % Lohnkostenanteil besitzen.

Globale Ausschreibungen reduzieren Preise 80 % aller globalen Ausschreibungen schließen mit einer Reduzierung der Preise beim aktuellen Lieferanten ab. Dies hat den Vorteil, dass keine zeit-, kosten- und ressourcenaufwendigen Verfahren durchgeführt werden müssen und die Einsparungen umgehend realisiert werden können. Trotzdem ist es für den langfristigen Erfolg eines derartigen Prozesses

2.4 Global Sourcing – Verbreiterung der Lieferantenbasis

wichtig, dass auch die Lieferantenwechsel konsequent angegangen und nachgehalten werden. Eine Abweichung von geplanten Meilensteinen ist umgehend zu melden.

2.4.3 Vor- und Nachteile von Global Sourcing

> *„Dieses Programm ist bestimmt keine sanfte Schönheitskur."*
> Versteeg, 1999, S. 61

Die Ein- und Durchführung von Global Sourcing ermöglicht, wie bereits oben erwähnt, signifikante Kosteneinsparpotenziale. Jedoch müssen auch einige Herausforderungen berücksichtigt und für die erfolgreiche Realisierung beachtet bzw. abgewogen werden.

Grundsätzlich ist die günstigere Preissituation, die durch niedrigere Lohn-, Materialkosten oder Kapitalkostenvorteile hervorgerufen wird, der Auslöser für die Entscheidung zum globalen Bezug. Für die Länderauswahl ist es insbesondere von Bedeutung, ob in dieser Region das produktspezifische Fertigungs-Know-how zur Verfügung steht. Die Entfernung zum Hersteller und damit verbunden die logistischen Anforderungen stellen in den meisten Fällen eine sehr untergeordnete Rolle dar. **Vorteile**

Durch die weltweite Beschaffung erhöht sich das zur Verfügung stehende Gesamtpotenzial an Lieferanten, aus denen bezogen werden kann. Damit muss nicht nur ausschließlich auf die bereits bekannten und vorhandenen regionalen Kapazitäten zurückgegriffen werden. Als Folge reduziert sich die Abhängigkeit von inländischen Zulieferern und es entsteht ein höherer Wettbewerb zwischen den Lieferanten, was sich sowohl quantitativ in Form von Preiszugeständnissen als auch qualitativ niederschlägt. So lassen sich eine Steigerung der Produktionsflexibilität und eine verbesserte Zuverlässigkeit bei der Belieferung feststellen.

Um in einigen Ländern überhaupt eine Fertigung und Vertriebsaktivitäten unterhalten zu dürfen, ist es notwendig, eine entsprechende Bekanntheit in den Ländern zu erzielen. Dies kann durch die Beschaffung vor Ort unterstützt werden. Zum Teil ist es sogar nötig, Gegen- bzw. Kompensationsgeschäfte durchzuführen, so dass durch die Beschaffung von Vorprodukten erst ein gewisser Absatz in einem derartigen Land erzielt werden kann, was unter dem Begriff „Local Content"-Anforderungen zusammengefasst wird. Eine andere Chance bietet sich durch Zollfreiheiten, die ab einer bestimmten lokalen Wertschöpfung in einem Land gewährt wird. So ermöglicht das Freihandelsabkommen zwischen USA und Israel den zollfreien Bezug aus Israel für amerikanische Unternehmen.

Bei der Verlagerung eines Kaufteils von einem deutschen Lieferanten zu einem Anbieter, der im Ausland seine Fertigung betreibt, sollte neben einem reinen Vergleich der Angebotspreise auch zusätzliche Aufwendungen, wie beispielsweise Koordinations-, Logistik- und Ausschusskos- **Angebotsvergleich nicht ausreichend**

2 Erhöhung des Wettbewerbsdrucks auf die Lieferanten

ten, in der Entscheidungsfindung Beachtung finden. Einen entsprechenden Vergleich zeigt die Abbildung auf der nächsten Seite.

Nachteile Für den Bezug aus vielen Ländern sprechen die Reduktion der Ausfallrisiken und die hohe Flexibilität bei der Erzielung der günstigsten Beschaffungspreise. Dagegen kann man jedoch einwenden, dass durch Global Sourcing die Komplexität in der Abwicklung signifikant steigt und Bündelungs- und Skaleneffekte bei den Lieferanten nicht ausreichend genutzt werden können. Die Risiken der Versorgungssicherheit beim internationalen Bezug können reduziert werden, in dem eine kontinuierliche Lieferantenpflege stattfindet, um Lieferanten weiter zu entwickeln. Ebenso sollte man Informationen über Veränderungen in der Rechtslage und -auffassung in einem stetigen Prozess analysieren und ggf. Lobbyarbeit betreiben, um entsprechenden Einfluss auf notwendige oder drohende Entscheidungen nehmen zu können.

Bei der Einführung von Internationalisierungsbemühungen in der Beschaffung ist sowohl im Einkauf als auch im gesamten Unternehmen mit zahlreichen Widerständen zu rechnen. „Liebgewonnenen" lokalen Lieferanten droht der Verlust der Auftragslage. Mitarbeiter aus dem Einkauf, aber auch aus anderen betroffenen Unternehmensbereichen wie Technik, Qualitätssicherung und Logistik können nicht mehr ausschließlich in ihrer Muttersprache kommunizieren und müssen ihre Englischkenntnisse „auffrischen". Darüber hinaus erzeugen die kulturellen Unterschiede häufig zusätzliche Herausforderungen in der Zusammenarbeit. Auch die Besuche vor Ort sind bei global ansässigen Lieferanten mit längeren Dienstreisen verbunden.

Abb. 18: Internationaler Kostenvergleich

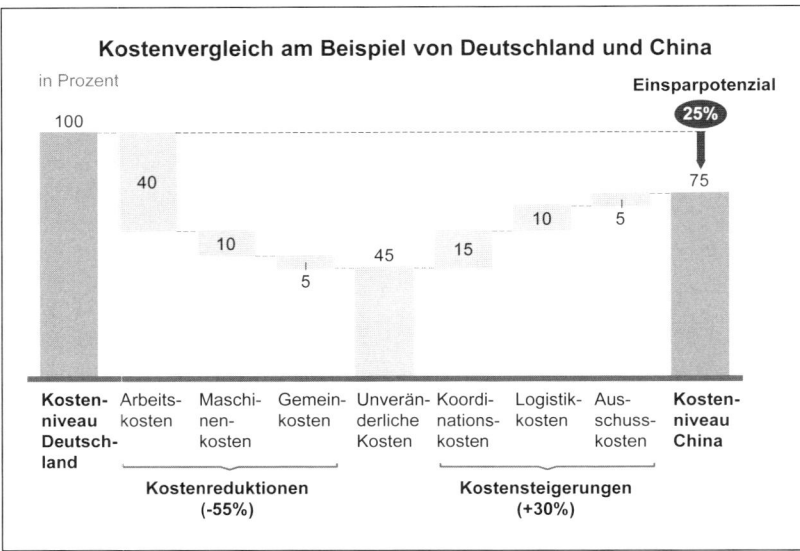

Quelle: In Anlehnung an Rast, 2008, S. 63

> **Exkurs: China-Sourcing**
>
> Nachdem die Beschaffung aus China gerade „trendy" erscheint, seien nachfolgend einige spezifische Anmerkungen zu diesem Land erwähnt. Sicherlich ist in China ein umfangreiches Potenzial an Zulieferern zu finden und die boomende Wirtschaft entwickelt auch kontinuierlich neue Möglichkeiten. Die Textilexporte aus China sind z. B. zwischen 1995 und 2004 jährlich um elf Prozent bzw. von 36 auf 95 Milliarden Dollar gestiegen.[26] Bereits jedes zweite Kinderspielzeug und jeder zweite Schuh gelangt inzwischen von China nach Deutschland. Darüber hinaus werden auch immer mehr hochwertige Produkte, wie z. B. Elektronik, Maschinen, Bauteile und Autos, nach Europa geliefert.[27]
>
> Ein reiner und ausnahmsloser Fokus auf dieses Land lässt sich jedoch mittel- und langfristig nicht rechtfertigen. Es finden sich bereits heute in anderen Ländern Lieferanten, die chinesische Preise unterbieten und die gleiche bzw. sogar höhere Qualität anbieten. Ebenso steigt die Herausforderung, da China durch die stark gestiegene Inlandsnachfrage der letzten Jahre erst einmal den heimischen Markt versorgen muss und dadurch der Export in andere Länder nicht mehr im bisher vorhandenen Maß möglich ist. Noch dazu haben bereits heute über 50 % der chinesischen Textillieferanten bei der Belieferung ausländischer Kunden keine ausreichende Marge mehr. Über die aktuellen Aktivitäten hinaus verfügt China jedoch über ein bisher weitestgehend ungenutztes Potenzial. In Zentralchina betragen die Lohnkosten maximal die Hälfte des Küstengürtels. Um dieses Potenzial realisieren zu können bedarf es aber noch signifikante Verbesserungen bei der Qualität und der Infrastruktur.[28]

Indien erscheint für viele als das nächste Land, das von der Globalisierung am stärksten partizipieren könnte. Mehr als die Hälfte des Bruttoinlandprodukts kommt aus dem Dienstleistungssektor und jährlich beenden mehr als 3 Millionen Inder ihr Hochschulstudium. Viele deutsche Unternehmen setzen aber auch auf die weitere Entwicklung von Rumänien, da dort ca. 20 Prozent der Bevölkerung deutsch spricht, das Land über niedrige Lohnkosten verfügt und dennoch viele gut ausgebildete Fachkräfte besitzt. Darüber hinaus sind auch die kulturellen Unterschiede mit Deutschland nicht so gravierend, wie es z. B. mit den asiatischen Ländern ist.

Nächstes Zielland?

2.5 Jobrotation – Erhöhung der Dynamik

> *„Die intensivste Entwicklungs- und Qualifizierungsmaßnahme stellt die ‚job rotation', der gezielte Arbeitsplatzwechsel dar."*
>
> Scherer in Hahn, Kaufmann, 2002, S. 983

Einkaufsorganisationen, die sich auf einen stärkeren Wettbewerbsdruck im Lieferantenmarkt konzentrieren, unterstützen tendenziell eine konsequente Jobrotation. In der Praxis hat sich eine Verweildauer von ca. 3–5

---

[26] Vgl. Rast, 2008, S. 61.
[27] Vgl. Rast, 2008, S. 24.
[28] Vgl. Merkel et al., 2008, S. 78 f.

Jahren in einem bestimmten Verantwortungsbereich als sinnvoll herausgestellt, bevor der Einkäufer eine neue Warengruppe bzw. eine andere Tätigkeit im Unternehmen übernimmt. Der Verantwortungszeitraum ist jedoch stark abhängig von der Komplexität der Warengruppe, die wiederum die notwendige Einarbeitungszeit im Wesentlichen bestimmt.

Impulse in die Warengruppen

Hintergrund der Förderung eines kontinuierlichen und gezielten Wechsels innerhalb der Einkaufsorganisation ist es, regelmäßig neue Sichtweisen in die Warengruppen hineinzutragen und ein ständiges Hinterfragen der bestehenden Preise, Konditionen und Lieferanten zu fördern. Damit werden neue Impulse und Ideen im Team und der Warengruppe generiert. Gleichzeitig wird auch vermieden, dass zu enge Bindungen zwischen Verkäufer und Einkäufer entstehen, die zum Nachteil des eigenen Unternehmens gereichen könnten. Gerade in Zeiten einer stärkeren Fokussierung auf Compliance-Fragen, d. h. der Einhaltung von internen und externen Richtlinien, unterstützt eine kontinuierliche Rotation im Einkauf, dass entsprechende Handlungen nicht so leicht entstehen bzw. vorkommen können.

Change Management

Darüber hinaus hat sich in der Praxis gezeigt, dass Mitarbeiter die Ankündigung der Einführung eines kontinuierlichen Jobrotation-Programms zu Beginn meist als Belastung empfinden. Dies trifft insbesondere auf solche Mitarbeiter zu, die über viele Jahre das gleiche Aufgabengebiet betreut haben und generell durch jede Art von Veränderung eine Mehrbelastung empfinden. Ein besserer Umgang mit derartigen Situationen wird in den letzten Jahren durch Change Management-Ansätze sowohl wissenschaftlich erarbeitet, wie auch in der Praxis durch entsprechende Programme im Unternehmen unterstützt. Sobald man jedoch mit den Vorteilen von Jobrotation persönlich Erfahrungen gesammelt hat, unterstützen die meisten Mitarbeiter diese Vorgehensweise. Anschließend wird darüber hinaus, angefangen von jungen Nachwuchskräften, begonnen, ein derartiges Programm als Weiterentwicklung („Job Development") und Bereicherung („Job Enrichment") zu empfinden.

> **Beispiele: General Electrics und Henkel**
>
> In einer Extremform wird die kontinuierliche Weiterentwicklung von General Electrics betrieben, wo junge Nachwuchskräfte spätestens nach 18 Monaten aufgefordert werden, eine neue Aufgabe im Unternehmen zu übernehmen. Im Einzelfall, z. B. im Rahmen eines Entwicklungsprogramms wie einem Traineeprogramm, mag diese Maßnahme durchaus sinnvoll sein. Als Allgemeinregel erscheint sie jedoch als übertrieben und birgt die große Gefahr, dass in jedem Arbeitsgebiet nur sehr oberflächliches Know-how aufgebaut und innerhalb des Einkaufs ausschließlich auf eine kurzfristige Preisoptimierung Wert gelegt wird, ohne sich auf die notwendige Gesamtkostenbetrachtung zu konzentrieren. Die meisten Warengruppen eines Unternehmens bedürfen einer mehrmonatigen Einarbeitungszeit, um ein umfassendes Gesamtverständnis, wie beispielsweise technische Anforderungen an ein Produkt, möglicher Lieferantenmarkt, zukünftige Entwicklungen etc. entwickeln zu können. Mit dem Wissen, bereits nach nur eineinhalb Jahren eine neue Aufgabe übernehmen zu müssen, sind die meisten Mitarbeiter nicht bereit, sich in entsprechende

Details einzuarbeiten oder langfristige Betrachtungen anzustellen, da lediglich die kurzfristigen Erfolge gemessen werden und für die weitere Karriereentwicklung ausschlaggebend sind.

Einen hohen Wert bemisst auch die Henkel-Gruppe dem Konzept der Jobrotation im Beschaffungsbereich innerhalb ihrer Führungsnachwuchsentwicklung.[29] Bereits seit 1987 müssen potenzielle Führungskräfte im Einkauf ein sechsjähriges Programm durchlaufen, bei dem zwei nationale und ein internationaler Arbeitsplatzwechsel verpflichtend vorgesehen sind. Die verschiedenen Aufgabenbereiche sind dabei im Wesentlichen funktionsgebunden, d. h. innerhalb des Einkaufs. Zielsetzungen bei Henkel sind die Verbreiterung der individuellen Erfahrungen der Einkäufer, die Förderung des internationalen Know-how-Transfers im gesamten Unternehmen, die Unterstützung neuer Ideen, Konzepte und Methoden, die kontinuierliche Erneuerung interner und externer Kunden- und Marktkontakten sowie die Durchführung einer multipersonalen/-dimensionalen Mitarbeiterbewertung und -entwicklung.

2.6 Quotenverschiebung – Nutzung kurzfristiger Potenziale

„There is no need to avoid the switching costs associated with commodity products; they are, by definition, extremely low."

Ramsay, 1996, S. 14

Während bei der Fokussierung auf die Harmonisierung der Spezifikationen vorwiegend mit einem konstanten Lieferantenportfolio gearbeitet wird, versuchen Unternehmen zur Erhöhung des Wettbewerbsdrucks neben regelmäßigen Ausschreibungen auch unterjährig die Lieferquoten im Falle von Multiple Sourcing zu verschieben. Der gesamte Jahresbedarf eines Kaufteils wird dabei auf zwei oder mehrere Lieferanten aufgeteilt, von denen jeder eine bestimmte Quote, gemessen in Prozent vom Gesamtbedarf, liefern darf. Dies wird unter Einsatz einer Lieferantenbewertung auf Basis der Kriterien Liefertreue, Qualität und insbesondere neuer Preisangebote entschieden.

Unterjährige Verschiebung der Lieferanteile

In der Praxis wird ein Lieferantenwechsel so durchgeführt, dass zuerst Muster für die entsprechenden Kaufteile vom potenziellen neuen Zulieferer angefordert werden. Sind diese von der Qualitätssicherung als positiv eingestuft worden, so erfolgt eine Probelieferung über einen bestimmten Zeitraum, so dass auch die Disposition und Logistik der Teilelieferung zwischen beiden Unternehmen abgestimmt werden kann. Anschließend erfolgt der eigentliche Lieferauftrag. Dieses sukzessive Vorgehen nach Meilensteinen, die erst erfolgreich erreicht werden müssen, bevor ein nächster Schritt umgesetzt wird, reduziert das Risiko eines Lieferausfalls signifikant, da die Umstellung stufenweise erfolgen kann.

---

[29] Vgl. Scherer in: Hahn, Kaufmann, 2002, S. 973 ff.

> **Beispiel: Automobilindustrie**
> In der Automobilbranche gibt es die Regel, dass nur 80 % der maximalen jährlichen Liefermenge auf Basis der Preise für das Gesamtvolumen fest vergeben werden. Vom Zulieferer wird dennoch eine entsprechende Flexibilität für die Lieferung des Gesamtumfanges, d.h. 100 % erwartet. In der Branche wird dies als „80 % entsprechen 100 %" bezeichnet. So ist man in der Lage, einen neuen Lieferanten ohne Vertragsänderung bei den bestehenden Zulieferern mit einer Anlaufmenge von 20 % zu testen. Liefert der neue Zulieferer das angeforderte Kaufteil hinsichtlich Menge, Termin und Qualität zur Zufriedenheit des Automobilherstellers, so erhöht er in einem nächsten Schritt die Liefermengen und damit den prozentualen Anteil am gesamten Lieferumfang. Die Liefermengen der übrigen Lieferanten werden dann meist preisabhängig entsprechend reduziert. Hat man bereits zwei oder mehr Lieferanten für ein Produkt bzw. Dienstleistung im Einsatz, so kann eine Veränderung im Lieferantenportfolio sehr schnell, z.B. ohne notwendige Freigabeprozesse durchgeführt werden, was den Druck auf die Lieferanten hinsichtlich Preiszugeständnissen, Einhaltung von Lieferterminen und -qualität signifikant erhöht.

> **Beispiel: Bekleidungsindustrie**
> Umfragen in der Bekleidungsindustrie bestätigen, dass dort jährlich Lieferanten ausgetauscht werden. Dies bewegt sich, abhängig von der Einkaufsphilosophie der Unternehmen, zwischen 5 % und 20 % aller aktiven Zulieferer pro Jahr.[30]

2.7 E-Procurement zur Prozess- und Produktkostenoptimierung

> *„Purchasing executives historically haven't been able to see who is buying what from whom."*
>
> Kanakamedala, Ramsdell, Roche, 2003, S. 19

Was im Zitat von Kanakamedala, Ramsdell und Roche aus dem McKinsey Quarterly von 2003 noch wie ein Rückblick in eine andere Zeit klingt, gilt auch heute noch in einigen Unternehmen bzw. Branchen. Einkäufer kennen nicht ihre genauen Einkaufsvolumen, Einkaufsleiter können den Beschaffungsbedarf je Gesellschaft nicht benennen und teilweise nicht einmal das Gesamtvolumen, für das sie im Unternehmen verantwortlich sind. In der Tat hat sich dies jedoch überall dort verändert, wo erkannt wurde, welche hohe Bedeutung die Beschaffung bei der Realisierung von Kosteneinsparungen spielt. Als Problem stellt sich jedoch auch weiterhin die Analyse zukünftiger Bedarfe dar, insbesondere wenn es sich um die indirekten Bereiche, wie z.B. die Abschätzung an benötigten PCs oder Laptops, handelt.

---

[30] Vgl. Merkel et al., 2008, S. 91.

2.7 E-Procurement zur Prozess- und Produktkostenoptimierung

Der elektronische Einkauf, oftmals auch als E-Procurement bezeichnet, hatte Ende der 90er-Jahre einen starken Aufschwung. Große Hoffnung wurde in die vollumfängliche elektronische Abwicklung von Beschaffungsvorgängen gelegt und geradezu euphorisch von den Einsparungspotenzialen berichtet. Man konnte den Eindruck erlangen, mit Tools wie z. B. elektronischen Auktionsplattformen in eine völlig neue Dimension des Einkaufs zu gelangen.

Mit dem Crash des E-Hypes Anfang des neuen Jahrtausends verschwanden die entsprechenden Ansätze fast vollständig aus der Betrachtung und die meisten Unternehmen, die derartige IT-Plattformen angeboten hatten, mussten ihre Aktivitäten einstellen und Konkurs anmelden. In der Zwischenzeit hat sich der Markt konsolidiert und eine realistischere Einschätzung von IT-Möglichkeiten in der Beschaffung begonnen. Individualisierte Anwendungen benötigen eine sehr lange Vorlaufzeit und Standardprodukte der IT-Firmen sind nur in begrenzten Teilen der Wertschöpfungskette im Einkauf einsetzbar. Die Grundidee, den gesamten Beschaffungsprozess von der internen Bedarfsanforderung über die Bestellung und Lieferung bis hin zur Rechnungsabwicklung in einem System darzustellen, konnte nur in wenigen Unternehmen vollständig realisiert werden. Jedoch haben insbesondere bei der Datenverwaltung, bei der zeitgleichen Involvierung von potenziellen Anbietern, bei der Anwendung von elektronischen Katalogen sowie bei der Auktionierung standardisierter Produkte IT-Lösungen inzwischen ihre Anwendung gefunden und zur Verringerung der Prozesskosten geführt.

Insbesondere bei Kaufteilen mit hohen Prozesskosten, einer hohen Standardisierbarkeit und einem hohen Beschaffungswert können Einsparpotenziale durch E-Procurement realisiert werden. Darunter fallen auch Kleinteile, die in einer hohen Anzahl beschafft werden, jedoch trotzdem nur einen geringen Anteil am Einkaufsvolumen verursachen. Bei diesen sogenannten C-Teilen wirkt sich eine Reduzierung der Prozesskosten, die in Untersuchungen auf 50-75 EUR je Bestellvorgang ermittelt wurden, im Vergleich zu ihren geringen Gesamtkosten relativ stark aus. **Einsparpotenziale**

Elektronische Auktionen bleiben jedoch immer noch hinter ihren früheren Erwartungen zurück. Die möglichen Zeit- und Preiseinsparungen von durchschnittlich maximal 5 % des Einkaufsvolumens reichen nicht aus, um ihre Anwendung flächendeckend zu verwirklichen. „Eine aktuelle Studie ergab, dass nur 35 % der größeren Unternehmen Auktionen durchführen – oft nur 5 Auktionen pro Jahr."[31] Im Folgenden sollen die unterschiedlichen Anwendungsformen des E-Procurement kurz beschrieben werden.[32]

Mit Hilfe einer elektronischen Klassifizierung von Bedarfsgütern bzw. Ausgabenanalyse können Informationen effizienter, das heißt in einer größeren Datenmenge, schneller und zielgerichteter gesucht, gruppiert, **Elektronische Klassifizierung**

---
[31] Grossmann, 2012, S. 76.
[32] Vgl. Arnolds et al., 2012, S. 407 ff., Grossmann, 2012, S. 71 ff.

strukturiert, ausgewertet und sortiert werden. Damit die enormen Datenmengen für Angebote und Bedarfe genutzt werden können, müssen die Warengruppen klassifiziert werden. Dazu haben sich entsprechende branchenübergreifende Standards, wie z. B. eCl@ss, UNSPSC oder ETIM herausgebildet. Damit können Benchmark-Vergleiche durchgeführt und Gleichteile oder potenzielle Lieferanten identifiziert werden. Das Ziel ist es, die vollständige Transparenz über die Einkaufsvolumen zu erhalten um damit die Identifizierung von Einsparpotenzialen zu erleichtern.

Suchmaschinen Die Beschaffungsmarktforschung wird mithilfe einer internetbasierten Informationssuche deutlich vereinfacht. Waren es früher eher Branchenbücher und Publikationen, wie beispielsweise „Wer liefert was?", so kann heute die Informationsgewinnung über aktuelle und potenzielle Lieferanten durch Suchmaschinen schneller und einfacher durchgeführt werden. Dabei wird zwischen offenen, d. h. für jedermann zugänglichen, und geschlossenen Verfahren, die nur registrierten Benutzern zur Verfügung stehen, unterschieden.

Elektronische Marktplätze Durch die neue Informations- und Kommunikationstechnologie ist es durch Elektronische Marktplätze und Plattformen möglich, Anbieter und Nachfrager auf elektronischem Weg zusammenzubringen und entsprechende Transaktionen abzuwickeln. Wird dies von unabhängigen Dritten organisiert, spricht man von Marktplätzen. Ein Beispiel für die Umsetzung einer solchen Lösung ist beispielsweise Mercateo. Als Plattformen wird der Vorgang bezeichnet, wenn ein Unternehmen mit einem anderen Unternehmen elektronisch in Kontakt tritt. Eine starke Verbesserung gegenüber der klassischen Form besteht darin, dass die Kontakte weltweit und zu sehr niedrigen Transaktionskosten realisiert werden können. Ein Beispiel für eine Buy-Side-Lösung, bei der der Hersteller seine Produkte potenziellen Lieferanten präsentiert, findet sich beim Automobilzulieferer Brose. Auf dessen Internetseite können sich interessierte Zulieferer über Warengruppen informieren und einen entsprechenden Lieferantenfragebogen ausfüllen. Eine Sell-Side-Lösung, d. h. die elektronische Präsentation des Angebotsspektrums für die Einkäufer erfolgt über den Lieferanten, findet sich auf dem Portal von Festo, über das über 20.000 pneumatische Komponenten und Systeme eingekauft werden können.

> **Beispiel: Alibaba.com**
>
> Die bekannteste Einkaufsplattform und weltweit größte Online-Business-to-Business-Marktplatz ist Alibaba.com. Er wurde von Jack Ma in seiner Wohnung in Hangzhou/China im Jahr 1999 zuerst für chinesische Unternehmen gegründet. Über die letzten Jahre hat sich Alibaba.com schnell zu einer globalen Plattform, die in fast allen Ländern der Welt aktiv ist, ausgeweitet. 24.000 Mitarbeiter betreuen dabei mehr als 53 Millionen registrierte Mitglieder. Unabhängig von der eigenen Unternehmensgröße können schnell Hersteller, Exporteure oder Großhändler gefunden werden. Insbesondere kleinere und mittelständische Unternehmen nutzen die Plattform für den Handel mit asiatischen Ländern.

2.7 E-Procurement zur Prozess- und Produktkostenoptimierung

Mussten früher Ausschreibungen mit hohem Aufwand durch Aktivitäten wie Ausdrucken, Verpacken, Versenden, Auspacken und mit zahlreichen Medienbrüchen durchgeführt werden, so ermöglicht die elektronische Übermittlung eine starke Reduktion des administrativen Aufwands, eine enorme Beschleunigung des Anfrageprozesses und die vereinfachte Involvierung internationaler Lieferanten, so dass Transaktionskosten minimiert werden. Dies bedarf jedoch gleichzeitig einer hohen Systemverfügbarkeit und Sicherheit bei der Datenübertragung. Einschränkungen gibt es bei der elektronischen Abbildung des Anfrageprozesses insbesondere bei komplexen Ausschreibungen, die in einem standardisierten Verfahren nicht dargestellt werden können. Einige Unternehmen konfigurieren daher eigene IT-Lösungen, andere greifen in derartigen Fällen weiterhin auf die klassische Versendung von Unterlagen auf dem Postweg zurück. Ein Scheitern, wie bei Covisint, einer 1999 ins Leben gerufenen Online-Lösung von Ford, DaimlerChrysler, GM, Renault/Nissan mit CommerceOne und Oracle ist vorprogrammiert, wenn man versucht, alle Heterogenität der Datenstrukturen sowie technischer und wirtschaftlicher Anforderungen unterschiedlicher Unternehmen über ein IT-System zu lösen. Statt der erwarteten Reduzierungen im vierstelligen US$-Bereich je Fahrzeug musste man laut Zeitungsberichten 2004 einen „500 Millionen-Dollar-Flop" vermelden. In Deutschland ist beispielsweise Techpilot mit 16.000 Zulieferern und 25.000 Ausschreibungen pro Jahr in 250 verschiedenen Fertigungstechnologien eine der führenden Plattformen für Ausschreibungen mit Zeichnungsteilen. Innerhalb der elektronischen Ausschreibungen hat sich eine Spezifizierung durchgesetzt, die die erwarteten Daten der Lieferanten beschreibt. Die häufigste Form ist ein Request for Quotation (RFQ), bei dem die Zulieferer ein Angebot für das ausgeschriebene Produkt bzw. Dienstleistung abgeben müssen. Beim Request for Information (RFI) werden lediglich Informationen abgefragt, beim Request for Proposal (RFP) sollen Lösungsvorschläge, z. B. im Rahmen eines Konzeptwettbewerbs, eingereicht werden.

Elektronische Ausschreibungen

Im Anschluss an einen elektronischen Anfrageprozess können klassische Verhandlungen mit Lieferanten ebenfalls elektronisch abgebildet werden. Man unterscheidet dabei Online-Verhandlungen, die keine Vergabeentscheidung beinhalten und Online-Auktionen, die eine finale und systemtechnisch dokumentierte Vergabeentscheidung besitzen. Dabei können die meisten Auktionsformen, die auch mithilfe der Spieltheorie untersucht wurden, wie z. B. englische oder holländische Auktion, Reverse Auction elektronisch dargestellt werden. Zum erfolgreichen Einsatz haben sich einige Elemente in der praktischen Anwendung als erforderlich herausgestellt: Vergleichbare fest definierte Produkte, hoher Anbieterkreis, vorhandene Nachfragemacht sowie konsequente Einhaltung definierter Spiel- und Entscheidungsregeln.

Online-Auktionen

Insbesondere bei normierten Kaufteilen, wie sie beispielsweise bei Werkzeugen, Büromaterial oder Werbeartikeln vorkommen, sind heute in den

Elektronischer Katalogeinkauf

meisten Unternehmen elektronische Kataloge im Einsatz, bei denen der interne Kunde direkt beim Lieferanten die vom Einkauf verhandelten und freigegebene Produkte mithilfe des Internets bestellen kann. Damit werden signifikante administrative Prozesskosten eingespart, da es sich in der Regel um C-Artikel handelt, also um Kaufteile mit geringen Umsätzen. Die Versendung erfolgt vom Lieferanten in der vereinbarten Zeit direkt an den Besteller. Die Rechnungsabwicklung wird anschließend elektronisch durchgeführt. Um die Abrufe der einzelnen Nutzer zu kontrollieren, werden teilweise Zugriffsberechtigungen je Kaufteil und entsprechende Budgets in den Unternehmensbereichen vergeben.

Electronic Collaboration Im Vordergrund von Electronic Collaboration steht, im Gegensatz zu den meisten sonstigen elektronischen Anwendungen, nicht die Kosten- und Preisreduzierung, sondern die verbesserte Zusammenarbeit und Integration des Herstellers mit einigen wenigen ausgewählten Lieferanten. Dabei werden insbesondere bei hochwertigen Kaufteilen Daten über elektronischen Wege ausgetauscht, wie beispielsweise bei der Entwicklung eines neuen Produktes oder die gemeinsame Bedarfsplanung. Ziel ist es, durch standardisierte und fehlerreduzierte Kommunikation Effizienzvorteile zu realisieren.

BI-Anwendungen Die Zusammenführung von Informationen aus unterschiedlicher, schwer verknüpfbarer und im Unternehmen verteilter elektronischer Einkaufssoftware kann über sogenannte Business Intelligence-Anwendungen erfolgen, so dass z. B. über Warehouse-Systeme Auswertungen über die Einkaufsvorgänge ohne großen zusätzlichen Aufwand durchgeführt werden können. Damit ist es möglich, Lieferantengespräche schnell und zielgerichtet vorzubereiten, indem die notwendigen Informationen unternehmens- und systemübergreifend identifiziert und konsolidiert werden.

Insgesamt lässt sich bei der Anwendung elektronischer Einkaufssysteme feststellen, dass in der Praxis nur ein Bruchteil der möglichen Anwendungen der Systeme überhaupt genutzt wird. Für die Programmierer ist es keine große Herausforderung, zusätzliche „Features" einzubauen. Die Komplexität der Einkaufssysteme unterstützt den Einkäufer aber nicht zwangsläufig in der Abwicklung seiner Aufgaben. Für den Praxiseinsatz ist es vielmehr erforderlich, die richtigen und wirkungsvollen Anwendungsmöglichkeiten für den Alltag des Einkäufers zu definieren und elektronisch abzubilden. Wichtig ist es vor allem, dass zuerst der Einkaufsprozess definiert sein muss, bevor die IT in der Beschaffung zum Einsatz kommt.

Voraussetzung für den sinnvollen und effizienten Einsatz eines IT-Tools in der Beschaffung ist es, dass eine hohe Anwenderfreundlichkeit gegeben ist, die Integration der Schnittstellen sichergestellt werden kann und die Investitionen durch entsprechende zusätzliche Einsparungen im Sinne eines Return on Invest wieder zurückfließen.

2.8 Exkurs: Die Forderung nach einer Reduzierung der Lieferantenzahl bzw. die Suche nach der optimalen Lieferantenzahl

> *„Obwohl jüngere Untersuchungen einen Trend zur Reduktion der Lieferantenzahl zeigen, ist eine pauschale Empfehlung diesbezüglich nicht gerechtfertigt."*
> Homburg, in: Hahn, Kaufmann, 2002, S. 186

In der Praxis wird weitläufig im Einkauf eine Reduzierung der Lieferantenzahl gefordert, als „Wunderwaffe" zur Senkung von Einkaufskosten empfohlen bzw. rühmen sich Einkaufsleiter oft mit dem Ergebnis, ihre Lieferantenzahl zum Teil bis zu 90 % signifikant reduziert zu haben. Alleine im Einkauf von Universitätskliniken müssen bis zu 40.000 Bestellungen und 2.000 aktive Lieferanten jährlich gemanagt werden. Selbst in kleinen Unternehmen mit nur wenigen Einkäufern sind häufig 1.000 Lieferanten vorhanden. In Großkonzernen wie der Siemens AG können es sogar über 100.000 Zulieferer sein, die die Versorgung des Unternehmens mit Materialien und Dienstleistungen sicherstellen. Die beiden wichtigsten Argumente zur Reduzierung der Lieferantenzahl sind dabei die Bündelung des Einkaufsvolumens auf einige wenige Zulieferer zur Erzielung günstigerer Konditionen und die damit verbundene bessere und effizientere Möglichkeit zur intensiveren Bearbeitung der verbleibenden Lieferantenbasis. Erscheint eine Reduzierung der Komplexität durch die Minimierung von Lieferanten auf den ersten Blick als durchaus sinnvoll, weil damit entsprechend dem Vorgehen der Standardisierung und Bündelung von Kaufteilen Verwaltungsaufwand gespart und Komplexität verringert wird, so stellt sich jedoch bei genauerer Betrachtung die Frage, ob die Reduktion von Prozesskosten wirklich die wesentliche Zielsetzung des Einkaufs ist. Weiter oben wurde aufgezeigt, dass gerade Global Sourcing und der Einsatz von Alternativlieferanten bei Kaufteilen, wie sie durch Multiple Sourcing gefördert werden, zu Kostenreduktionen führen.

Reduktion der Lieferantenzahl ist „In"

Letztendlich geht es nicht um die Reduktion der Lieferantenbasis sondern um die Fragestellung, welche Lieferantenzahl die optimale Größe im Unternehmen bzw. in der Warengruppe oder auf Teileebene beschreibt. Weiter heruntergebrochen muss dabei die Frage beantwortet werden, welche Lieferantenzahl je Kaufteil optimal, d. h. sinnvoll ist. In der Praxis zeigt sich, dass zwar einerseits bei kritischen Baugruppen eine größere Anzahl an Zulieferern wünschenswert wäre, andererseits es aber zu viele Lieferanten für unkritische Materialien gibt. Dazu wurde aber bisher auch in der Literatur wenig veröffentlicht.[33]

Optimale Lieferantenanzahl

---

[33] Eine ausführliche Auseinandersetzung mit dem Thema findet sich bei Homburg, in: Hahn, Kaufmann, 2002, S. 181 ff. Dieser Artikel dient als Grundlage für die nachfolgenden Ausführungen. Ein Rechenmodell zur optimalen Lieferantenzahl wurde darüber hinaus von Akinc veröffentlicht. Vgl. Akinc, 1993.

Reduktion Einkaufspreis vs. Erhöhung Prozesskosten

Grundsätzlich wird die Lieferantenzahl im Unternehmen wesentlich durch die strategischen Entscheidungen hinsichtlich Make-or-Buy, Modular Sourcing und Multiple versus Single Sourcing getroffen. Daher ist es nicht eine primäre Zielsetzung, die Anzahl an Lieferanten zu reduzieren, sondern eher eine abgeleitete Fragestellung nach Festlegung der einzelnen Sourcingstrategien.

Im Detail muss auf Basis des einzelnen Kaufteils anschließend eine Abwägung getroffen werden. Auf der einen Seite wird eine Reduktion des Produktpreises durch Volumenbündelung und den damit verbundenen Economies of Scale erreicht, wie sie weiter oben beschrieben wurden. Auf der anderen Seite kann durch den Einsatz von Alternativlieferanten der Wettbewerbsdruck hochgehalten und damit zusätzliche Einsparungen erzielt werden. Dem gegenüber steht der Mehraufwand in der Verwaltung, da jeder zusätzliche Lieferant in den IT-Systemen gepflegt werden muss und auch in der Technik, Qualitätssicherung und im Einkauf ein entsprechender Betreuungsaufwand entsteht. Graphisch lässt sich dies durch entsprechende Kurvenverläufe darstellen.

Der Kaufpreis (KP), als Multiplikation aus benötigter Teilezahl und Kosten je Einheit, reduziert sich damit mit Zunahme des Wettbewerbs an Lieferanten, wohingegen der Verwaltungsaufwand (VA) mit zunehmender Anzahl an Zulieferern für ein Kaufteil steigt. Dieser setzt sich z. B. zusammen aus den Kosten für Lieferantenbesuche, technischer und qualitativer Hilfe, Angebotsauswertungen, Lieferantenkontrolle sowie Rechnungsabwicklung.

GK = KP + VA

Die Gesamtkosten (GK) ergeben sich dann als Addition des Kaufpreises (KP) und des Verwaltungsaufwands (VA). Man sieht, dass es ein Minimum bei den Gesamtkosten gibt, d. h. eine optimale Lieferantenzahl. Eine stär-

Abb. 19: Gesamtkosten im Vergleich zur Lieferantenzahl

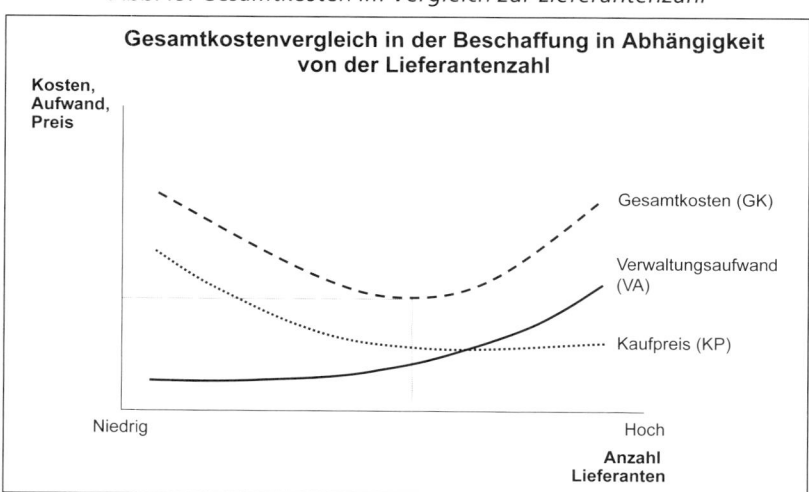

Quelle: In Anlehnung an Homburg, in: Hahn, Kaufmann, 2002, S. 189

kere Reduzierung der Lieferanten würde zwar zu einem geringen Verwaltungsaufwand führen, jedoch wird dies durch einen höheren Kaufpreis überkompensiert. Würde man die Lieferantenzahl hingegen weiter erhöhen, so könnte man zwar den Kaufpreis reduzieren. In diesem Fall wäre jedoch der Zuwachs an Verwaltungsaufwand überproportional.

Eine Implementierung dieses vollumfassenden und analytischen Vorgehens scheitert in der Praxis jedoch insbesondere an der Verfügbarkeit der notwendigen Daten. Außerdem führen unterschiedliche Philosophien über Kostenzurechenbarkeit zu unterschiedlichen Lösungen, so dass keine eindeutige objektive Lösung im Unternehmen generiert werden kann. Daher wird häufig auf ein pragmatisches Vorgehen zurückgegriffen.

Erfolgsmeldungen über die Reduktion von Lieferanten sollten aber auch dahingehend kritisch hinterfragt werden, ob nicht nur eine Aktualisierung der Stammdaten erfolgte. So findet man einen Lieferanten häufig unter zahlreichen verschiedenen Einträgen hinsichtlich Namen (beispielsweise die Variationen Bosch, Robert Boch, Bosch GmbH, etc.) oder Standorten und hat damit unterschiedliche Lieferantennummern. Eine Bereinigung derartiger Dubletten in den Stammdaten hat damit am Ende, abgesehen von den administrativen Erleichterungen, keine signifikante Kosteneinsparung für das Unternehmen zur Folge. Eine Möglichkeit, derartige Fehler in den Lieferantenstammsätzen zu vermeiden bzw. einzugrenzen bietet die Nutzung der D-U-N-S-Nummern („Data Universal Numbering System"), die von Dun&Bradstreet einheitlich gepflegt und damit jedem Unternehmen eine eindeutige Nummer vergeben wird. In der Praxis erfolgt die erfolgreiche Anpassung der Lieferantenzahl daher nicht durch eine pauschale Vorgabe, sondern vielmehr durch die systematische und sukzessive Identifizierung und Eliminierung nicht benötigter bzw. unqualifizierter Zulieferer.

2.9 Fragen zu Kapitel 2

1. Ein Automobilhersteller möchte die Anzahl an Lieferanten reduzieren und fordert seine Einkäufer zu einer konsequenten Single Sourcing Strategie auf. Definieren Sie allgemein, was unter Single Sourcing verstanden wird und erläutern Sie, auf welche vier Arten Single Sourcing betrieben werden kann.

2. Ein Pharmahersteller möchte die Anzahl an Lieferanten erhöhen und sein internationales Produktionsnetz nutzen. Er fordert daher den Einkauf auf, Global Sourcing einzuführen. Definieren Sie allgemein, was unter Global Sourcing verstanden wird und erläutern Sie, wie dies sukzessive aufgebaut werden kann.

3. Wählen Sie drei unterschiedliche Sourcing Strategien, um den Wettbewerbsdruck im Einkauf eines Unternehmens zu erhöhen. Erläutern Sie diese kurz und begründen Sie Ihre Entscheidung.

4. Bei der Einführung von Global Sourcing kann auf eine integrierte Kostenanalyse zurückgegriffen werden. Skizzieren Sie das Vorgehen und nennen Sie mögliche K.-o.-Kriterien.
5. Geben Sie eine kurze Definition für den Begriff „Economies of Scale", erläutern Sie in diesem Zusammenhang den Unterschied des Erfahrungskurveneffekts und der Fixkostendegression und zeigen Sie die Wirkung des Erfahrungskurveneffektes an einem selbst gewählten Beispiel. Was bedeuten diese Effekte für Einkaufsaktivitäten?
6. Einige Einkaufsleiter präferieren die konsequente Durchführung von Jobrotation. Erläutern Sie, was darunter zu verstehen ist und welche Einkaufsphilosophie dies unterstützt. Welche anderen Aktivitäten können zur Unterstützung dieser Philosophie ebenfalls eingesetzt werden. Analysieren Sie kritisch, in wieweit sich Jobrotation und funktionsübergreifende Teams ausschließen.
7. Viele Einkaufsorganisationen streben nach der Minimierung der Anzahl an Lieferanten. Definieren Sie die Begriffe Multiple und Global Sourcing und stellen Sie deren Vorteile dar. Analysieren Sie das Bestreben zur „Minimierung der Lieferantenzahl" unter zu Hilfenahme dieser beiden Sourcing-Strategien.
8. Obwohl auch in der Vergangenheit durch Anfragen Preisreduzierungen erreicht wurden, haben neuere Ansätze gezeigt, dass selbst durch ein derart klassisches Vorgehen noch deutliche Potenziale im Einkauf realisiert werden können. Stellen Sie die klassische und moderne Form des Anfragemanagements gegenüber.
9. Ein kontinuierlicher Anfrageprozess ist durch ein standardisiertes Vorgehen geprägt. Welches sind die entsprechenden Einzelschritte?
10. E-Procurement wurde zu Beginn als die Lösung für signifikante Einsparungen dargestellt. Inzwischen haben sich nach einer Phase der Ernüchterung verschiedene Anwendungsgebiete herausgestellt, in denen sowohl Prozess- als auch Produktkosten in unterschiedlicher Intensität eingespart werden können. Stellen Sie die Anwendungsfelder des elektronischen Einkaufs dar.

2.10 Fallstudie 2: Global Sourcing

„Sie haben sich gut entwickelt", lobt Sie Hans Schuster. „Ihr Potenzial ist mir schon bei der ersten Angebotsauswertung und Ihren Ideen für die weiteren Schritte an Ihrem ersten Arbeitstag aufgefallen und hat meinen Eindruck vom Vorstellungsgespräch gestärkt. Jetzt, nach den ersten Monaten, können wir sicherlich einen weiteren Schritt in Ihrer Entwicklung machen. Fühlen Sie sich dazu bereit?"

„Ja, gerne", ist Ihre Antwort. „Ich habe tatsächlich den Eindruck gewonnen, dass ich das operative Handwerkszeug im Einkauf gut gelernt habe und mit den Ansprechpartnern komme ich auch sehr gut zurecht. Aber was ist denn der nächste Schritt?"

„Mit dem operativen Handwerkszeug im Einkauf brauchen Sie schon noch ein bisschen!" erwidert Ihr Chef, was Sie natürlich nicht gerade in Begeisterungsstürme ausbrechen lässt. „Sie haben zwar die IT-Systeme im Griff und wissen grob, wie der Einkaufsprozess funktioniert, aber um ein wirklicher Profi zu werden, müssen wir beide noch ein bisschen arbeiten." Naja, wäre vielleicht auch ein wenig zu schnell gegangen … Aber was ist nun der nächste Schritt?

„Ist Ihnen nicht aufgefallen, dass in Ihrer Warengruppe fast ausschließlich deutsche Lieferanten liefern? Die meisten kommen sogar aus der Region." so Hans Schuster. Er hat Recht! Sogar bei Ihrer ersten Ausschreibung waren die Angebote alle aus der Region gekommen. Vor lauter Begeisterung über die ersten Erfolge haben Sie dies gar nicht bemerkt. „Ihr Vorgänger war schon sehr lange bei uns im Einkauf", fährt Ihr Chef fort „und seine Englischkenntnisse waren auch schon sehr lange nicht mehr benötigt worden. Da hatte sich eine gewisse Gewohnheit eingeschlichen. Er wollte vor seiner Rente keine neue Aufgabe mehr übernehmen und ich hielt es auch nicht für sinnvoll, ihn dazu zu zwingen. Daher habe ich auf Sie gewartet. Als junger Ökonom, der gerade frisch von der Universität kommt, haben Sie doch strategisches Denken und zusätzlich eine Sprache gelernt. Die können Sie jetzt gut einsetzen." Eine tolle Chance, denken Sie bei sich. „Was erwarten Sie denn nun von mir?"

„Machen Sie sich zuerst einmal Gedanken, in welche Märkte Sie mit Ihrem Bereich gehen könnten und welche Vorgehensweise sowie Maßnahmen in den nächsten 5 Jahren anzupacken sind." ermuntert Sie Herr Schuster. „Anschließend diskutieren wir über Ihre Ideen und schauen gemeinsam, was davon umsetzbar ist. Ich muss jetzt los und komme dann später auf Sie zu. Ich bin gespannt, was Sie bis dahin ausgearbeitet haben."

2.11 Literatur zu Kapitel 2

Akinc, Selecting a set of vendors in a manufacturing environment, in: Journal of Operations Management, 11. Jahrgang, Nummer 2, 1993, S. 107–122.

Arnolds et al., Materialwirtschaft und Einkauf, 12. Auflage, 2012.

Bergauer, Wierlemann, Einkauf – Die unterschätzte Macht, 2008.

Bogaschewsky, Götze, Management und Controlling von Einkauf und Logistik, 2003.

Boutellier, Wagner, Wehrli, Handbuch Beschaffung. Strategien – Methoden – Umsetzung, 2003.

Brodersen, Beschaffungsmarktwahl, 2000.

Büsch, Praxishandbuch Strategischer Einkauf: Methoden, Verfahren, Arbeitsblätter für professionelles Beschaffungsmanagement, 3. Auflage, 2012.

Droege & Comp., Gewinne einkaufen. Best Practice im Beschaffungsmanagement, 1998.

Fröhlich-Glantschnig, Berufsbilder in der Beschaffung: Ergebnisse einer Delphi-Studie, 2005.

Fröhlich, Lingohr, Gibt es die optimale Einkaufsorganisation? Organisatorischer Wandel und pragmatische Methoden zur Effizienzsteigerung, 2010.

Grossmann, Einkauf. Kosten senken – Qualität sichern – Einsparpotenziale realisieren, 5. Auflage, 2012.

Hahn, Kaufmann, Handbuch industrielles Beschaffungsmanagement: Internationale Konzepte – Innovative Instrumente – Aktuelle Praxisbeispiele, 2. Auflage, 2002.

Heß, Supply-Strategien in Einkauf und Beschaffung: Systematischer Ansatz und Praxisfälle, 2. Auflage, 2010.

Hirschsteiner, Einkaufsverhandlungen. Strategien, Techniken, Regeln, Praxis, 1999.

Kanakamedala, Ramsdell, Roche, The Promise of Purchasing Software, McKinsey Quarterly, 40. Jahrgang, Nummer. 4, 2003, S. 19–22.

Kaufmann, Internationales Beschaffungsmanagement. Gestaltung strategischer Gesamtsysteme und Management einzelner Transaktionen, 2001.

Kotler, Keller, Bliemel, Marketing-Management. Strategien für wertschaffendes Handeln, 12. Auflage, 2007.

Krampf, Beschaffungsmanagement in industriellen Großunternehmen. Ein hierarchisches Konzept am Beispiel der Automobilindustrie, 2000.

Krampf et al., Neuausrichtung im Beschaffungsmanagement, in: Zentes, Swoboda, Morschett, Fallstudien zum internationalen Management, 4. Auflage, 2011, S. 247–270.

Large, Strategisches Beschaffungsmanagement. Eine praxisorientierte Einführung mit Fallstudien, 5. Auflage, 2013.

López de Arriortúa, Du kannst es: Memoiren eines Arbeiters, 1998.

McKinsey Wissen, 3. Jahrgang, Nummer 10, 2004.

Merkel et al., Global Sourcing im Handel. Wie Modeunternehmen erfolgreich beschaffen, 2008.

Oberender, Schlüchtermann, Schommer, Da-Cruz, Innovatives Beschaffungsmanagement im Krankenhaus, 2006.

Piontek, Global Sourcing, 1997.

Ramsay, The Case Against Purchasing Partnerships, in: International Journal of Purchasing and Materials Management, 32. Jahrgang, Nummer 4, 1996, S. 13–19.

Rast, Chefsache €inkauf, 2008.

Versteeg, Revolution im Einkauf. Höchste Qualität und bester Service zum günstigsten Preis, 1999.

Wannenwetsch, Erfolgreiche Verhandlungsführung in Einkauf und Logistik. Praxiserprobte Erfolgsstrategien und Wege zur Kostensenkung, 4. Auflage, 2013.

3 Kosteneinsparungen durch Harmonisierung von Spezifikationen

> „... ist es notwendig, das Unternehmen auf die Anwendung technischer Hebel vorzubereiten, damit dort überhaupt die Flexibilität einer Spezifikationsänderung existiert."
>
> Büsch, 2012, S. 153

Neben einer höheren Transparenz über die Bedarfs- und technischen Teilestrukturen versuchen Einkaufsorganisationen, die sich auf die Harmonisierung von Spezifikationen konzentriert haben, in einem eher partnerschaftlichen Verhältnis mit den Lieferanten zusammenzuarbeiten. Bei Verhandlungen fokussiert man sich dabei sehr stark auf den Einsatz von sachlichen Diskussionen und Fakten, die auf Basis von analytischen Überlegungen erzielt wurden, statt reine Angebotsvergleiche oder „psychologische Spiele" zu betreiben. In derartigen Unternehmen versucht man innerhalb der eigenen Organisation oder gemeinsam mit den Lieferanten alternative kostengünstige Lösungsvorschläge für die angedachten oder eingesetzten Produkte und Dienstleistungen durch Veränderung der Spezifikationen zu erarbeiten. Dabei greift man in unterschiedlicher Intensität auf die sechs Einkaufshebel funktionsübergreifende Teams, Lieferantenmanagement, Konzeptwettbewerbe, technische Ausbildung, Lieferantenintegration und Target Costing zurück.

3.1 Zusammenarbeit in funktionsübergreifenden Teams

> „Es ist eine Lehrbuchweisheit von ungebrochener Relevanz und Aktualität, dass der größte Anteil der Produktkosten in Entwicklung und Konstruktion festgelegt wird."
>
> Droege & Comp., 1998, S. 28

Das Ziel von funktionsübergreifenden Teams ist es, die Optimierung von Kaufteilen nicht nur aus der reinen kaufmännischen Sichtweise, sondern im Zusammenspiel der an der Einkaufsentscheidung beteiligten Bereiche zu realisieren. Dabei sind insbesondere der Einkauf und die Technik betroffen. Dies wird mit einer organisatorischen Struktur verwirklicht, so dass die Beschaffung insgesamt oder in Teilbereichen entsprechend der Technik aufgestellt ist und die Einkaufsmitarbeiter oftmals auch räumlich mit der Konstruktion zusammen arbeiten.

Bereichsübergreifende Potenziale

Buying Center Die Idee der interdisziplinären Zusammenarbeit geht auf den klassischen Gedanken eines Buying Centers zurück.[34] Er dient vor allem der Erklärung von organisiertem Kaufverhalten und umfasst alle möglichen Beteiligten einer Einkaufsentscheidung. Dabei lassen sich fünf idealtypische Mitglieder unterscheiden.[35] Der Benutzer initiiert den Beschaffungsvorgang und bestimmt die Produkt- und Lieferantenkriterien. Der Einkäufer ist anschließend für die gesamthafte Abwicklung des Beschaffungsvorganges verantwortlich, d. h. von der Bedarfsermittlung bis zur Lieferung. Die Produkt- und Auswahlkriterien werden vom sogenannten Beeinflusser definiert. Er gehört in der Regel der Forschung & Entwicklung an. Darüber hinaus steuert der Gatekeeper die Informationen im Unternehmen. Am Ende des Beschaffungsprozesses realisiert dann der Entscheider die formale Auftragsvergabe. In Großunternehmen sind dabei die einzelnen Rollen nicht nur auf eine Person beschränkt, sondern die Entscheidungsfindung ist sogar auf unterschiedliche Unternehmensbereiche aufgeteilt. Das Buying Center ist eine gedankliche Zusammenstellung aller Personen, die am Kaufprozess beteiligt sind.

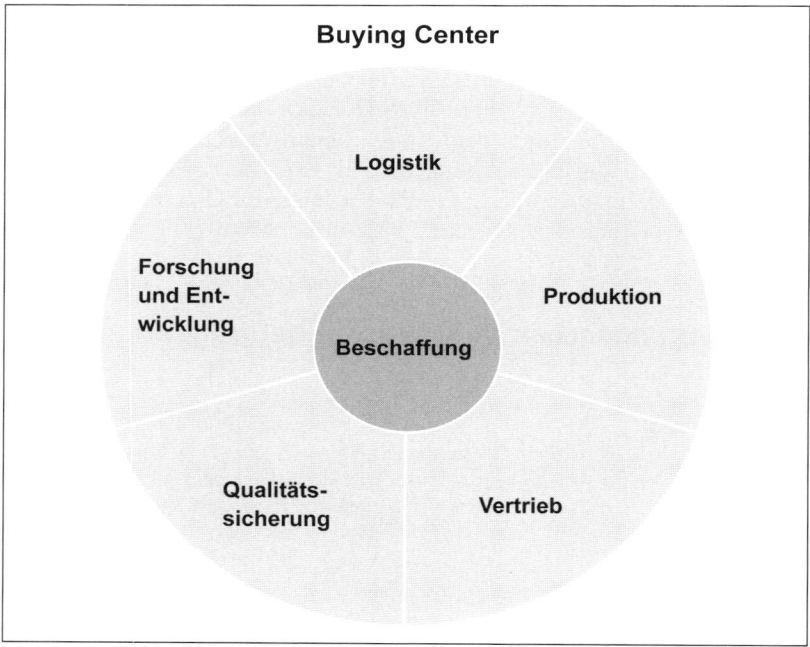

Abb. 20: Bereiche mit Einfluss auf die Einkaufsentscheidung

Quelle: Eigene Darstellung

---

[34] Vgl. Robinson, Faris, Wind, 1967.
[35] Vgl. Webster, Wind, 1972. Die weiteren Ausführungen über den Buying Center orientieren sich im Wesentlichen an den Ausführungen in Krampf, 2000, S. 99 ff.

3.1 Zusammenarbeit in funktionsübergreifenden Teams

In der Praxis zeigt sich, dass das theoretische Konstrukt des Buying Centers durchaus auch praktische Anwendung findet. So hat neben der eigentlichen Beschaffungsabteilung im Wesentlichen auch die Forschung & Entwicklung, der Vertrieb, die Logistik, die Produktion und die Qualitätssicherung in unterschiedlicher Ausprägung einen Einfluss auf die Einkaufsentscheidung im Unternehmen. Insbesondere im Maschinenbau, in der Automobilindustrie und in der pharmazeutischen Industrie wird die crossfunktionale Arbeit des Einkaufs wahrgenommen. Der Informationsfluss bei einer Auftragsvergabe stellt sich dabei auf Grund der Heterogenität der betroffenen Bereiche als sehr komplex dar.

> **Beispiel: Trumpf-Gruppe**
> Die Trumpf-Gruppe hat für die Fertigung von Hochtechnologieprodukten an über 20 Standorten „Technologie-Experten-Teams" installiert, die mit Einkäufern und Entwicklern besetzt sind. Ihr Ziel ist jeweils die Erstellung und erfolgreiche Umsetzung einer Technologie inklusive der Beschaffungsstrategie. In sogenannten Hebel-Workshops werden darüber hinaus zusammen mit den Zulieferern Kostensenkungspotenziale in der gesamten Wertschöpfungskette generiert.[36]

Abb. 21: Informationsfluss bei der Auftragsvergabe

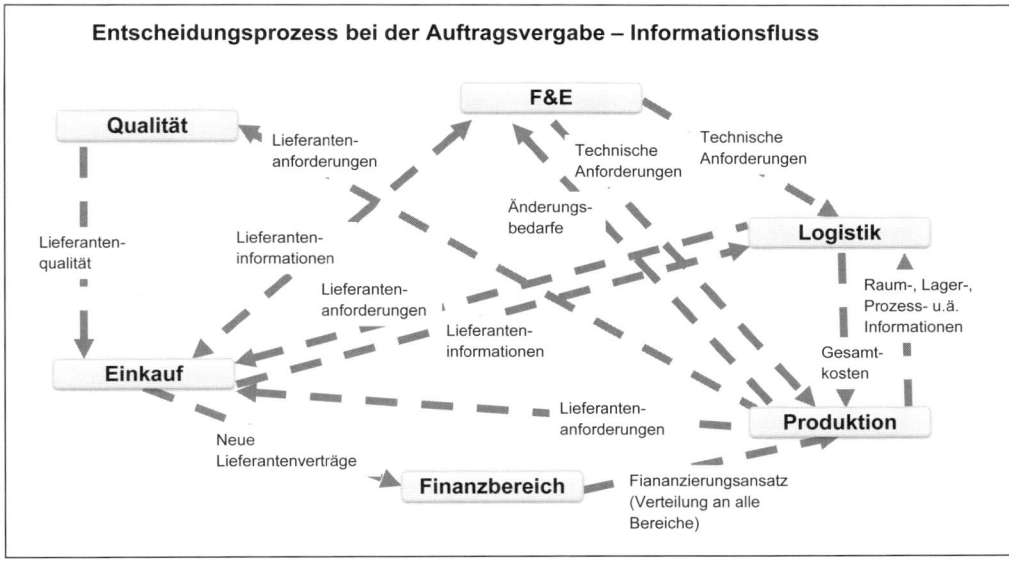

Quelle: Moses, Ahlström, 2008, S. 94

Die Zusammenarbeit des Einkaufs mit den Bereichen Logistik und Vertrieb ist für die mittel- und langfristige Bedarfsvorschau und damit Sicherstellung der erforderlichen Bedarfe notwendig, da von der Kunden-

Zusammenarbeit mit ... Logistik und Vertrieb

---

[36] Vgl. Grünert, Fuchs, 2008, S. 151 ff.

seite über die Marktforschung die zukünftige Nachfrage am Endprodukt abgeschätzt wird. Aufbauend auf diese Daten wird mithilfe von Stücklisten auch die benötigte Anzahl an Kaufteilen errechnet. Dies setzt aber eine gut funktionierende und leistungsfähige Marktforschung voraus, die auch in der Lage ist, die Nachfrage nach unterschiedlichen Teilkomponenten zuverlässig vorherzusagen. Im Gegenzug kann der Einkauf den Vertrieb unterstützen, indem er realisierte Kosteneinsparungen weiterleitet, die bei der Preisgestaltung von Angeboten bzw. der gesamthaften Preispolitik helfen.

... Produktion Der Austausch zwischen Produktion und Einkauf ist für die fertigungsgerechte Beschaffung und Konstruktion erforderlich. So können Kosten z. B. durch geringe Teilevielfalt und damit reduzierte Lager- und Logistikkosten oder Bauteile, die einfacher in der Fertigung verbaut werden können, minimiert werden.

... Qualitätsabteilung Durch die Auswahlentscheidung des Einkaufs wird auch eine Festlegung über die Qualität der Kaufteile getroffen. Daher sollten nur Lieferanten in der Entscheidungsfindung berücksichtigt werden, die auch das erwartete Qualitätspotenzial des Herstellers aufweisen. Das Qualitätskriterium darf jedoch auf der anderen Seite nicht als pauschales Argument für die Ablehnung neuer Lieferanten verwendet werden. Um dies zu vermeiden sollten Lieferanten gemeinsam zur Erlangung der Lieferfähigkeit durch die Zusammenarbeit zwischen Qualitätswesen und Einkauf ertüchtigt werden.

... F&E Generell benötigt die Beschaffung einen sehr engen Kontakt zur Forschung und Entwicklung, die tendenziell den stärksten Einfluss auf die Lieferantenauswahl besitzt. Bei Neuentwicklungen wird dies noch wichtiger, da durch die Konstruktion bereits ca. 60–80 % der Kosten in einem sehr frühen Stadium des Produktlebenszyklus fixiert werden. Diese können dann mit zunehmendem Zeitverlauf immer schwerer und nur durch unverhältnismäßig hohen Aufwand reduziert werden. Früher waren die Entwicklung und der Verkauf von Produkten eher „technology driven", d. h. es wurden Produkte vermarktet, die in der Forschung & Entwicklung konstruiert wurden. Heute hat sich dies in den meisten Branchen gedreht, so dass die wesentlichen Merkmale und Anforderungen an das Endprodukt vom Kunden bzw. Markt abgeleitet werden müssen, was man unter „market driven" versteht. Damit bestimmt letztendlich der Kunde, was vom Unternehmen entwickelt werden soll und was die Herstellung eines Produkts am Ende maximal kosten darf.[37] Deshalb ist eine enge Zusammenarbeit der Beschaffung mit der Forschung und Entwicklung in einem sehr frühen Entwicklungsstadium für den Erfolg des gesamten Unternehmens von Vorteil.

In der Praxis gibt es jedoch einen natürlichen Widerstand zwischen Einkauf und Konstruktion, da einige Interessen konträr zueinander stehen. Dies sei nachfolgend verdeutlicht.

---

[37] Vgl. dazu auch die Ausführungen zu Target Costing.

3.1 Zusammenarbeit in funktionsübergreifenden Teams

Abb. 22: Konträre Interessen zwischen Konstruktion und Beschaffung

Schnittstelle zwischen Konstruktion und Beschaffung – konträre Interessen		
Aufgabenbereich	Konstruktion	Beschaffung
Materialverwendung	Ideal	Angemessen
Beschäftigung mit Kosten	Begrenzt	Geringe Gesamtkosten
Spezifikation	Perfekt	Praktikabel und ökonomisch
Beschäftigung mit Lieferverfügbarkeit	Gering	Hoch
Beschäftigung mit Lieferanten	Begrenzt	Hoch
Beschäftigung mit Lieferbeziehung	Bestehende Lieferanten	Aus Kostensicht

Quelle: In Anlehnung an Murphy, Heberling, 1996, S. 13

Materialverwendung und Kosten

Während die Beschaffung bei der Art der verwendeten Materialien und Spezifikationen bereits nach einer praktikablen, ökonomischen, kostengünstigen und für die Anwendung angemessenen Lösung sucht, ist es dem Konstrukteur in der Regel wichtig, die ideale oder perfekte Lösung für sein Produkt zu finden und zu verwenden. Er ist bestrebt, im Vergleich zu seinen Kollegen aus Wettbewerbsunternehmen, einen neuen technologischen Benchmark aufzustellen. Dies wird in der Praxis häufig als der Wunsch, „goldene Klinken" in das Endprodukt einzubauen, bezeichnet. So ist auch die Beschäftigung mit den Kosten bei Technikern weniger ausgeprägt und in den meisten Fällen gibt es dazu auch keine Vorgaben in den persönlichen Zielvereinbarungen. Anders verhält es sich bei Einkäufern, deren primäre Aufgabe es ist, Kosten für die beschafften Materialien einzusparen. Daher suchen sie im Idealfall nicht nur nach einem minimalen Einstandspreis sondern auch nach einem Gesamtkostenminimum für die Kaufteile, d.h. auch andere Kostenbestandteile der Wertschöpfungskette, wie beispielsweise Logistik- und Qualitätskosten, werden in die Entscheidungsfindung aufgenommen. Eine Lösung für diesen Zielkonflikt ist es, wenn die Kosten- und Terminverantwortung dem Team aus Einkäufern und Technikern gemeinsam als Zielvorgabe übertragen wird.

Lieferverfügbarkeit

Auch die Lieferverfügbarkeit spielt für einen Konstrukteur nur eine sehr untergeordnete Rolle, da dies außerhalb seines Aufgaben- und Verantwortungsbereichs liegt und meistens auch erst mehrere Jahre später realisiert wird. Damit ist seine Entscheidung für einen Lieferanten mit der Verantwortung bei der Umsetzung weitestgehend entkoppelt. So sind die Entwicklungszeiten vieler Endprodukte bereits mehrere Jahre vor der Markteinführung abgeschlossen. Für den Einkauf gibt es hier eine deutlich höhere Verantwortung. Er verhandelt die termingerechte Einhaltung der Lieferung und seine Unterstützung wird dann beim Auftreten von Lieferengpässen häufig von den Logistikverantwortlichen auf Grund der höheren Durchsetzungsmacht umgehend angefragt und eingefordert.

Lieferantenbeziehung Entsprechend verhält es sich auch bei der Betrachtung möglicher Lieferanten. Während der Einkauf eine möglichst breite Zulieferbasis für einen hohen Wettbewerb bei den Angeboten sucht, ist der Entwickler in der Regel mit einem, nämlich „seinem", Stammlieferanten zufrieden. Sein Fokus ist die reibungslose Zusammenarbeit bei der technischen Entwicklung. Die Kostenoptimierung wird aus der Beschaffung vorangetrieben. Um aktuelle Lieferanten für die Belieferung zu erhalten, werden in solchen Zusammenhängen in der Praxis gerne die Begriffe „Kooperation" und „Partnerschaft" strapaziert.

3.1.1 Optimierung der Produktkosten

> „Sicherlich kann der Einkauf auch schon mit einzelnen Maßnahmen wie Angebotsbenchmarking eine Kostenreduktion erzielen. Die größten Potenziale allerdings sind dann zu erschließen, wenn verschiedene Ansätze der Kostenbewertung zum Zuge kommen."
>
> Schöffler, in Fröhlich, Lingohr, 2010, S. 131

1. Schritt Ziel von funktionsübergreifenden Teams ist es, in gemeinschaftlicher Zusammenarbeit die Produktkosten zu optimieren. In einem ersten Schritt werden dabei eine Ist-Kosten-Optimierung in einem Top-down-

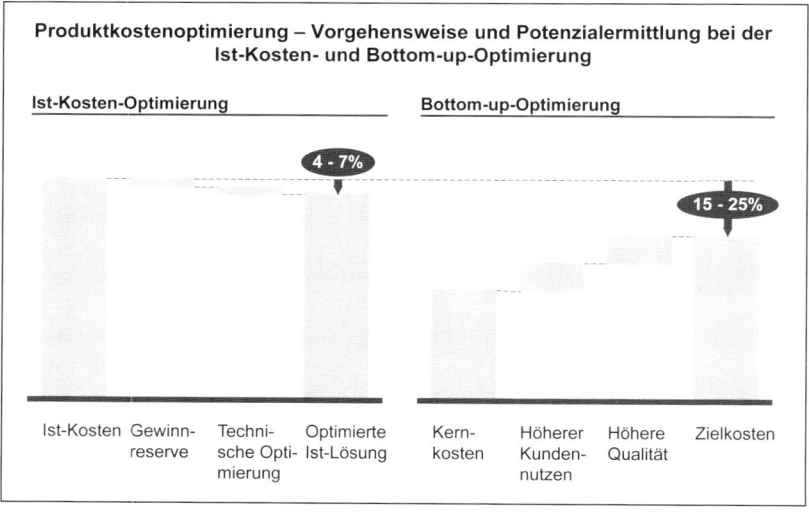

Abb. 23: Vorgehensweise und Potenziale bei der Harmonisierung von Spezifikationen

Quelle: Eigene Darstellung

3.1 Zusammenarbeit in funktionsübergreifenden Teams

Ansatz vorgenommen, d. h. Reserven in der Gewinnspanne der Lieferanten eliminiert und offensichtliche technische Entfeinerungen vorgenommen. In der Regel sind damit bereits 4–7 % Kostenreduktionen möglich.

In einem aufwändigeren Verfahren können die Kosten jedoch auch Bottom-up, d. h. auf Basis der minimalen Anforderungen ermittelt werden. Dazu wird den Kernkosten Anforderungen mit zusätzlichen Kundennutzen und höherer Qualität hinzugerechnet, bei denen die Kunden bereit sind, auch einen höheren Kaufpreis zu bezahlen um diese Mehraufwendungen damit zu vergüten. In der Regel sind die entsprechenden Einsparungspotenziale bei einem Bottom-up-Vorgehen wesentlich höher (15–25 %), als dies bei einer einfachen Top-down Betrachtung erreichbar ist.

2. Schritt

> **Beispiel: Daimler**
> Zahlreiche Beispiele haben dieses Vorgehen bestätigt. So wurde z. B. bei den Fahrzeugen von Daimler seit den 90er-Jahren erhebliche Einsparungen realisiert, ohne dass der Kundennutzen reduziert wurde. Man denke z. B. an den sogenannten „Werkstattschlüssel", der früher ein vollwertiger Zündschlüssel war und in der Zwischenzeit auf Grund seiner geringen Anforderungen lediglich als einfache Plastikvariante geliefert wird. Die Gefahr besteht jedoch immer dann, wenn durch die entfachte Einspareuphorie auch Bauteile mit hohem Kundennutzen entfeinert werden und damit die qualitative Wahrnehmung des Endproduktes beim Endkunden sinkt. Damit kann sogar eine ganze Markenwahrnehmung in Mitleidenschaft gezogen werden, wie sich am Beispiel von Opel oder Ford gezeigt hat.

Einige gut gemeinte Optimierungen werden erst im Nachgang wieder geändert, wenn sich zeigt, dass eine Unzufriedenheit bei den Kunden entsteht. Ein Beispiel hierfür ist die im Bodenraum befindliche Fußmatte eines Fahrzeugs. Im Rahmen von Kostenoptimierungen wurde vor einigen Jahren der Vorschlag eingebracht und auch umgesetzt, die Fläche der Gummimatte signifikant zu verringern, da der Passagier die Füße nur in einem sehr begrenzten Bereich wirklich abstellt. Vorher war die Fußmatte über den gesamten Fußraum ausgebreitet gewesen. So konnte die Größe und damit die Kosten dieses Kaufteils um mehr als 50 % reduziert werden. Nachdem sich jedoch herausstellte, dass die Kunden dies negativ quotierten, wurde die Änderung schnell wieder zurückgezogen.

Kundennutzen berücksichtigen

Durch technische Entfeinerungen können im Unternehmen signifikante Verbesserungen erzielt werden. So beispielsweise durch die konsequente Standardisierung und damit Reduktion der Variantenvielfalt an eingesetzten Produkten. Ein weiteres Beispiel ist die Reduzierung technischer Leistungen. Im Automobilbereich werden häufig auch Crossover-Teile verwendet, d. h. Bauteile, die in verschiedene Fahrzeugmodelle einsetzt werden.

3.1.2 Potenzialanalyse mit Linear Performance Pricing

> „LPP is a very powerful tool and if used appropriately can lead to significant cost savings and improved buyer/supplier relationships."
>
> Newman, Krehbiel, 2007, S. 162

Vergleichbarkeit herstellen Linear Performance Pricing (LPP) wurde im Rahmen eines Beratungsprojektes 1994 von McKinsey entwickelt und ist ein vereinfachendes Hilfsmittel, um verschiedene Produkte einer Warengruppe mit unterschiedlichen Zulieferern hinsichtlich der möglichen Zielkosten vergleichbar zu machen. Dabei werden die Produkte anhand der Komponenten Preis und eines Outputparameters gegenübergestellt und mittels Regressionsanalyse verglichen. LPP erfordert dabei die interdisziplinäre Zusammenarbeit zwischen Einkauf, Technik und Lieferanten und bietet den Lieferanten einen Marktvergleich aus Kundensicht. Für den Einkäufer ermöglicht LPP eine deutlich höhere Markttransparenz. So kann er seinen Lieferanten mit den entsprechenden Benchmark-Werten konfrontieren und eine faktenbasierte Verhandlung führen. Die Vorgehensweise hat sich in den letzten zwei Jahrzenten in zahlreichen Branchen und Beratungsunternehmen etabliert und gliedert sich in sechs Schritte auf.

1. Schritt: Festlegung Outputparameter

In einem ersten Schritt muss analysiert werden, welcher bzw. welche typischen und messbaren technischen Einflussfaktoren die Kosten eines Kaufteils beeinflussen. In der Regel sollten diese Einflussfaktoren in einem engen Zusammenhang zum Kundennutzen stehen (z. B. Leistung, Drehmoment oder Verbrauch eines Motors), können aber bei einfacheren Bauteilen auch technische Größen (z. B. Gewicht bei einem Gussteil) darstellen.

2. Schritt: Erhebung entsprechender Leistungs- bzw. Kostentreiber

In einem nächsten Schritt müssen die theoretisch diskutierten technischen Maßgrößen im Unternehmen erhoben werden. In der Regel sind diese jedoch im Einkauf noch nicht vorhanden. Es hat sich als sinnvoll herausgestellt, in einem ersten Durchgang mehrere alternative technische Einflussfaktoren zu erheben, da sich am Ende häufig herausstellt, dass nicht jeder in Korrelation mit den Kaufpreisen steht bzw. schwer vorhersehbar ist, welcher technische Faktor den höchsten Einfluss auf die Kosten besitzt.

3. Schritt: Graphische Darstellung

Im dritten Schritt werden, auf Basis der verfügbaren Daten, alle Werte in einer Grafik dargestellt und verglichen. Dabei werden auf der Ordinate die Preise und auf der Abszisse die Leistungs- bzw. Kostentreiber aufgetragen.

3.1 Zusammenarbeit in funktionsübergreifenden Teams

4. Schritt: Durchführung Regressionsanalyse bzw. Festlegung günstigster Preislinie

Derjenige technische Faktor, der auf Basis einer Korrelationsanalyse den größten Zusammenhang zum Kaufpreis darstellt, wird für das weitere Vorgehen ausgewählt. Dies kann z. B. das Gewicht, die Dicke oder das Volumen eines Kaufteils sein. Durch die entstehende Punktwolke wird mithilfe der Regressionsanalyse anschließend die Durchschnitts- bzw. Marktlinie ermittelt bzw. auf Basis der günstigsten Preis-Leistungs-Relation die günstigste Preis bzw. Best Practice-Linie. Die eindimensionale Betrachtung ermöglicht dabei eine gute graphische Darstellung. Die Kausalbeziehung wird durch die Gleichung $y = a + bx$ beschrieben, wobei a den y-Achsenabschnitt und b die Steigung der Gerade definiert.

5. Schritt: Festlegung Zielpreiskosten

Der Abstand der einzelnen Preise von der günstigsten Preislinie bestimmt das maximale Einsparpotenzial im Einkauf. Ziel muss es sein, alle aktuellen Einkaufspreise, die oberhalb dieser Geraden liegen, durch Verhandlung auf diese Best Practice-Werte zu bringen. Darüber hinaus kann es auch der Technik dienen, um ein entsprechendes Produktdesign für vorhandene und neue Kaufteile festzulegen, dass einen Wert auf der Best Practice-Linie erst ermöglicht.

6. Schritt: Durchführung Verhandlung

Damit dies nicht nur eine theoretische Analyse der Einkaufs- und Technikabteilung bleibt, muss der Einkauf im finalen Schritt in die Verhandlung mit dem Lieferanten gehen. Die Praxis hat gezeigt, dass derartige Analysen und graphische Aufbereitungen für Verhandlungen extrem hilfreich sind, weil das Vorliegen entsprechender Fakten den Verkäufer zwingt, selbst bei hoher Eloquenz bisher unentdeckte Gewinnspannen anzupassen.

Der Vorteil von LPP ist es, dass mit relativ geringem Aufwand komplexe Produkte hinsichtlich ihrer Preise verglichen werden können. Ebenso hilft die Diskussion bei der Entwicklung der Grafik, zwischen Einkauf und Technik ein gemeinsames Verständnis für die Kostentreiber bei einem Kaufteil zu entwickeln und daraus abgeleitet Optimierungen hinsichtlich Kosten und Leistung zu generieren. Neben einer faktenorientierten Diskussion in der Verhandlung entsteht auch noch die „Umkehr der Beweislast", so dass nicht mehr der Einkäufer auf die Argumente des sprachlich versierten Verkäufers eingehen muss, sondern vielmehr der Verkäufer gezwungen ist, die faktenbasierten Argumente der Beschaffung zu entkräften. Da viele Bauteile beim Zulieferer ebenfalls zugekauft werden müssen, kann LPP benutzt werden, um dies in den nachgelagerten Stufen der Wertschöpfungskette auch für Komponenten der Unterlieferanten zu verwenden.

Vorteil

Nachteilig ist, dass man bei LPP auf lediglich einen Kostentreiber zurückgreift und dabei eine Monokausalität zwischen Leistungs- bzw. Kostentreiber und dem Preis unterstellt, was bei sehr komplexen Produkten teilweise nicht bzw. nur sehr schwer möglich ist. Außerdem

Nachteil

entsteht die Entscheidung für eine Leistungsgröße häufig in einer Diskussion und ist damit eher willkürlich bzw. bedarf auch eines umfangreichen technischen Sachverstandes. Bei LPP wird darüber hinaus unterstellt, dass funktionsfähige Märkte vorliegen. Bietet ein Zulieferer unter seinen Herstellungskosten („Dumping-Preise") an, verzerrt dies jedoch die Auswertung. Ebenso beinhaltet die Vorgehensweise alle Schwachstellen, die mit der Anwendung von Regressionsanalysen verbunden sind. Zuletzt wird für alle Kaufteile ein linearer Zusammenhang zwischen Leistungstreiber und Preis unterstellt. Durch Erweiterung des LPP-Verfahrens auf eine mehrdimensionale lineare Regressionsanalyse kann dies bereinigt werden.

Abb. 24: Linear Performance Pricing am Beispiel Batterien

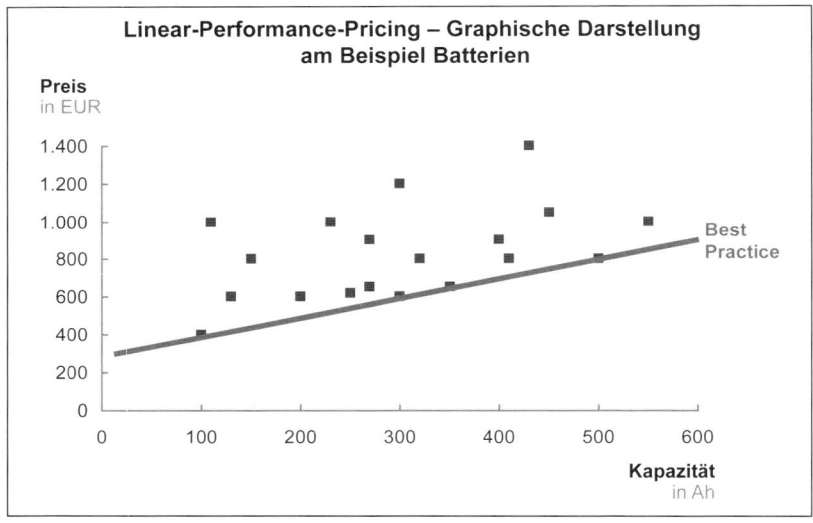

Quelle: In Anlehnung an Krampf et al., 2004, S. 384

Das Linear Performance Pricing kann zum Aufbau eines selektiv ausgerichteten Lieferantenmanagements weiterentwickelt werden, um nicht nur kurzfristige Kostenpotenziale zu nutzen, sondern auch langfristig gemeinsam mit den Zulieferern an der Optimierung der Kostenstruktur zu arbeiten. Dazu muss die oben aufgezeigte Vorgehensweise dahingehend modifiziert werden, dass vor der eigentlichen Verhandlung die Zulieferer auf Basis ihrer Leistungsfähigkeit in drei Kategorien untergliedert werden. Als Challenger werden dabei diejenigen Lieferanten bezeichnet, deren Produkte die Best Practice Linie bestimmen. Mit ihnen sollte in gemeinschaftlicher Zusammenarbeit im Rahmen einer Win-win-Partnerschaft gearbeitet werden. Low Performer sind solche Zulieferer, deren Produkte deutlich über der Best Practice Linie liegen. Bei ihnen empfiehlt es sich, eine klassische Konfrontation mit den Zielpreisen vorzunehmen, bevor weitere Aktivitäten ergriffen werden. Outlier liefern einige Produkte auf Benchmark-Niveau, bei anderen bestehen jedoch deutliche Kostenabweichungen. Mit derartigen Lieferanten sollte gemeinsam analysiert werden, durch welche Gründe die Differenzen verursacht werden. Gegebenenfalls muss anschließend in der Zusammenarbeit mit den Lieferanten der Leistungsparameter weiter detailliert werden, um kundenspezifische Unterfunktionen analysieren zu können. Abschließend sollten gemeinsam Maßnahmen zur Realisierung der ermittelten Kostenpotenziale festgelegt und diese auch nachgehalten werden.[38]

3.2 Nutzung eines Lieferantenmanagements

„Grundsätzlich ist mit jedem Beschaffungsvorgang ein Lieferantenkontakt und damit eine Form der Lieferantenbeziehung zwingend verbunden."

Eßig, 2003, S. 324

Einkaufsorganisationen mit Fokus auf die Optimierung von Spezifikationen haben häufig auch ein sehr stark ausgeprägtes Lieferantenbeziehungsmanagement, was häufig als Supplier Relationship Management (SRM) bezeichnet wird. Es umfasst alle Prozesse zwischen Hersteller und Zulieferer. Dabei werden den Zulieferern in regelmäßigen Abständen die Ergebnisse Ihrer Leistung zurückgespielt und diese hinsichtlich Verbesserungsmöglichkeiten analysiert und zum Teil gemeinsam umgesetzt.

Supplier Relationship Management

3.2.1 Prozess des Lieferantenmanagements

„Die frühzeitige Integration von Lieferanten ... ist ausschlaggebend für den Erfolg."

Schmitt, in: Fröhlich, Lingohr, 2010, S. 103

Wesentliche Einflussfaktoren bzw. auch Entscheidungskriterien bei der Lieferantenauswahl sind Preis, Qualität und Service. Die Kriterien sollten aus der Unternehmens- und Beschaffungsstrategie abgeleitet sein und je Beschaffungsobjekt und Bezugsquelle, soweit dies wirtschaftlich sinnvoll und vertretbar ist, ermittelt werden. Das Ziel ist es zum einen, eine mehrdimensionale und objektive Entscheidungsfindung bei allen Einkaufsvorgängen zu besitzen. Zum anderen soll auch im Rahmen der Belieferung auf diese Kriterien zurückgegriffen und dem Lieferanten die Chance eröffnet werden, sich auf Basis dieser Dimensionen kontinuierlich zu verbessern.

Kriterien bei der Lieferantenauswahl

Der gesamthafte Prozess des Lieferantenmanagements lässt sich in sieben wesentliche Prozessschritte untergliedern und beinhaltet dabei auch

---

[38] Vgl. Proch et al., 2013, S. 523 ff.

3 Kosteneinsparungen durch Harmonisierung von Spezifikationen

Abb. 25: Prozess des Beschaffungs- und Lieferantenmanagements

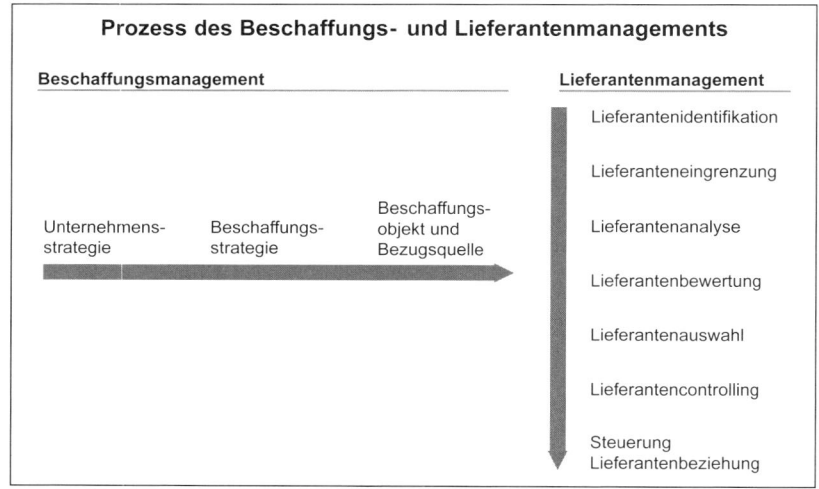

Quelle: In Anlehnung an Gienke, Kämpf, 2007, S. 205

eher wettbewerbsorientierte Teile wie die Lieferantensuche, die für das Anfragemanagement bzw. Global Sourcing bei Einkaufsorganisationen benutzt wird.

1. Schritt: Lieferantenidentifikation

Die Lieferantenidentifikation dient der Ermittlung möglicher Zulieferer und definiert einen Pool an Lieferanten, die grundsätzlich für eine Zusammenarbeit mit dem Hersteller in Frage kommen. Während früher nur auf Datenbanken, Kataloge u. a. zurückgegriffen werden konnte, wurde durch die Möglichkeiten der Internetrecherchen die Suche stark erleichtert. Das Know-how über die weltweit besten Lieferanten gehörte beispielsweise viele Jahre innerhalb der Textilbranche zu einer Kernkompetenz und war streng gehütet. Das Internet hat dies vollständig verändert, nachdem z. B. unter „China.com" über 10.000 Zulieferer angezeigt werden.[39] Aber die Internetrecherche kann nicht alle Herausforderungen bei der Lieferantensuche lösen. So ergibt sich mit allgemeinen Suchbegriffen wie „Batterie" immer noch Schwierigkeiten, da die Zulieferer von der Herstellung einer komplexen Autobatterie bis zu einfachen Taschenlampenbatterien schwanken können.

2. Schritt: Lieferanteneingrenzung

Eine Eingrenzung kann in einem zweiten Schritt über K.-o.-Kriterien erfolgen. Lieferantenfragebögen helfen dabei, sich vorab ein konkreteres Bild über das Leistungsspektrum eines Anbieters zu machen. Dies kann durch spezifisch abgefragte Kriterien, die für den Kunden von hoher Bedeutung sind, wie beispielsweise Qualitätsanforderungen, Einsatz umweltgerechter Produkte u. ä., konkretisiert werden. Zertifikate und

---
[39] Vgl. Merkel et al., 2008, S. 90.

Auszeichnungen unterstützen darüber hinaus die Entscheidungsfindung. Auch wenn darauf hingewiesen werden muss, dass nicht alle kritischen Punkte in einer Vorabanalyse ausgeschlossen werden können, so vermeidet die sinnvoll durchgeführte Eingrenzung möglicher Zulieferer im Anschluss höhere Aufwendungen durch Vor-Ort-Besuche.

3. Schritt: Lieferantenanalyse
In der Analysephase werden die Daten der potenziellen Lieferanten grob ausgewertet. Dabei werden diese insbesondere hinsichtlich ihrer wirtschaftlichen, technologischen und ökologischen Leistungsfähigkeit beurteilt und Kriterien wie Preis, Produktqualität, Lieferzeit, Lieferflexibilität und Servicegrad analysiert. Nach diesen Schritten, die eine erste grundlegende Suche nach möglichen Zulieferern darstellt, werden nach der Entscheidung für neue Lieferanten anschließend die Aktivitäten im Lieferantenmanagement konkretisiert.

4. Schritt: Lieferantenbewertung
In einem nächsten Schritt wird eine systematische, detaillierte Bewertung der bereits ausgewählten Lieferanten, deren Probelieferung und deren Angebote durchgeführt. Dabei werden beispielsweise Muster von den potenziellen Zulieferern angefordert und diese auf Material, Form und Farbe hin überprüft. Dies erfolgt nur bei strategisch wichtigen Lieferanten, mit denen auch eine längere Beziehung angedacht ist. Die Lieferanten werden dabei in die Analyse involviert und möglichst viele quantitative und qualitative Bewertungskriterien in die Betrachtung integriert. Die Bewertung erfolgt regelmäßig und mindestens einmal pro Jahr. In dieser Phase werden die Zulieferer vom Hersteller nach fest definierten Kriterien auditiert. Dies ist ein Prozess, der auch bei Serienlieferanten in regelmäßigen Abständen wiederholt werden sollte. Eine Auditierung sollte die Schwerpunkte produkt- und produktionsspezifische Qualitätssicherung, Compliance und allgemeine Unternehmensdaten beinhalten. Innerhalb der Qualitätssicherung wird dabei analysiert, inwieweit der Zulieferer in der Lage ist, fehlerarm zu fertigen. Der Compliance Check dient der Überprüfung, ob interne und externe Richtlinien, wie z. B. umweltverträgliche Fertigung, angemessene Entlohnung der Mitarbeiter, Verzicht auf Kinderarbeit etc. eingehalten werden, um später einen eventuellen Imageverlust durch eine negative Presse zu vermeiden. So haben sich europäische Außenhandelsvereinigungen auf Kriterien für die Lieferantenzertifizierung und -auditierung verständigt. Die Überprüfung der allgemeinen Unternehmensdaten dient der Absicherung, ob der Zulieferer über die notwendige Leistungsfähigkeit verfügt, bzw. mit welchen anderen Unternehmen und Wettbewerbern Geschäftsbeziehungen bestehen.

5. Schritt: Lieferantenauswahl
Auf Basis der Ergebnisse wird im Anschluss die Auswahl des zukünftigen Lieferantenportfolios und des entsprechenden Lieferspektrums vollzogen. Dies bedeutet die konkrete Festlegung des zukünftigen Lieferantenstammes, bzw. die konkrete Vergabe von Aufträgen. Die Liefe-

rantenauswahl sollte dabei nicht alleine durch die Beschaffung erfolgen. Nachdem auch die Kriterien der Lieferantenbewertung funktionsübergreifend sind, sollte die Entscheidung ebenfalls im interdisziplinären Konsens erfolgen.

6. Schritt: Lieferantencontrolling

Parallel zu den Belieferungen von Kaufteilen und Dienstleistungen muss ein Controlling aufgebaut werden, welches die entsprechende Leistung des Zulieferers fortlaufend überprüft und überwacht. Nur so ist es möglich, Veränderungen frühzeitig zu erkennen und ein entsprechendes positives oder negatives Feedback an die Lieferanten zurückzuspielen. Es hat sich darüber hinaus gezeigt, dass es hilfreich ist, mit Lieferanten Zielvereinbarungen zu treffen, wie sie ähnlich auch intern zwischen Mitarbeitern und Vorgesetzten durchgeführt werden. Damit haben beide Seiten ein einheitliches Verständnis über ihre Ziele und Erwartungen und können diese in regelmäßigen Abständen auf Ihre nachhaltige Erreichung überprüfen. Bei Nichterreichung der Ziele müssen entsprechende Optimierungen vorgenommen werden und im schlimmsten Fall der Zulieferer aus dem Lieferantenportfolio eliminiert werden.

7. Schritt: Steuerung der Lieferantenbeziehung

Die Steuerung der Beziehung erfolgt im Lieferantenmanagement mithilfe eines Lieferantenleitfadens, der die wesentlichen Elemente der Zulieferer-Kunden-Beziehung dokumentiert. Mithilfe von Benchmarking-Daten werden entsprechende Ziele vereinbart und über die Transparenz der Leistung für beide Seiten die Zielerfüllung dokumentiert.

> **Beispiel: Toyota und ZF Friedrichshafen**
>
> Eine absolute Vorreiterrolle in der Planung und Implementierung eines geeigneten Lieferantenmanagements nimmt der Automobilkonzern Toyota ein. Innerhalb der gesamten Wertschöpfungskette und des Lieferantennetzwerkes wird ein sehr hoher Wert auf Kooperation, Gruppenloyalität, sozialer Zusammenhalt, Konsens und Vertrauen gelegt. In sogenannten Problem-Solving-Teams bzw. Jishuken treffen sich regelmäßig Mitarbeiter von Toyota und Zulieferer, um voneinander zu lernen. „Knowledge-Sharing-Routines" sollen darüber hinaus den interorganisatorischen Lernprozess zwischen Hersteller und Lieferanten verbessern.[40] Auch die ZF Friedrichshafen AG hat es sich in den letzten Jahren zum Ziel gesetzt, einen standardisierten und fokussierten Lieferantenmanagementprozess, der den oben beschriebenen Prozessschritten und -zielen ähnelt, einzuführen. Ziel ist es, einen besseren Einfluss auf die Beschaffungsaktivitäten nehmen zu können.[41]

---

[40] Vgl. Sako, 2004, S. 281 ff.
[41] Vgl. o.V. 2005, S. 38 f.

3.2.2 Auswahlkriterien bei der Lieferantenauswahl

> „Thus, it is better to spend time and money to do the job right the first time than to suffer the result of a poor qualification effort later."
>
> Newmann, 1988, S. 17

Die Literatur bietet eine Fülle an Untersuchungen, welche Kriterien bei der Lieferantenauswahl in der Praxis einzusetzen sind. Es hat sich aber gezeigt, dass Preis, Qualität und Service am häufigsten verwendet werden.

Preis, Qualität und Service

Bei der Qualitätsperspektive wird dabei nicht nur das einzelne Kaufteil betrachtet, sondern der gesamte Abwicklungsprozess beim Lieferanten, d.h. von der Entwicklung bis zur Fertigung bzw. Auslieferung. Durch die entsprechenden Qualitätszertifizierungen, die insbesondere in den 90er-Jahren Einzug gehalten haben, erwartet man, dass Qualitätskontrollprozesse beim Zulieferer installiert sind, die frühzeitig Veränderungen in der Qualität der Produkte erkennen lassen. Damit können sogar im Idealfall Prüfungen des Warenausgangs beim Lieferanten und des Wareneingangs beim Hersteller vollständig entfallen.

Ziel muss es sein, die Aufgaben von Anfang an korrekt durchzuführen, statt am Ende das Ergebnis einer schlechten Arbeit korrigieren zu müssen. Das bedeutet, dass Qualität „gefertigt" und nicht erst am Ende „geprüft" wird. Nachbesserungen am Endprodukt sind in der Regel wesentlich kostenintensiver, als die entsprechenden notwendigen Maßnahmen bereits im Vorfeld einzuleiten. Das häufig herangezogene Argument „Qualität hat seinen Preis" ist daher nur bedingt und sehr eingeschränkt richtig, wenn man in der Lage ist, in allen Fertigungsstufen auf Qualität Wert zu legen und eine entsprechende Kultur sowie Sensibilität im Unternehmen verankert.

> **Beispiel: Daimler**
>
> Die Dominanz des Entscheidungskriteriums Qualität gewann in den 80er-Jahren große Bedeutung in den Einkaufsentscheidungen, was oftmals zu einem Extrem geführt hat. So war es die Philosophie der Daimler AG, die qualitativ hochwertigsten Produkte ohne Berücksichtigung der Kostenbasis zu fertigen. So war bekannt, dass Fahrzeuge von Daimler auch bei Laufzeiten von mehreren 100.000 Kilometern nur sehr selten Motorschäden hatten. Da jedoch, abgesehen beispielsweise von Taxiunternehmen, nur sehr wenige Kunden diese Laufleistung mit ihrem Fahrzeug erreichen, hatte dieses Qualitätsmerkmal kaum Kundennutzen. BMW erarbeitet sich in dieser Zeit einen Wettbewerbsvorteil, da durch den konsequenten Einsatz von Target Costing-Methoden[42] bei gleichem oder sogar höherem Kundennutzen die Kaufpreise der Fahrzeuge reduziert wurden. So konnte man die Kosten an Stellen reduzieren, an denen der Kunde keinen Mehrwert erkannt und dafür dort mehr allokieren, wo dies vom Kunden auch honoriert wurde. Damit zeigt sich, dass die einseitige Konzentration auf nur ein Kriterium wenig sinnvoll ist.

---

[42] Vgl. dazu die ausführlichen Erläuterungen im Kapitel über Target Costing.

Kontinuierliche Lieferantenbewertung

Lieferantenbewertungen sollten nicht nur zu Beginn einer Beziehung, sondern auch innerhalb der Serienbelieferung kontinuierlich stattfinden. Dies dient zum einen der Leistungsüberprüfung der Zulieferer, zum anderen hat sich aber auch gezeigt, dass die Lieferanten dadurch zu höheren Leistungen motiviert werden und in Verbindung mit der Vergabe von Lieferantenawards zu Höchstleistungen gelangen. Schwerpunkte solcher Bewertungen können quantitativ messbare Daten, aber auch produktspezifische qualitative Informationen, wie beispielsweise Innovationskraft, Compliance-Fragen oder generelle übergreifende Themen der Zusammenarbeit, sein. Die erhobenen Daten sollten mit den Lieferanten in einem regelmäßigen Rhythmus ausgetauscht und besprochen werden, um dadurch gemeinsam Verbesserungen erarbeiten und erzielen zu können. Einige Unternehmen vereinbaren mit ihren Lieferanten auch auf der Basis dieser Bewertungen Bonus- bzw. Malusvereinbarungen, wobei die Bezahlung von Strafen für z. B. Lieferverzug wesentlich häufiger vorzufinden ist. Vorreiter bei der Lieferantenbewertung sind der Hightech-Bereich, der Maschinenbau und die Automobilbranche, nachdem diese bereits vor einigen Jahren die Notwendigkeit erkannt hatten, mit ihren Lieferanten langfristige Partnerschaften einzugehen um kontinuierliche Verbesserungen in der gesamten Wertschöpfungskette realisieren zu können. Das bekannteste Beispiel ist, wie bereits im vorangegangenen Kapitel erwähnt, Toyota, die extrem intensiv mit ihren Lieferanten zusammenarbeiten. Dort wurde sogar ein „Supplier Support Center" eingerichtet, in dem unternehmensübergreifend an Verbesserungen gearbeitet und die erzielten Einsparungen gerecht verteilt werden. So überlässt Toyota das Einsparpotenzial für einen definierten Zeitraum, wie beispielsweise das erste Jahr, komplett seinen Lieferanten, um die Motivation zur Erzielung von Verbesserungen hoch zu halten.

Supplier Lifetime Value

Die Lieferantenbewertung hat in den letzten Jahren eine Weiterentwicklung erfahren, in dem man in Anlehnung an eine Total Cost of Ownership-Betrachtung versucht, die Gesamtkosten und -nutzenanteile eines Lieferanten zu erfassen und den Ausgaben über den Zeitraum eines Lebenszyklus gegenüber zu stellen. Der sogenannte „Supplier Lifetime Value[43]" versucht als Instrument des strategischen Beschaffungscontrollings aus den vorhandenen und antizipierten Daten zum Vergabezeitpunkt ein Gesamtresultat zu ermitteln. Dabei werden die einzelnen Werte entsprechend einer Net Present Value-Betrachtung abgezinst. Der Zulieferer mit der höchsten Bewertung wird anschließend als Präferenz im Entscheidungsvorschlag ausgewiesen. Neben den typischen Aus- und Einzahlungen, wie beispielsweise Preise für Kaufteile und Werkzeuge sowie Vergütung für das Endprodukt, die in den klassischen Ansätzen der Lieferantenbewertung Berücksichtigung finden, werden in dieser Betrachtung z. B. auch Zusatzeinnahmen durch erwartete Absatzsteigerungen auf Grund von Innovationen des Lieferanten u. ä. aufgenommen. Der Einsatz dieses Instrumentes in der Praxis ist auf Grund

---

[43] Vgl. z. B. Eßig, 2003, S. 323 ff.

der komplexen Bestimmung der einzelnen, für die Berechnung notwendigen Bestandteile bisher noch relativ gering.

3.3 Design-to-Value – Nutzung des verfügbaren Know-hows

„Ziel einer solchen weitgestreuten Anfrage im Konzeptstadium ist es, neben einem kosten- auch einen technischen Wettbewerb zu entfachen."

Versteeg, 1999, S. 81

Unternehmen mit starkem Fokus auf die Spezifikationsoptimierung haben früher lediglich intern Produktgestaltungsideen aufgenommen und umgesetzt. Die Auftragsvergabe erfolgte anschließend auf Basis von Lieferantenverhandlungen. Traditionell wurden Modifikationsüberlegungen für die Produkte ausschließlich im Technikbereich durchgeführt. Wesentlich bei Optimierungsanstrengungen ist es, diese Überlegungen bereits in einer sehr frühen Phase des Produktlebenszyklus zu machen, um einen Einfluss auf die wesentlichen Kostenbestandteile zu besitzen. Die eigenen Überlegungen sollten um Gedanken der Lieferanten sowie Betrachtungen von Wettbewerbsprodukten ergänzt werden, um auch alternative Lösungskonzepte in die Betrachtung zu integrieren.

Ziel

In einem nächsten Entwicklungsschritt wurde dann die Design-to-Cost- oder Produktkostenoptimierungs-Methodik eingeführt. Dabei wird von den Lieferanten die Offenlegung der Kalkulation („Gläserne Kalkulation") erwartet, so dass in einer gemeinsamen Diskussion zwischen Zulieferer und Hersteller Optimierungen in der Produktgestaltung vorgenommen werden können.

Eine Weiterentwicklung hat dieses Gedankengut in den letzten Jahren durch die Einführung des Design-to-Value-Ansatzes erfahren, der u. a. Konzeptwettbewerbe in die Methodik integriert. So wird die Optimierung der Spezifikationen sukzessive zu einem interdisziplinären Ansatz. Damit hat man einen ganzheitlichen kaufmännischen und technischen Blick auf die Ausrichtung zukünftiger Kaufteile und Endprodukte entwickelt.

Interdisziplinärer Ansatz

Über Konzeptwettbewerbe können Kaufteile, Baugruppen oder sogar komplexe Endprodukte zerlegt, analysiert und auf ihre Kosten hin optimiert werden, wobei gleichzeitig die Chance besteht, die gewonnenen Informationen auch dahingehend zu nutzen, dass die besten technischen Lösungen den Einsatz in zukünftige bzw. auch bestehende Endprodukte finden. Wichtig für die Optimierungsbemühungen ist es jedoch, dass die Workshops vor dem Verabschieden der technischen Anforderungen, dem sogenannten „Design Freeze" stattfinden, um wesentliche Kostenbestandteile überhaupt noch beeinflussen zu können. Die Zusammenarbeit muss dabei immer interdisziplinär zwischen den Bereichen Einkauf, Entwicklung und Controlling/Kostenkalkulation stattfinden. Der Zeitbedarf der drei Bereiche ist dabei fast gleich gewichtet verteilt und der gemeinsame Austausch bei derartigen Projekten in der Regel über mehrere Monate nötig. Auch die Lieferanten werden in die Ideenfindung und kritische Auseinandersetzung eingebunden. Die komplette Analyse von z. B. Fahrzeugen dauert dabei in der Regel sechs Monate und wird häufig von einem externen Beratungsteam unterstützt.

Verständnis für die Kostenobergrenze

Zielsetzung von Konzeptwettbewerben ist es, auf Basis einer Bottom-up-Analyse Transparenz über die Kostenstruktur von Kaufteilen zu erlangen und damit ein Verständnis für die Kostenobergrenze zu generieren. Darüber hinaus unterstützen derartige Erkenntnisse den Einkauf, faktenbasierte Preisverhandlungen mit den Lieferanten vorzubereiten und durchzuführen. Parallel entstehen für die Entwicklung zahlreiche Ideen und Informationen, die für eine alternative und kostenoptimierte Produktgestaltung genutzt werden können.

Voraussetzungen

Die Methodik des Design-to-Value beruht darauf, dass mehrere vergleichbare Wettbewerbsprodukte inklusive der eigenen Lösung parallel analysiert werden. Die Wettbewerber sollten dabei im gleichen Marktsegment anbieten und mindestens ein Bauteil/Modul sollte aus dem Ausland kommen. Darüber hinaus müssen unterschiedliche Lieferanten gebeten werden, eine Kalkulation für die Produkte durchzuführen. Neben den bereits bestehenden Lieferanten sollten auch neue internationale Lieferanten zur Analyse und Kalkulation berücksichtigt werden. Letztendlich müssen aber auch die zu untersuchenden Bauteile/Module eine gewisse Komplexität aufweisen, so dass die Betrachtung alternativer technischer Konzepte erst Sinn macht.

Die Vorgehensweise bei Design-to-Value kann in vier Schritte untergliedert werden: Festlegung der Produktumfänge und Kalkulationsmethodik, Angebotserstellung hinsichtlich technischer Konzepte und Kosten durch Lieferanten für Einzelteile und Gesamtumfang, Analyse der Angebote und Bestimmung günstigster Lösungsansätze sowie „Best-of-Best" („Cherry Picking" oder „Rosinenpicken") und Durchführung von Lieferantenworkshops sowie Erarbeitung einer technischen und kostenoptimalen Lösung.

1. Schritt: Festlegung Produktumfänge und Kalkulationsmethodik
Nachdem das eigene, bestehende bzw. zu entwickelnde Endprodukt definiert wurde, bei dem Optimierungsbedarf besteht, sind vergleichbare Wettbewerbsprodukte zu identifizieren und zu beschaffen. Anschließend müssen die Produkte in ihre Einzelteile zerlegt und eine einheitliche Kalkulationsmethodik festgelegt werden, damit die Angebote der unterschiedlichen Lieferanten im Anschluss vergleichbar sind.

2. Schritt: Angebotserstellung für Einzelteile und Gesamtumfang
Nach der Zerlegung der Produkte werden die Gesamt-, wie auch die Teillösungen technisch und kaufmännisch verglichen. Anschließend müssen vorliegende Teilezeichnungen, -skizzen oder Referenzteile an ausgewählte Lieferanten mit der Bitte versendet werden, diese zu kalkulieren und ggf.

alternative technische Lösungen vorzuschlagen. Es hat sich in der Praxis gezeigt, dass die meisten Lieferanten eine hohe Bereitschaft besitzen, an derartigen Konzeptwettbewerben teilzunehmen. Die Teilnahmequote liegt dabei bei über 90 %. Im Extremfall werden den Lieferanten auch nur sogenannte Groblastenhefte vorgegeben, in denen beispielsweise nur die geometrischen Rahmenbedingungen, zeitlichen Restriktionen und technische Anforderungen an Komfort, Qualität, Sicherheit und Material definiert sind. Daraufhin werden die potenziellen Zulieferer gebeten, eine innovative, zumeist völlig neue Lösung für die klar definierte Problemstellung zu erarbeiten und die Ergebnisse detailliert vorzustellen.

3. Schritt: Analyse Angebote und Bestimmung günstigster Lösungsansätze sowie „Best-of-Best" („Cherry Picking" oder „Rosinenpicken")

Im nächsten Schritt werden die eingehenden Angebote und Kalkulationen verglichen und plausibilisiert sowie ggf. durch Rückfragen ergänzt oder korrigiert. Für jede Wettbewerbslösung liegt anschließend ein günstigstes Angebot von einem Lieferanten vor.

Jedoch kann auch dieses Angebot noch optimiert werden, indem die Einzelkalkulationen für jedes Bauteil je Lieferant verglichen werden und die jeweils günstigsten Einzellösungen addiert werden. Die Summe aller günstigsten Einzellösungen stellt dann die „Best-of-Best"-Lösung dar. Dieses Vorgehen wird auch als Cherry Picking, bzw. Rosinenpicken bezeichnet.

4. Schritt: Durchführung von Lieferantenworkshops und Erarbeitung einer technischen und kostenoptimalen Lösung

Diese „Best-of-Best"-Lösung dient anschließend als Zielvorgabe für die Lieferanten-Workshops und ist gleichzeitig ein Aufzeigen der Schwachstellen bzw. des Verbesserungspotenzials bei den Lieferanten. Sie dient damit als „Feedback" für den Zulieferer. Je Fertigungsschritt erhält jeder teilnehmende Lieferant einen Benchmark-Vergleich zu seinen Wettbewerbern. Ziel der Workshops ist es, die Ergebnisse zu besprechen, zu diskutieren und sich in der gemeinsamen interdisziplinären Diskussion mit den Lieferanten mit dem finalen Produktkonzept möglichst nahe an die „Best-of-Best-Lösung" anzunähern. Der am Ende für das Bauteil verhandelte Preis liegt in der Regel unter dem günstigsten Angebotspreis, der vor dem Workshop vorlag.

Die Ergebnisse der Optimierung ergeben sich damit bei Design-to-Value unter Zuhilfenahme verschiedener Lieferanten aus zwei Stoßrichtungen: Dem Vergleich von unterschiedlichen technischen Lösungen und dem Vergleich der besten Einzelkalkulationen. Im dargestellten Beispiel ergibt sich aus der Optimierung durch reine Produktgestaltung eine Reduktion des Preises von aktuell 20,00 EUR auf 16,50 EUR, wenn die günstigste Lösung C bei Lieferant 1 ausgewählt wird. Damit können in einem ersten Schritt die Kosten bereits um 18 % gesenkt werden. Durch die Auswahl im Best-of-Best-Vergleich, d. h. ein Vergleich der einzelnen Bauteile der Lösung C bei allen vier unterschiedlichen Lieferanten, kann

3 Kosteneinsparungen durch Harmonisierung von Spezifikationen

Abb. 26: Vergleich der Lieferantenangebote für verschiedene technische Lösungen

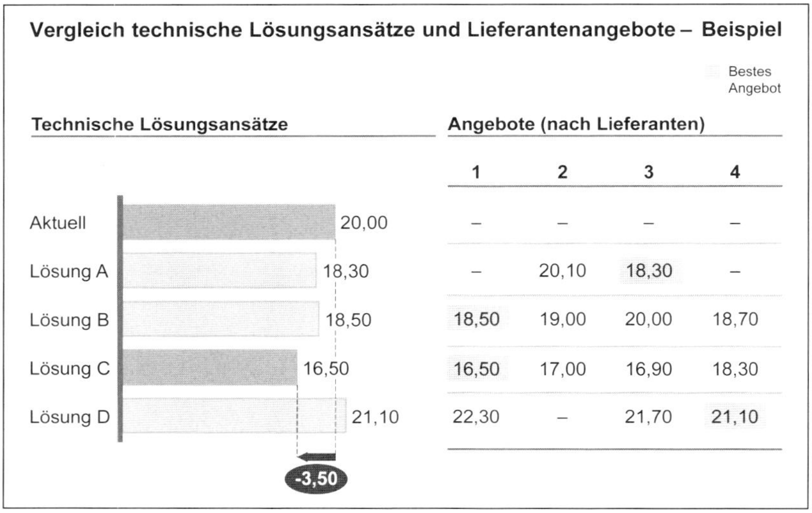

Vergleich technische Lösungsansätze und Lieferantenangebote – Beispiel

Technische Lösungsansätze		Angebote (nach Lieferanten)			Bestes Angebot
		1	2	3	4
Aktuell	20,00	–	–	–	–
Lösung A	18,30	–	20,10	**18,30**	–
Lösung B	18,50	18,50	19,00	20,00	18,70
Lösung C	16,50	**16,50**	17,00	16,90	18,30
Lösung D	21,10	22,30	–	21,70	**21,10**

-3,50

Quelle: Eigene Darstellung

Abb. 27: Best-of-Best-Auswahl

Kostenreduktionsmöglichkeiten durch Best-of-Best-Auswahl – Beispiel

	Bauteil a	Bauteil b	Bauteil c	...	Summe (Bestes Angebot)
Lieferant 1	1,90	3,20	**0,70**	...	16,50
Lieferant 2	2,00	**3,00**	0,75	...	17,00
Lieferant 3	**1,80**	**3,00**	0,80	...	16,90
Lieferant 4	2,20	3,10	1,05	...	18,30
Best-of-Best	1,80	3,00	0,70	...	14,70

-1,80

Quelle: Eigene Darstellung

der Preis um weitere 1,80 EUR von 16,50 EUR auf 14,70 EUR reduziert werden. Somit entsteht ein zusätzliches Potenzial von weiteren 9 %, so dass insgesamt 27 % an Optimierungen mithilfe eines Konzeptwettbewerbes erreicht werden können.

Claim Management Im Anschluss an die Entscheidung für ein technisches Konzept ist es wichtig, dass nicht im Nachgang die Lieferanten durch Nachverhand-

3.3 Design-to-Value

Abb. 28: Kostenpotenzial bei Konzeptwettbewerben

Stoßrichtungen der Optimierung bei Konzeptwettbewerben – Beispiel

Aktuelle technische Lösung	Produktgestaltung	Beste Alternativlösung	„Rosinenpicken"	Best-of-Best-Angebot
20,00	3,50	16,50 (-18%)	1,80	14,70 (-27%)

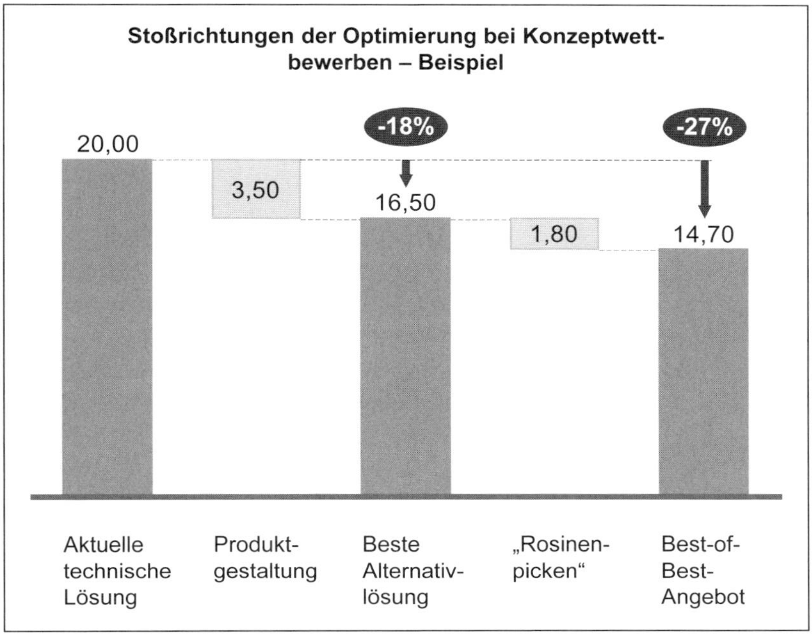

Quelle: Eigene Darstellung

lung zusätzliche Mehrpreisforderungen stellen und damit ihre Gewinnmarge wieder erhöhen bzw. vorab abgegebene „unwirtschaftliche" Angebote korrigieren. Dem Ideenreichtum der Zulieferer sind dabei keine Grenzen gesetzt. Daher sollten bei der Vergabe die technischen Kerndaten festgelegt und dem Zulieferer in einem „Nomination Letter" mitgeteilt werden, dass technische Änderungen vom Vergabestand, die eine Preiserhöhung nach sich ziehen, unmittelbar dem Einkauf und der Entwicklung zu melden sind. Diese haben dann dafür zu sorgen, dass die Änderung genehmigt bzw. verworfen wird. Dazu haben sich in einigen Unternehmen spezielle Prozesse und Entscheidungsgremien etabliert, die als „Änderungskommissionen" über derartige Vorgänge wachen. Im Projektgeschäft hat sich die Form des Claim Managements in den letzten Jahren sowohl auf Lieferanten- wie auch auf Herstellerseite intensiv weiterentwickelt. Damit wird zum einen eine interne Disziplin hinsichtlich des Änderungsmanagements erzeugt, zum anderen das Kostenbewusstsein im Unternehmen bzw. sogar der gesamten Wertschöpfungskette verbessert.

3.4 Technische Ausbildung der Einkäufer

> *„Und schließlich mangelte es an fähigen, tatkräftigen Mitarbeitern, welche in der Lage gewesen wären, diese Probleme zu lösen."*
> Versteeg, 1999, S. 16

Während bei der Umsetzung eines höheren Wettbewerbsdrucks im Lieferantenmarkt eher kaufmännisches Wissen gefragt ist, ist die technische Orientierung bei der Optimierung von Spezifikationen eine wesentliche Komponente. Daher zeigt es sich, dass Organisationen, die sich entsprechend ausgerichtet haben, auch einen höheren Anteil an Mitarbeitern mit technischer Ausbildung besitzen bzw. einstellen.

Technische und Produktkenntnisse erforderlich

Einkäufer, die einen technischen Abschluss besitzen, haben in aller Regel einen leichteren Zugang zu technischen Fragestellungen und damit zu den Mitarbeitern der Entwicklungsabteilung. In den interdisziplinären Teams kann dann „auf Augenhöhe" analysiert und diskutiert werden. Auch empirische Studien zeigen, dass gerade im Bereich des Bedarfsmanagementprozesses ein grundlegendes technisches Know-how, eine mehrjährige Erfahrung mit den Produkten und produktionstechnische Grundkenntnisse erforderlich sind. Das Vorhandensein derartiger Kenntnisse ermöglicht dem Einkäufer ein frühzeitiges Eingreifen im Produktentwicklungsprozess, um kostengünstige Endprodukte im Sinne der Endkunden zu generieren. Der Bedarfsmanagementprozess beinhaltet dabei die Bestimmung der Kaufteile inklusive deren Jahresbedarfe, die Wahrnehmung der internen Koordinationsfunktion im Buying Center sowie die Materialdisposition. Nur durch das technische Verständnis ist es oftmals möglich, kostengünstige Alternativen zu den bestehenden Kaufteilen zu identifizieren und einzuführen.

In Unternehmen mit dem Fokus auf Harmonisierung der Spezifikationen richten sich die Ausschreibungen für Beschaffungsaufgaben auch sehr stark an Kandidaten mit einer technischen Ausbildung. Neben der direkten Suche z. B. nach einem Universitätsabschluss im Maschinenbau oder einem anderen Ingenieursstudiengang werden explizit BWL-Studenten mit einem hohen technischen Verständnis angesprochen.

> **Praxis: Starker Aufholbedarf an Know-how und Kompetenz**
>
> Insgesamt zeigt sich jedoch in der Praxis, dass sowohl die Personalausstattung, als auch der Einsatz von analytischen Werkzeugen in der Beschaffung immer noch einen sehr geringen Stellenwert und damit ein starker Aufholbedarf im Vergleich zu anderen Unternehmensbereichen vorhanden ist. Es ist sogar schwierig, geeignete Kandidaten zu rekrutieren, da der Einkauf unternehmensintern und -extern nach wie vor nicht als attraktive Karrierestation angesehen wird. Dies führt zu umfangreichen Anforderungen in der Personalentwicklung, wie auch der Personalbedarfsplanung und -beschaffung. Damit wird für den Einkauf der gesamte Personalprozess, von der Rekrutierung, Entwicklung & Qualifikation, Motivation & Weiterbildung sowie einer strategiekonformen Personalpolitik, die häufig unter dem Begriff „Talent Management" subsummiert wird, wichtig.

In der neueren Literatur findet sich meist eine Teilung der beschaffungspolitischen Handlungskompetenzen in die vier Bereiche Fach-, Methoden-, Sozial- und Selbstkompetenz. Die nötigen Kompetenzen erlangt ein Einkäufer entweder durch seine Ausbildung, seine persönliche Berufserfahrung oder durch explizit durchgeführte Lehrgänge und Schulungen. Die veränderten Anforderungen an die Beschaffung haben dabei auch zu höheren Erwartungen an die Qualifikation von Mitarbeitern im Einkauf geführt.

Das unternehmerische und strategische Denken ist für Einkäufer, aber gerade auch für Führungskräfte innerhalb der Beschaffung notwendig, um Veränderungen im Unternehmens- und Lieferantenumfeld frühzeitig erkennen zu können und daraus Handlungsschlüsse zu ziehen. Darüber hinaus muss man in der Lage sein, die Themenschwerpunkte aus einer Top-down-Perspektive beobachten, aggregieren und kommunizieren zu können. *Unternehmerisches Denken*

Die Anforderung an Führungskompetenz im Einkauf steigt insbesondere durch neue Organisationsformen wie Lead-Buyer-Konzepte, aber auch die Notwendigkeit zur Leitung interdisziplinärer Teamarbeit. Damit tritt nicht nur die reine disziplinarische Führungsfähigkeit in den Vordergrund, sondern insbesondere die temporäre Führung von Kollegen in Projekten, was häufig deutlich anspruchsvoller ist. Wie oben dargestellt fällt der Führungskraft auch ein wesentlicher Teil der Qualifizierung der Mitarbeiter zu, so dass auf Motivation, Steuerung und Entwicklung Wert gelegt werden muss. *Führungskompetenz*

Durch die steigende Komplexität von Produkten und der verkürzten Produktlebenszyklen benötigt der Einkäufer eine gute Konzeptions- und Entscheidungsfähigkeit, um effiziente und effektive Entscheidungsprozesse sicher zu stellen. Selbst auf der Ebene eines Sachbearbeiters wird im Einkauf bereits umfassende Entscheidungskompetenz für hohe finanzielle Beträge erwartet, die einen deutlichen Einfluss auf das Unternehmensergebnis haben können. Darüber hinaus müssen in die Entscheidungsfindung neben dem reinen Preisvergleich auch andere, teilweise qualitative Größen, einfließen und berücksichtigt werden. *Entscheidungsfähigkeit*

Das Konfliktmanagement ist für die Durchsetzung von Kosteneinsparungen bzw. -reduzierungen sowohl gegenüber Lieferanten als auch intern gegenüber dem Entwicklungs- und Qualitätsbereich erforderlich. Häufig sind unternehmensinterne Schnittstellen mit der Entscheidung des Einkaufs nicht einverstanden, wollen ihre „liebgewonnene" Lieferanten nicht wechseln oder versuchen die für sie relevanten Entscheidungskriterien in den Vordergrund zu schieben. Dem Einkäufer kommt daher die Aufgabe zu, Konflikte zu antizipieren und erfolgreich zu managen. *Konfliktmanagement*

Insbesondere die steigende Arbeit in interdisziplinären Teams bedarf von Mitarbeitern in der Beschaffung eine erhöhte Kooperationsbereitschaft sowie ein entsprechendes Einfühlungsvermögens. Erst damit ist es möglich, Kollegen aus anderen Bereichen im Beschaffungsprozess *Kooperationsvermögen* mitzunehmen. Letztendlich muss es der Anspruch sein, bereichsübergreifend zielgerichtet zu agieren und damit effizient die Entscheidungsfindung zu erreichen.

Internationalität Die steigende Globalisierung der Unternehmen und der Lieferantenbasis erfordert die internationale Kommunikationsfähigkeit des Einkaufs, insbesondere nachdem die Einkäufer bei der Suche nach Zulieferern in anderen Ländern meist die Initiative ergreifen müssen, bevor sich Bereiche wie Entwicklung oder Qualitätssicherung mit derartigen Lieferanten beschäftigen.

Erscheinungsbild Auftreten und Wirkung ist für die erfolgreiche Arbeit im Einkauf in den letzten Jahren stark gestiegen. Musste ein Mitarbeiter früher die Bestellungen lediglich operativ abwickeln, so ist es heute erforderlich, neue Vorgehensweisen zu präsentieren und durchzusetzen, Entscheidungsvorschläge direkt bei Vorständen vorzustellen oder auch die Leitung von Workshops zu übernehmen.

Leider gibt es jedoch neben der Universität Stuttgart (Investitionsgütermarketing und Beschaffungsmanagement), der Universität Duisburg/Essen (Beschaffung, Logistik und Informationsmanagement), der WHU (Internationales Management und Beschaffung) und der European Business School (Supply Chain Management Institute) immer noch keine weiteren offiziellen Lehrstühle für Beschaffungsmanagement in Deutschland. Und dies, obwohl in den letzten Jahren sich in der Theorie intensiv mit der Beschaffung beschäftigt wurde. Auch in der Praxis hat sich häufig die Erkenntnis durchgesetzt, dass der Einkauf einen hohen Wertbeitrag im Unternehmen generieren kann. Somit bleibt es die Aufgabe der Unternehmen, ihre Mitarbeiter selbst spezifisch für den Einkauf auszubilden. So hat z. B. die Siemens AG mit dem „Supply Chain Management Excellence Graduate Program" ein einjähriges Traineeprogramm entwickelt, dass sich speziell an Fragestellungen der Beschaffung, des Supply Chain Managements und von Fertigungsnetzwerken richtet. Dabei wechseln sich Praxis- und Theoriephasen an nationalen und internationalen Standorten ab.

3.5 Kooperationen mit Lieferanten und Wettbewerbern

„Lieferanten von Anfang an mit einzubinden ist nichts Neues – und es ist auch soweit korrekt. Nicht korrekt ist jedoch, dass diese Lieferanten ohne Mitwirkung des Einkaufs und ohne verbindlichen Kostenrahmen implizit auch für die Produktion bestimmt werden. Es ist, als ob jemand ein Haus bauen ließe und den Preis erst bei der Fertigstellung erführe."

Versteeg, 1999, S. 19

In den letzten 20 Jahren sind engere Kooperationen zwischen einigen Herstellern mit ihren Zulieferern bzw. mit Wettbewerbern entstanden.

3.5 Kooperationen mit Lieferanten und Wettbewerbern

Für die zwischenbetriebliche Zusammenarbeit, die im Folgenden als Kooperation bezeichnet wird, existieren in Theorie und Praxis weitere Begriffe wie beispielsweise „strategische Allianz", „Netzwerk" oder „Partnerschaft". Merkmale einer Kooperation sind, dass bei den beteiligten Partnern die rechtliche und wirtschaftliche Unabhängigkeit bestehen bleibt, ein koordiniertes Verhalten vorliegt und gemeinsam eine bessere Zielerreichung angestrebt wird, als dies bei individuellem Vorgehen möglich ist.

Abb. 29: Kooperationsrichtungen im Einkauf

Kooperationsrichtungen im Einkauf

Horizontale Beziehung

Abnehmer

A   B   C   D   E

Einkaufskooperation

A   B   C   D   E

Lieferanten

Vertikale Beziehung

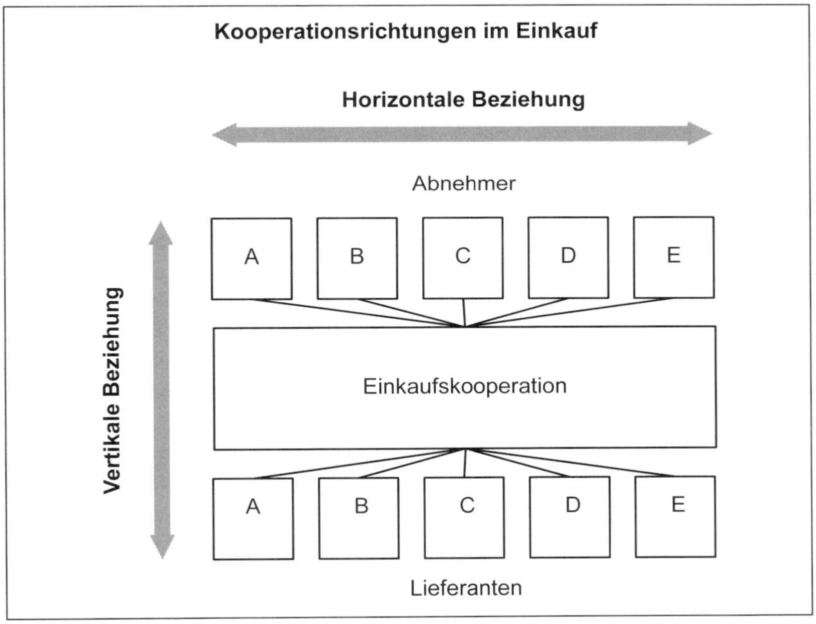

Quelle: Tella, Virolainen, 2005, S. 162

Kooperationen werden hinsichtlich ihrer Kooperationsrichtung in vertikal und horizontal unterschieden. Bei vertikalen Kooperationen gehen zwei Unternehmen, die in aufeinanderfolgenden Wertschöpfungsstufen arbeiten, eine partnerschaftliche Beziehung ein. Während in manchen Beispielen lediglich versucht wird, den Informationsfluss zu verbessern, wird in anderen eine räumliche Nähe der Ansprechpartner oder sogar der Fertigungen angestrebt. Viele bekannte Unternehmen, wie Procter & Gamble, 3M, Philips, BMW und Daimler, nutzen die enge Zusammenarbeit mit Lieferanten, um beispielsweise ihre Bestände zu reduzieren oder Logistikkosten einzusparen. Für Unternehmen des Mittelstands besteht bei vertikalen Kooperationen jedoch die Gefahr der Abhängigkeit, wenn deutlich größere Lieferanten gegenüber stehen und damit ein ungleiches Machtverhältnis zum Mittelständler existiert. Um eng und kooperativ mit den Lieferanten zusammenarbeiten zu können, haben

Kooperationsrichtungen

sich verschiedene Formen herauskristallisiert. Extremformen stellen dabei sicherlich das Modular Sourcing (Kapitel 3.5.2) oder Just-in-time (Kapitel 3.5.3) dar.

Bei horizontalen Kooperationen schließen sich Unternehmen der gleichen Wertschöpfungsstufe zusammen. Dadurch können Bedarfe gebündelt und eine bessere Verhandlungsposition gegenüber Lieferanten erreicht werden, was insbesondere für kleinere und mittelgroße Unternehmen interessant ist. Horizontale Kooperationen kommen in der Praxis vorwiegend in der Beschaffung vor. Die beteiligten Unternehmen geben bewusst und freiwillig gewisse Teile ihrer Autonomie zugunsten einer unternehmensübergreifenden Zusammenarbeit auf. Gefahr besteht bei divergierenden Interessen der Partner, die zum Scheitern der Kooperation führen können.

Arten von Einkaufskooperationen

In der Theorie und Praxis werden sechs verschiedene Arten an Einkaufskooperationen unterschieden. Beim einen Extrem handelt es sich um informelle, virtuelle Organisationen, die ohne oder nur mit sehr wenigen formellen Regeln funktionieren. Eine weitere Ausprägung von Kooperationen wird als Huckepack-Konsortium bezeichnet, die durch einen weitestgehend informellen Charakter geprägt ist, um die Zusammenarbeit so einfach wie möglich zu gestalten. Dabei beschränkt man sich im Einkauf in einigen Fällen nur auf den Austausch von Informationen und Wissen innerhalb eines großen Netzwerks. Die dritte Form von Einkaufskooperationen ist die des Lead Buying-Konsortiums, bei der Aktivitäten an andere Mitglieder des Konsortiums delegiert werden. Dabei wird derjenige Einkäufer als Leadbuyer bestimmt, der über die beste Expertise, Ressourcen oder Volumen verfügt. Im Projektkonsortium wird ein zeitlich und inhaltlich begrenztes Projekt, das in der Regel auch einen einmaligen Charakter besitzt, als Basis für die Kooperation herangezogen. Dabei bündeln die beteiligten Partner ihre Bedarfe und sichern sich auf diese Weise gegenüber Beschaffungsrisiken ab. Das Programmkonsortium hingegen beinhaltet eine Mehrzahl an Projekten oder Projektwellen über einen längeren Zeitraum. Regelmäßig wird in gemeinsamen Sitzungen und Lenkungsausschüssen über den Programmfortschritt berichtet und Entscheidungen gefällt sowie alle Schritte des Beschaffungsprozesses gemeinsam ausgeführt. Ziel ist die Wissensteilung und die Reduzierung der Transaktionskosten. Die sechste Möglichkeit zur Ausgestaltung von Einkaufskooperationen bezeichnet man als Third-Party-Organisationen, die ebenso wie die virtuelle Organisation eine Extremform darstellt, da die Bündelung des Beschaffungsvolumens als rechtlich und wirtschaftlich selbstständiges Unternehmen in der Form eines Dienstleisters übernommen wird. Zur erfolgreichen Umsetzung bedarf es auch einer Vielzahl an formellen Regeln und Personal.

Ziele

Ziel jeder interorganisationalen Kooperation ist es, durch intensivere Zusammenarbeit einen nahtlosen Fluss an Gütern und Informationen vom Rohstofflieferanten bis hin zum Endkonsumenten zu ermöglichen. Damit wird die Betrachtungsebene vom eigenen Unternehmen auf die

3.5 Kooperationen mit Lieferanten und Wettbewerbern

gesamte Wertschöpfungskette, oftmals als Supply Chain Management bezeichnet, erweitert, um mit Partnern zum Zweck der Erzielung von Wettbewerbsvorteilen zusammenzuarbeiten. Dabei sollen Transaktionskosten gesenkt, die eigene Wettbewerbssituation strategisch verbessert, neues Wissen und Know-how in das Unternehmen gelangen und Erfahrungskurveneffekte genutzt werden.

Voraussetzung für die Zusammenarbeit sollte dabei eine entsprechende Überlappung bei den beschaffenden Leistungen (Beschaffungs-Fit), der Leistungsfähigkeit (fundamentaler Fit), der strategischen Zielsetzungen (strategischer Fit) sowie der Unternehmenskultur (kultureller Fit) sein. Probleme entstehen im steigenden Abstimmungsaufwand, der geringeren Schnelligkeit bei Anpassungsbedarf, dem Ausgleich von Interessenkonflikten, dem Widerstand von Lieferanten und der Gefahr von Know-how-Verlust.

3.5.1 Vertikale Kooperationen – Intensivierung der Zusammenarbeit mit den Lieferanten

> *„Schon seit längerer Zeit versuchen Unternehmen ihre traditionellen, zum Teil angespannten Beziehungen zu den Lieferanten durch eine eher kooperationsorientierte Zusammenarbeit zu ersetzen ..."*
>
> Buscher, 2003, S. 59 f.

Wie bereits in den Kapiteln über Design-to-Value und funktionsübergreifende Teams angesprochen, nutzen Unternehmen, die ihren Fokus auf die Harmonisierung von Spezifikationen setzen, durch vertikale Kooperationen frühzeitig das Know-how ihrer Lieferanten. Dies ist insbesondere auf Grund von zwei Effekten sinnvoll. Zum einen ist der Materialkostenanteil in den meisten Industrien deutlich höher als 50%. Somit wird der signifikant größere Kostenanteil durch die Lieferanten eines Unternehmens bestimmt. Zum anderen werden, wie oben aufgezeigt, bereits ca. 80% der Kosten in der Entwicklungsphase definiert. Die frühzeitige Nutzung des Zulieferer-Know-hows hilft dabei, die internen Überlegungen zur Kostenreduzierung zu unterstützen.

Es ist davon auszugehen, dass die stärkere Integration von Zulieferern auch in Zukunft weiter zunehmen wird. Teilweise werden auch Entwicklungsleistungen an die Lieferanten übertragen, um sich beim Hersteller noch mehr auf die eigentlichen Kernkompetenzen konzentrieren zu können. Überlegungen wie Simultaneous Engineering, bei denen versucht wird, die Entwicklungsprozesse statt sukzessive, wie in der klassischen Form, zukünftig parallel zu verfolgen, helfen dabei, funktionsfähige, fertigungsgerechte und kostengünstige Bauteile noch schneller vom Entwicklungsstadium in die eigentliche Produktion und an die Kunden zu bringen.

3 Kosteneinsparungen durch Harmonisierung von Spezifikationen

Know-how beim Hersteller nicht mehr vorhanden

Zum Großteil ist es aber auch durch die stark steigende Komplexität der Endprodukte gar nicht mehr möglich, das gesamte Know-how beim Hersteller vollständig vorzuhalten, so dass man auf die Ressourcen der Zulieferer immer stärker angewiesen ist. Damit gewinnt eine effiziente und interdisziplinäre Zusammenarbeit innerhalb des Herstellers, aber auch eine enge Kooperation mit den Lieferanten, sukzessive an Bedeutung. Zum Teil wird dies sogar bereits in der Designphase eines Neuprodukts betrieben. Damit kann neben der reinen Konzentration auf die funktionalen Anforderungen der Bauteile auch parallel eine kostenoptimale Fertigung sichergestellt werden.

Kürzere Entwicklungszeiten

Darüber hinaus fordert die steigende Innovationsgeschwindigkeit eine Verkürzung der Entwicklungszeiten, um eine Produkteinführung, die sogenannte „Time-to-Market", zügig zu vollziehen. Insbesondere in der Pharma- und IT-Industrie ist eine schnelle Markteinführung für den Erfolg eines Produktes von hoher Bedeutung, um die Pioniergewinne realisieren zu können. Bereits die „Fast Follower" haben in diesen Branchen Schwierigkeiten, Ihre Aufwendungen für Forschung und Entwicklung zu amortisieren. Um dies sicherzustellen, müssen alle Potenziale, welche sich in der Entwicklungsphase bieten, frühzeitig erkannt und optimal genutzt werden. Aber auch beim deutschen Motorenentwickler Deutz wird inzwischen die selbständige Suche der Zulieferer nach neuen und innovativen Lösungsansätzen und Technologien erwartet und diese daher frühzeitig in einem interdisziplinären Ansatz in die Produktentwicklung integriert.[44]

Koordinationsaufwand steigt

Die Einbeziehung der Lieferanten in die Design- bzw. Entwicklungsphase bedeutet jedoch einen enormen Anstieg des Koordinationsaufwands. Darüber hinaus wächst die Abhängigkeit zu den jeweilgen Zulieferern. Dieser Koordinationsmehraufwand entsteht nicht nur in der Beziehung zwischen Hersteller und Lieferant, sondern auch zwischen dem Lieferanten und den entsprechenden Unterlieferanten. Daher ist es zukünftig wichtig, ein Gesamtverständnis über die Zusammenhänge in der gesamten Wertschöpfungskette zu entwickeln. Nur so können beispielsweise Lieferengpässe durch Verknappung an Rohstoffen bei Unterlieferanten vorgelagerter Wertschöpfungsstufen frühzeitig erkannt und rechtzeitig behoben werden.

Ziel: Senkung der Gesamtkosten

Die enge Kooperation mit Zulieferern verfolgt das Ziel, eine Senkung der Gesamtkosten herbeizuführen. Dies versucht man zu erreichen, indem man die Teileanzahl reduziert, die Maschinenlaufzeiten in den beteiligten Unternehmen besser ausnutzt, sowie fertigungstechnisch optimierte und dem Kundennutzen entsprechende Produkte entwickelt und einsetzt. Darüber hinaus strebt man eine Reduzierung der Nacharbeit an, in dem man gemeinsam frühzeitig plant und dabei die Rahmenbedingungen beider Unternehmen berücksichtigt.

---

[44] Vgl. Meyer in: Bergauer, Wierlemann, 2008, S. 96.

3.5 Kooperationen mit Lieferanten und Wettbewerbern

Beispiel: Japan kann nicht einfach übernommen werden

Bei Partnerschaften zwischen Zulieferer und Hersteller wird generell oftmals auf die Beispiele in Japan verwiesen. Vor einer kritiklosen Übernahme und kulturellen Fehlinterpretation dieser Kooperationen sei jedoch gewarnt. Der Kooperationsgedanke ist in Japan zwar wesentlich stärker vertreten als in Europa und den USA, jedoch wird die Zusammenarbeit im Wesentlichen mit sehr kleinen Zulieferern realisiert bzw. erfolgt ausschließlich mit Lieferanten des Unternehmensverbundes („Keiretsu"), welchem auch der Hersteller angehört. Toyota wird häufig als Paradebeispiel in der Automobilindustrie herangezogen. Welche negativen Auswirkungen ein Ausfall bei einem Bauteil hat, zeigte sich im Jahr 2010. Schwierigkeiten beim Bremssystem führten zu der größten Rückrufaktion der Firmengeschichte, zu einem enormen Einbruch des Unternehmensergebnisses und einem starken Imageschaden für die Marke Toyota.

Beispiel: Fiat und BMW

Die Entwicklungen der Automobilbranche zeigen, wie stark die Integration von Lieferanten vorangetrieben werden kann. Seit den 90er-Jahren werden sogar teilweise die wichtigsten Zulieferer in einige Werke des Herstellers integriert. So arbeitet Fiat in dem seit 1993 produzierenden Werk in Melfi/Italien mit seinen 19 Hauptlieferanten zusammen. Ebenso wurde 1994 von BMW in Spartanburg/USA das Produktionswerk für die Herstellung der 3er-Reihe und des BMW-Roadsters eröffnet, in das die Systemlieferanten eng integriert wurden. Ziel muss es dabei sein, durch eine umfassende Voranalyse die extremen Kosten einer Fehlentscheidung, z. B. durch Lieferantenwechsel zu vermeiden.[45]

Wichtig für eine gute Zusammenarbeit bleibt jedoch, dass am Ende höhere Gewinne erzielt werden und beide Parteien davon partizipieren. Der oftmals vorherrschende Gedanke, Gewinner oder Verlierer einer Verhandlung bzw. Vergabe zu sein, muss in einer Partnerschaft und engen intensiven Zusammenarbeit durch kooperative Win-win-Lösungsansätze abgelöst werden.

3.5.2 Modular Sourcing – Veränderung der Lieferantenpyramide[46]

> „Im Gegensatz zur traditionellen Beschaffung ... werden bei einer Modul- und Systembeschaffung die Beschaffungsumfänge zu kompletten, teilweise vormontierten und einbaufertigen Funktionsgruppen zusammengefasst."
>
> Wolters, 1995, S. 72

Eine Extremform der Zusammenarbeit ergibt sich beim sogenannten Modular bzw. System Sourcing, bei dem komplette, teilweise vormontierte und einbaufertige Baugruppen auf den Zulieferer übertragen wer- **Einbaufertige Baugruppen**

---
[45] Vgl. dazu die ausführlichen Erläuterungen und Literaturhinweise in Krampf, 2000, S. 222.
[46] In Anlehnung an die Ausführungen bei Wolters, 1995 und Krampf, 2000, S. 126 ff. sowie der dort angegebenen Literatur.

den. Die Einführung von Modulen im Unternehmen wird durch die extreme Steigerung der Variantenvielfalt, der Typenexplosion sowie der Kundenanforderung nach komplexeren und technisch anspruchsvolleren Endprodukten nötig. Beispielsweise hat sich in der Automobilindustrie die Anzahl der Varianten in den 90er-Jahren vervierfacht und die Anzahl der Sonderausstattungen in den 20 Jahren zwischen 1980 und 2000 verdoppelt. Mithilfe der Modularisierung kann ein Fahrzeug beim Hersteller von 10.000 bis 25.000 Einzelteilen auf ca. 100 verschiedene Module reduziert werden.

Abb. 30: Traditionelle Beschaffung versus Modular Sourcing

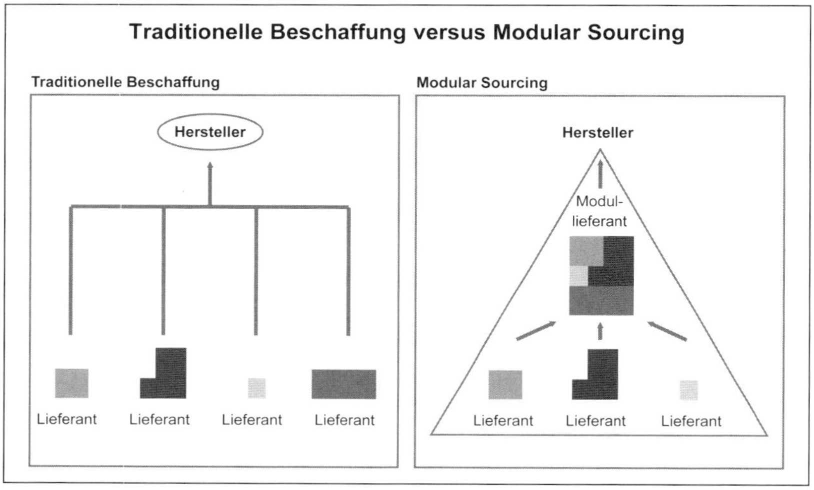

Quelle: In Anlehnung an Eicke, Femerling, 1991, S. 33 f.

Pyramidenförmige Zulieferkette

Modular Sourcing erweitert die Zulieferkette um eine Ebene in eine pyramidenförmige Struktur wie sie ähnlich auch in Japan vorzufinden ist. Durch die Verlagerung der Teilebeschaffung entstehen neue Hierarchieebenen im Lieferwesen, da der Hersteller auf einige wenige Modullieferanten zurückgreift. In der Regel konzentrieren sich die Hersteller bei komplexen Baugruppen auf hochqualifizierte Zulieferer, da nur diese in der Lage sind, die Anforderungen an ein Modul oder System und der damit verbundenen Entwicklungs-, Qualitäts- und Koordinationsleistung zu erfüllen. Die First-tier-Lieferanten behalten ihren direkten Kontakt zum Hersteller, wohingegen die Second-tier-Lieferanten die Einzelteile oder Komponenten nun den entsprechenden Modullieferanten statt direkt dem Hersteller zur Verfügung stellen.

Die Reinform dieser Trennung findet sich in der Praxis eher selten. Meistens bestehen vom Hersteller auch weiterhin Kontakte zu einigen Teile- und Komponentenlieferanten, die direkt beliefern, wie z. B. im Automobilbereich bei Ventilen, Kolben, Dichtungen, da die Hersteller die Motorfertigung auch zukünftig in ihren eigenen Werken behalten. Eben-

3.5 Kooperationen mit Lieferanten und Wettbewerbern

so bedeutet Modular Sourcing nicht zwangsläufig eine Reduzierung der Gesamtzahl an Zulieferern innerhalb der gesamten Wertschöpfungskette. Jedoch sinkt die Zahl der Lieferanten deutlich, die einen direkten Kontakt zum Hersteller besitzen.

Neben der reinen Notwendigkeit zur Verlagerung von Modulen auf Lieferanten, um die erhöhte Komplexität bewältigen zu können, hat die Umsetzung auch weitere Vorteile. So können Gesamtkosten reduziert werden, da die Zulieferer Lohnkostenvorteile auf Grund anderer Tarifvereinbarungen besitzen, die bis zu 40% betragen können. Außerdem kann der Modul- und Systemlieferant durch die Belieferung unterschiedlicher Kunden mit gleichen oder ähnlichen Modulen signifikante Erfahrungs- und Größeneffekte in Form von Economies of Scale nutzen. Voraussetzung ist jedoch, dass auch ein entsprechendes Know-how im Forschung- und Entwicklungsbereich des Lieferanten vorliegt. Ebenso muss der Verantwortungsbereich z. B. für die Einhaltung von Terminen, Qualifikation und Preise der Einzelteile in einem ordentlichen Prozess vom Hersteller auf den Modullieferanten übertragen werden.

Vorteile

Insbesondere in der Automobilindustrie ist der Trend zur stärkeren Modularisierung von Baugruppen in den letzten 15 Jahren zu erkennen. Beim Chassis können z. B. die Vorder- und Hinterachse, die Bremsen, der Tank, die Reifendruckkontrolle und die Kraftstofffördereinheit als Module an Zulieferer vergeben werden. Im Bereich „Powertrain" sind bereits der gesamte Motor, das Steuergerät, der Starter, der Wasserkühler, das Getriebe oder die Schaltbox an Lieferanten ausgelagert. Beim Exterieur bieten sich u. a. das Schiebedach, die Schließanlage, die Außenspiegel, der Verdeckmechanismus, die Türen und der Fahrzeugrohbau (Body-in-White) für die Modulbetrachtung an. Beim Interieur findet man bereits Sitze, Klimaanlagen (Heizung, Lüftung, Klimatechnik), Airbags, Rückspiegel, Instrumententafeln, Konsolen und Innentüren, die von der Zulieferindustrie komplett angeboten werden. Darüber hinaus kann bei der Elektronik das Radio, das Navigationssystem, die Sitzelektronik, die Klimaelektronik, das Front- und die Heckbeleuchtung als Modul fremdvergeben werden.

> **Praxis: Nur wenige Lieferanten können als Modul- bzw. Systemlieferant fungieren**
>
> In der Praxis sind jedoch, bedingt durch das erforderliche Know-how, immer noch sehr wenige Lieferanten in der Lage, die Anforderungen an einen Modul- bzw. sogar Systemlieferanten zu erfüllen. In der Automobilindustrie werden in diesem Zusammenhang als weltweit aktive Firmen mit Know-how für die Systemfertigung Delphi Automotive, Visteon, Johnson Controls, Dana Corp. und TRW (alle USA), Robert Bosch (Deutschland) oder Denso Corp. (Japan) erwähnt. Eine besonders weit entwickelte Form von Fertigungs-Know-how hat der kanadische Automobilzulieferer Magna in Österreich erlangt. Er fertig in Graz im ehemaligen DaimlerChrysler-Werk vollständig den Geländewagen BMW X3 und den Minivan Chrysler Voyager.

Auffällig ist die verstärkte Anwendung von Modular bzw. System Sourcing bei Herstellern von Kleinserien, wie dies beispielsweise auch im LKW-Markt vorzufinden ist. Man versucht dabei den verschiedenen Anforderungen nach einer hohen Variantenvielfalt, niedrigen Betriebs- und Unterhaltungskosten bei gleichzeitiger hoher Zuverlässigkeit und Einhaltung gesetzlicher Anforderungen gerecht zu werden. Eine Umsetzung ist bei neuen Fahrzeugmodellen bzw. Modellwechseln ratsam, da dort die Moduldefinition und notwendige Entscheidungsfindung noch beeinflusst werden kann. Bei am Markt bereits eingeführten Modellen bzw. bei Produkten, deren Entwicklungskonzept schon vorliegt, sind die wesentlichen Dimensionen bereits fixiert. Eine Eingliederung der Zulieferindustrie in die Endproduktentwicklung und die damit notwendige Beeinflussung auf umsetzbare Systeme kann hier nicht mehr realisiert werden.

> **Beispiel: BMW, Volkswagen und Smart**
>
> Der Roadster Z1 von BMW gilt als erstes Fahrzeug, das unter dem Gedanken der Modulbauweise entwickelt wurde. Die Realisierungsphase wurde 1985 begonnen und die Erfahrungen auch auf den Nachfolger Z3 übertragen, bei dem 19 Module wertmäßig 90 % des Fahrzeugs abdecken. Als das erste Produktionswerk, welches unter dem Modulgedanken arbeitet, gilt die seit 1996 tätige Fertigungsstätte für Volkswagen-Nutzfahrzeuge in Recente/Brasilien. Neun Zulieferer produzieren dort unter der Leitung von lediglich 200 VW-Arbeitern 35.000 Busse und LKWs pro Jahr. Mit dem gleichen Gedankengut wird auch das Smart-Konzept in Hambach betrieben. Dort besitzen sieben Systemlieferanten ca. 80 % der gesamten Wertschöpfung am Fahrzeug.

Modular Sourcing lässt sich aber auch außerhalb der Automobilbranche anwenden. So seien an dieser Stelle Festplatten und Laufwerke in der Computerindustrie, Nasszellen in der Bauwirtschaft, Uhrenlaufwerke, vollständige Müsli-, Back- oder Gewürzmischungen in der Nahrungsmittelindustrie sowie fertige Fruchtmischungen bei der Joghurtherstellung erwähnt.

Die Umsetzung von Modular Sourcing beinhaltet einige Vor- und Nachteile. Für die Forschung und Entwicklung des Herstellers entstehen beispielsweise kürzere Entwicklungszeiten, die somit eine bessere „Time to market", also einen früheren Markteintritt ermöglichen. Während der Hersteller an der Konzeption des neuen Endproduktes arbeitet, kann der Modullieferant parallel bereits entsprechende Baugruppen konstruieren. Durch die jeweilige Spezialisierung entstehen technisch ausgereiftere Produkte. Ziel ist es auch, durch die Konzentration auf Kernkompetenzen und die verringerte Anzahl an Schnittstellen eine bessere Abstimmung zwischen Hersteller und Lieferant zu ermöglichen.

In der logistischen Kette reduzieren sich die Gesamtaufwendungen beim Einsatz von Modulen bzw. Systemen für den Hersteller, da diese meist durch eine Just-in-time-Belieferung direkt an das Montageband gelangen und dort in das Endprodukt integriert werden. Der Hersteller kann darüber hinaus eine höhere Produkt- und Prozessqualität sicherstellen, da er sich auf Grund der reduzierten Schnittstellen auf die Prüfung einiger wenige Kaufteile fokussieren kann. Auch der Modullieferant kann durch sein höheres Know-how eine bessere Qualität seiner Bauteile sicherstellen. Für beide Parteien reduzieren sich die Gesamtkosten, da eine bessere Kapitalauslastung und größere Lose realisiert werden können. Wie oben erwähnt kann der Lieferant die Module und Systeme zusätzlich auch anderen Kunden anbieten. Damit können Erfahrungs- und Skaleneffekte für beide Seiten genutzt werden.

Modular bzw. System Sourcing lässt sich nicht als Allheilmittel für alle Unternehmen und Industrien realisieren. Daher ist die Verbreitung in der Praxis bisher auch nur in ausgewählten Bereichen erfolgt. Dies liegt an einigen gewichtigen Nachteilen, die der Einsatz der Modularisierung mit sich bringt. Ein Hauptgrund ist die Festlegung von Baugruppen, welche ohne technische Schwierigkeiten zur Fertigung vom Hersteller an den Lieferanten übertragen werden können. Der Lieferant muss dazu die Kenntnis über die verschiedenen Branchen besitzen bzw. aufbauen, da sich ein Modul aus unterschiedlichen Materialien zusammensetzt. **Nachteile**

Gleichzeitig bedeutet eine solche Auslagerung oftmals auch eine Reduzierung von Arbeitsplätzen beim Hersteller, was zu erheblichen innerbetrieblichen Widerständen bei Mitarbeitern, Betriebsrat und Gewerkschaften führt. Das verhindert oftmals die Umsetzung, auch wenn sie für das Unternehmen ökonomisch sinnvoll wäre.

Außerdem verliert der Hersteller den direkten Kontakt zu seinen Einzelteillieferanten, so dass er keinen bzw. nur noch einen reduzierten Einfluss auf die Kostenstruktur in der Wertschöpfungskette und die Qualität der Einzelteile hat. Ebenso gibt er sein eigenes Know-how über die Entwicklung, Logistik, Qualität und den Zusammenbau der Module an die Zulieferindustrie ab und erhöht dadurch einseitige seine Abhängigkeit vom System- bzw. Modullieferanten. Dies führt auch dazu, dass kurzfristig Lieferantenwechsel ausgeschlossen sind.

3.5.3 Just-in-time – Erhöhte Verantwortung bei Zulieferern

„Es ist somit eine Art „von-der-Hand-in-den-Mund-leben"-Philosophie auf allen Stufen der Fertigung."
Thommen, Achleitner, 2009, S. 382

Zielsetzung von Just-in-time ist die bedarfsgerechte Produktion, d. h. man beschafft, produziert oder verteilt zu jeder Zeit auf allen Wertschöpfungsstufen der Beschaffung, Distribution und Fertigung nur gerade so viel, wie benötigt wird. Damit sollen die Lagerbestände möglichst gering gehalten werden ohne jedoch eine Unterbrechung in der Wertschöpfungskette zu erzeugen. Anders ausgedrückt ist es die Anforderung von Just-in-time, jederzeit das richtige Kauf- oder Bauteil, in der richtigen Menge, in der richtigen Qualität, in der richtigen Zeit und am richtigen **Ziel**

Ort zu haben. Dabei ist es nicht das Ziel, die Lagerbestände lediglich auf die Lieferanten zu übertragen, sondern die Lagerhaltung in der gesamten Wertschöpfungskette durch einen frühzeitigen Informationsaustausch über geplante Fertigungsvolumen zu reduzieren.

Vorteile Die ersten Veröffentlichungen über Just-in-time finden sich zum Ende der 70er Jahre in Japan, wo auch die ersten erfolgreichen Implementierungen in der Automobilindustrie stattfanden. Die zahlreichen Vorteile von Just-in-time haben dazu geführt, dass in der Praxis einige Kaufteile über dieses Verfahren bezogen und direkt an die Fertigung des Herstellers geliefert werden, so z. B. Automobiltüren, Motoren oder Getriebe. Ein wesentliches Argument dabei ist insbesondere die Möglichkeit zu Kostensenkungen, da diverse Kostenelemente nur einmal in der Wertschöpfungskette anfallen, so dass beispielsweise Personal-, Lager- und Verwaltungskosten signifikant reduziert werden können.

Darüber hinaus verringern sich auch die Durchlaufzeiten im gesamten Fertigungsprozess, nachdem die Lagerhaltung weitestgehend entfällt und im Idealfall die fertig produzierten Bauteile direkt vom Zulieferer zum Hersteller in dessen Montage geliefert werden. Damit vermindert sich auch die gesamte Kapitalbindung für Hersteller und Lieferanten.

Für den Hersteller ergibt sich zusätzlich der Vorteil, dass die Risiken der Lagerung und des Transports auf den Zulieferer übertragen werden können. Im Regelfall erhält der Zulieferer eine detaillierte Information, welches Produkt in welcher Menge an welchem Ort zur Verfügung stehen muss. Die Verantwortung für die Umsetzung hat er anschließend alleine.

Nachteile Gegen eine breite Umsetzung von Just-in-time bei allen Kaufteilen spricht aber eine Reihe von Nachteilen. So verhindert insbesondere die hohe Abhängigkeit vom Zulieferer eine uneingeschränkte Akzeptanz, da die Hersteller nicht die gesamte Verantwortung der Koordination und Logistik auf die Lieferanten übertragen können bzw. wollen. Dies hat zum einen mit teilweise fehlendem Vertrauen zu tun, zum anderen ist jedoch auch ein entsprechendes Know-how des Lieferanten erforderlich, bevor Just-in-time reibungslos umgesetzt werden kann.

Eine erhebliche Schwierigkeit ergibt sich, wenn lediglich einzelne Lieferanten die Belieferung im Sinne eines Single Sourcing übernehmen. Bei Problemen in der Anlieferung z. B. auf Grund von Fertigungsschwierigkeiten oder Streiks kann dadurch gleich ein kompletter Produktionsausfall beim Hersteller entstehen. Der „Rollout" auf alle Kaufteile wird auch dadurch erschwert, dass Just-in-time eine intensive Koordination, einen sukzessiven Hochlauf und eine genaue Abstimmung zwischen Hersteller und jedem betroffenen Lieferant erfordert. Dies führt zu hohen Abstimmungskosten zu Beginn, so dass aus Kosten-Nutzen-Gesichtspunkten dieser Aufwand nicht bei jedem Einzelteilelieferant durchgeführt werden kann.

Voraussetzungen Als Voraussetzung für die Umsetzung der Just-in-time-Philosophie bei einem Hersteller bzw. innerhalb seiner Wertschöpfungskette gelten eine

3.5 Kooperationen mit Lieferanten und Wettbewerbern

ablauforientierte Fertigung nach dem Flussprinzip, kurze Durchlaufzeiten und harmonisierte Taktzeiten, kurze Rüst- und Einrichtzeiten, kleine Fertigungs- und Montagelose, autonome Arbeitsgruppen sowie eine hohe Qualitätsorientierung in allen Fertigungsstufen.

> **Beispiel: Porsche**
> Eine weitreichende Umsetzung des Just-in-time-Konzepts und die Reduzierung von Lagerhaltungskosten hat Porsche in seinem Werk in Leipzig erreicht. Dort haben die gelagerten Bauteile eine maximale Reichweite von einem Tag. Neben dem reinen Kostenargument beinhaltet dies zusätzlich den Vorteil für die Kunden, noch kurz vor Fertigungsstart die Konfiguration des bestellten Fahrzeugs ändern zu können. Die komplette Supply-Chain-Kette mit allen Sublieferanten muss jedoch diese hohe Flexibilität ebenfalls abbilden können, um die kunden- und termingerechte Auslieferung der Porschefahrzeuge nicht zu gefährden.

3.5.4 Horizontale Kooperationen – Bedarfe mit Wettbewerbern bündeln

> *„Im Vordergrund stehen dabei die nachhaltige Reduktion der Einstandspreise und die Eröffnung von Preissenkungspotenzialen. Darüber hinaus tragen Beschaffungskooperationen zur Erhöhung der Markttransparenz und zur Sortimentsoptimierung bei."*
> Pfohl, Large, in: Boutellier, Wagner, Wehrli, 2003, S. 440 f.

Bei horizontalen Kooperationen im Einkauf, auch Collective Sourcing genannt, schließen sich Unternehmen auf der gleichen Wertschöpfungsstufe zusammen, um gemeinsam ihre Einkaufsaktivitäten zu bündeln und bessere wirtschaftliche Ergebnisse zu erzielen. Insbesondere bei Warengruppen, die nicht das Kerngeschäft eines Unternehmens tangieren, können die Einkaufsvorteile so gemeinsam ohne entsprechenden Know-how-Verlust realisiert werden. In der Literatur und Praxis finden sich alternative Bezeichnungen für horizontale Kooperationen bzw. Collective Sourcing wie beispielsweise Einkaufsgemeinschaft, -vereinigung, -genossenschaft, Handelskooperation oder -system.

Einkaufszusammenschluss

> **Beispiel: Einkauf im Krankenhaus**
> Im Bereich des Einkaufs von medizinischen Verbrauchs- (z. B. medizinischer Bedarf, Wirtschaftsbedarf) und Investitionsgütern (z. B. Instrumente, Möbel) sowie pharmazeutischen Produkten haben sich entsprechende Einkaufskooperationen gebildet, mit denen die Mehrzahl der deutschen Krankenhäuser und Kliniken in Kontakt stehen. Der Materialkostenanteil, der damit optimiert wird, beträgt in einem Krankenhaus ca. 15-30 % der gesamten Kosten. Zu den Organisationen, die entsprechende Einkaufsvorgänge übernehmen zählt beispielsweise die P.E.G. Einkaufs- und Betriebsgenossenschaft, ProSpitalia GmbH, Clinicpartner, der strategische Einkauf der Sana Kliniken, AGKAMED GmbH und die Einkaufsgemeinschaft Kommunaler Krankenhäuser (EKK). Diese Organisationen bündeln und verhandeln Einkaufsvolumina von jeweils bis

zu 1 Milliarde EUR pro Jahr für mehrere Hundert Einrichtungen. Die Herausforderung in der Beschaffung von derartigen Gütern ist der starke Einfluss der Mediziner, so dass die Einkaufsgemeinschaften einen Beitrag leisten, die ökonomischen Aspekte bei der Entscheidungsfindung zu berücksichtigen.

Ziel Hauptziel von horizontalen Kooperationen ist es, durch die Bündelung der Bedarfe bessere Konditionen bei den Zulieferern zu erzielen. So sind z. B. Kosteneinsparungen durch günstigere Beschaffungspreise und Konditionen erzielbar, insbesondere wenn es sich um standardisierte Kaufteile handelt bzw. die Unternehmen sich auf gleiche Spezifikationen und/oder Lieferanten einigen können. Über die Produkt- und Lieferantenauswahl hinaus bieten Einkaufsgemeinschaften aber auch oftmals weitere Dienstleistungen wie beispielsweise Sortimentsbereinigung, Prozessstandardisierung, Gesamtkostenbetrachtungen oder Konditionengestaltung an.

> **Beispiel: Bei IT-Hardware 5 % – 15 % Reduktion realistisch**
>
> Beispielhaft für die Einsparergebnisse mit Collective Sourcing sei hier der Kauf von IT-Hardware, wie beispielsweise Laptops oder Drucker, erwähnt. Die Potenziale belaufen sich in der Regel zwischen fünf und 15 %. In Einzelfällen wurden sogar bis zu 50 % erzielt, insbesondere dann, wenn in einem Unternehmen die Einkaufsaktivitäten bisher nur eine sehr untergeordnete Rolle gespielt haben.

Vorteile Auch die Identifizierung, Qualifizierung und Aufnahme von ausländischen Lieferanten in das Beschaffungsportfolio kleinerer und mittlerer Unternehmen wird durch den gemeinsamen Einkauf vereinfacht bzw. erst ermöglicht. Darüber hinaus schafft der gebündelte Einkauf von Rohstoffen oftmals erst den Zugang zu den günstigsten Lieferquellen weltweit.

Gemeinsam lassen sich bei Lieferanten durch die höhere Abnahmemenge auch einfacher Produktstandardisierungen und Normen durchsetzen. Bei einem direkten Bezug ist man hingegen durch die geringere Bestellmenge in der Regel auf die zur Verfügung stehenden Normteile der Zulieferer angewiesen.

Durch den gemeinsamen Bezug und die damit einhergehende höhere Abnahmemenge ist auch die Einflussnahme auf die Qualität der Lieferanten verbessert sowie eine höhere Versorgungssicherheit durch höhere Marktmacht erzielbar. Die Unternehmen können damit über ein Collective Sourcing auch einen höheren Beitrag für die Qualität ihrer eigenen Endprodukte generieren.

Kleinere und mittlere Unternehmen haben in der Vergangenheit nur einen geringen Fokus auf Einkaufsaktivitäten gelegt. Ihnen ermöglicht die Bündelung der Aktivitäten und den damit einhergehenden Ressourcen eine bessere Nutzung des kollektiven Beschaffungs-Know-hows. So kann von den Fähigkeiten und Erfahrungen untereinander gelernt werden und die Mitarbeiter können sich durch die höheren Einkaufsvolumina in der Regel auch ausschließlich auf Einkaufsaktivitäten kon-

3.5 Kooperationen mit Lieferanten und Wettbewerbern

zentrieren. Früher konnten sie diese Aufgabe meist nur „nebenher" ausführen. und wurden damit im eigenen Unternehmen zwangsläufig zum Bestellschreiber degradiert.

Durch die höhere Abnahmemenge vermeiden die Hersteller auch die meist vorhandenen Mindermengenzuschläge, da Lieferanten bei geringeren Abnahmemengen entsprechende Zuschläge fordern, um die höheren Abstimmungsaufwendungen, beispielsweise für Logistik, Administration etc. über ihre Preise zu vergüten.

Horizontale Kooperationen ermöglichen es den abnehmenden Unternehmen darüber hinaus, ein gemeinsames kosteneffizientes Logistikkonzept zu implementieren, um neben der eigentlichen Preisreduzierung, die z. B. durch Mengeneffekte oder Vermeidung von Mindermengenzuschlägen entsteht, auch im Transport und Lieferung der Kaufteile Kosten zu reduzieren.

Die Umsetzung einer gemeinsamen Beschaffung hat sich jedoch trotz der zahlreichen Vorteile in vielen Unternehmen bisher noch nicht sehr intensiv durchgesetzt. Dies liegt an einigen gravierenden Nachteilen, die Unternehmen nur zögerlich diese Möglichkeit annehmen lassen, bzw. die Vorteile von Collective Sourcing überkompensieren. Insbesondere der Verlust des Einkaufs-Know-hows stellt für viele Hersteller ein großes Hindernis dar, da der Werthebel der Beschaffungsaktivitäten in vielen Branchen doch sehr erheblich ist. Ein vollständiges Outsourcing des Einkaufs würde aber mit einem Verlust der direkten Einflussnahme auf diesen Kostenhebel einhergehen. Teilweise kann man dies umgehen, indem man die Einkaufsbereiche zusammenlegt und in einem Entscheidungsgremium die Kaufteilentscheidungen gemeinsamen trifft. **Nachteile**

Darüber hinaus bedeutet ein gemeinsamer Einkauf mit anderen Unternehmen auch den Verlust des direkten Kontakts zu den Lieferanten, der für viele Bereiche jedoch von übergeordneter Bedeutung ist. Insbesondere bei hohen Anforderungen an die Qualität von Kaufteilen oder einem hohen Forschungs- und Entwicklungs-Aufwand und dem damit notwendigen Abstimmungsbedarf zwischen Hersteller und Lieferant wird die Realisierungswahrscheinlichkeit von horizontalen Kooperationen minimiert.

Schließlich besteht auch die Gefahr, dass durch die Offenlegung in einem gemeinsamen Einkaufsverbund entscheidende Unternehmensgeheimnisse an Wettbewerber gelangen. Nachdem der Einkauf sehr frühzeitig in die Entwicklung eingebunden ist, kann dies dazu führen, dass Wettbewerbsvorteile in einer sehr frühen Phase verloren gehen. Dies würde jedoch insbesondere bei innovationsgetriebenen Produkten oder Produkten mit geringem Lebenszyklus, wie beispielsweise in der Pharmabranche oder bei Konsumgütern, zu erheblichen Nachteilen führen.

Am Ende können jedoch auch kartellrechtliche Grenzen gegen die Bündelung des Einkaufsvolumens von zwei oder mehreren Unternehmen sprechen, insbesondere dann, wenn eine Marktbeeinflussung oder gar Marktbeherrschung vermutet wird. **Kartellrechtliche Bedenken**

Voraussetzungen Wichtig für die Realisierung eines gemeinsamen und unternehmensübergreifenden Einkaufs ist es, dass die Geschäftsphilosophien der Partner zueinander passen und ähnliche Zielsetzungen und Erwartungen an die Zusammenarbeit gerichtet werden. Darüber hinaus bedarf es der absoluten Unterstützung durch das Top-Management, damit die Hindernisse bei der Umsetzung – insbesondere zu Beginn einer Partnerschaft – konstruktiv und im gemeinsamen Interesse überwunden werden. Auch die Beteiligten aus den angrenzenden Bereichen, wie Technik und Qualitätssicherung sowie die internen Verbraucher sollten von Anfang an in die Umsetzung eingebunden sein. Die einfachste Organisationsform ist die Installation eines gemeinsamen Projektteams, in denen derjenige Einkäufer die Verantwortung übernimmt, der den größten Bedarf in der Warengruppe besitzt.

Am besten für einen gemeinsamen Einkauf zwischen Unternehmen ist es, wenn sich die Sortimente nahezu decken oder es sich um standardisierte Katalogware handelt, wie z. B. Büro- und Betriebsmaterial, Rohmaterial, Halbzeug oder Nahrungsmittel für die betriebseigene Kantine. Im Gesundheitswesen ist dies z. B. das medizinische und nichtmedizinische Verbrauchsmaterial.

> **Beispiel: HPI und Covisint**
>
> Ein bekanntes Beispiel für den unternehmensübergreifenden Einkauf ist HPI, ein aus dem Höchst-Konzern entstandener Einkaufsdienstleister mit etwa 200 Mitarbeitern und einem betreuten Einkaufsvolumen von über 5 Mrd. EUR für ca. 1.000 Kunden. Auch im öffentlichen Bereich gibt es einige Beispiele von erfolgreich umgesetzten Einkaufskooperationen. So bündelt die Bundesbeschaffungsagentur in Österreich den Bedarf aller Ministerien. Die Stadt Zürich betreibt einen gemeinsamen Lebensmitteleinkauf für die Verpflegungsbetriebe, das Gesundheits- und Umweltdepartement. Aber auch Automobilhersteller diskutieren immer wieder die Bündelung von Beschaffungsaktivitäten. So versuchten Ford, DaimlerChrysler, General Motors und Renault/Nissan Ende der 90er-Jahre mithilfe der Online Plattform Covisint ein gemeinsames Vorgehen bei der Beschaffung von Kaufteilen zu erreichen, was jedoch, wie oben bereits aufgezeigt, am Ende scheiterte.

3.6 Target Costing – Analyse von Zielvorgaben

> *„… es handelt sich … um ein umfassendes Managementinstrument zur Steuerung des Entwicklungsprozesses im Hinblick auf zukünftige Marktanforderungen."*
>
> Schaaf, 1998, S. 9

Das Konzept des Target Costing wurde in Japan in den 70er Jahren entwickelt und zuerst in der Automobilindustrie angewendet. Es ist dort unter „Genka Kikaku" bzw. „Genka Keisan" bekannt. In der westlichen Betriebswirtschaftslehre fand das Target Costing erst in den 90er Jahren

Beachtung und wird mit dem Begriff „Zielkosten" häufig gleichgesetzt. Dabei werden sechs Ziele verfolgt, die nachfolgend beschrieben werden.

Ziel 1: Orientierung am Absatzmarkt
Durch Target Costing wird die Orientierung am Absatzmarkt bei allen Unternehmensbereichen signifikant verbessert. Damit stärkt man die marktorientierte Produktentwicklung und erhöht den Markterfolg eines neuen Produkts.

Ziel 2: Reduktion Produktentwicklungszeiten
Da mithilfe von Target Costing frühzeitig diejenigen Komponenten und Bauteile identifiziert werden können, bei denen noch Bedarf hinsichtlich Entwicklungs- und/oder Kostenoptimierung besteht, werden die Produktentwicklungszeiten des Endprodukts deutlich verkürzt.

Ziel 3: Vollkostenbetrachtung
Für die Zielkostenermittlung wird nicht nur der Kaufpreis, sondern die Vollkostenbetrachtung für die gesamte Lebensdauer eines Produkts herangezogen. Damit fließen alle kostenrelevanten Einflussfaktoren in die Analyse ein.

Ziel 4: Kostenbewusstsein
Durch die Einführung der Target Costing-Philosophie wird das gesamte Unternehmen auf Kostenbewusstsein sensibilisiert. Damit erfolgt eine frühzeitige Ausrichtung eines Neuprodukts an den maximalen Kosten, mit dem Ziel, diese zu reduzieren.

Ziel 5: Stetige Überprüfung des Kostenstandards
Als fünftes Ziel wird eine stetige Überprüfung des Kostenstandards in allen Phasen des Produktentwicklungsprozesses verfolgt, um sicherzustellen, dass auch nach der Einführung das Produkt im entsprechenden Kostenrahmen bleibt.

Ziel 6: Motivation der Mitarbeiter
Target Costing erhöht die Motivation der Mitarbeiter, da sich in allen Ebenen intensiv mit dem Endkunden und -produkt beschäftigt wird. Dies führt parallel auch zu einer Verbesserung der Qualität der Endprodukte. Darüber hinaus werden die Kosten und das Qualitätsniveau miteinander abgestimmt.

> **Beispiel: BMW**
> Für Unternehmen, die einen starken Fokus auf die Harmonisierung von Spezifikationen legen, ist auch die Orientierung an Target Costing-Methoden von erheblicher Bedeutung. So hat beispielsweise BMW in den 90er-Jahren dazu zahlreiche Studien und Dissertationen in Auftrag gegeben, um dieses Konzept weiter zu entwickeln und zu verfeinern.[47]

Target Costing versteht sich als Kostenmanagementkonzept, welches mit den drei Phasen Zielkostenfestlegung, -spaltung und -realisierung versucht, den vom Markt abgeleiteten Preis für ein Endprodukt, unter der

Drei Phasen

---

[47] So z. B. die Arbeiten von Rösler, 1996 und Schaaf, 1999. Auf diese bzw. die dort angegebene Literatur wird im Folgenden im Wesentlichen zurückgegriffen.

Kosten Top-down festgelegt

Zusammenarbeit von Design, Konstruktion und Zulieferer zu realisieren. So geht man in interdisziplinär besetzten Teams konsequent der Frage nach, welchen Preis der Kunde zu bezahlen bereit ist.

Dabei erfolgt eine Kostenkalkulation nicht – wie in den traditionellen Verfahren der Kostenrechnung – am Ende des Entwicklungsprozesses in einem Bottom-up-Ansatz. Dort werden die Material-, Fertigungs- und Gemeinkosten addiert und der Endpreis durch einen Gewinnaufschlag ermittelt. Diese Vorgehensweise wird daher auch als „Cost plus-Ansatz" bezeichnet. Bei Target Costing werden die Kosten in einem Top-down-Verfahren festgelegt und damit die Kostenvorgaben an den Anfang des Entwicklungsprozesses verlagert. So wird von dem Preis, welchen der Kunde maximal bereit ist, für das Endprodukt zu bezahlen, die Gewinnmarge abgezogen und damit die Vorgaben für Gemein-, Fertigungs- und Materialkosten ermittelt. Die Zielkosten sind damit gleichzusetzen mit den Kosten, die der Markt „erlaubt" und werden daher teilweise auch als „Allowable Costs" bezeichnet. Diese werden denjenigen Kosten gegenübergestellt, die auf Basis der bisherigen Fertigungsmethoden sowie den bestehenden Materialpreisen entstehen würden. Sie werden als Standardkosten bzw. „Drifting Costs" bezeichnet. Anschließend wird versucht, die Differenz zwischen Allowance und Drifting Costs zu schließen.

Traditionelle Zuschlagskalkulation auf dem Rückzug

In vielen Industrien hat sich die Denkweise in der Zwischenzeit durchgesetzt. Einige wenige Bereiche haben die alte Form der „Zuschlagskalkulation" jedoch erhalten. Dies ist insbesondere dort anzutreffen, wo Monopolstrukturen vorherrschen, immer noch hohe Margen erzielt werden oder eine geringe Wechselrate der Kunden und damit eine geringe Preiselastizität der Nachfrage die Unternehmen noch nicht zum Umdenken gezwungen haben.

Abb. 31: Traditionelle Kostenbetrachtung versus Target Costing

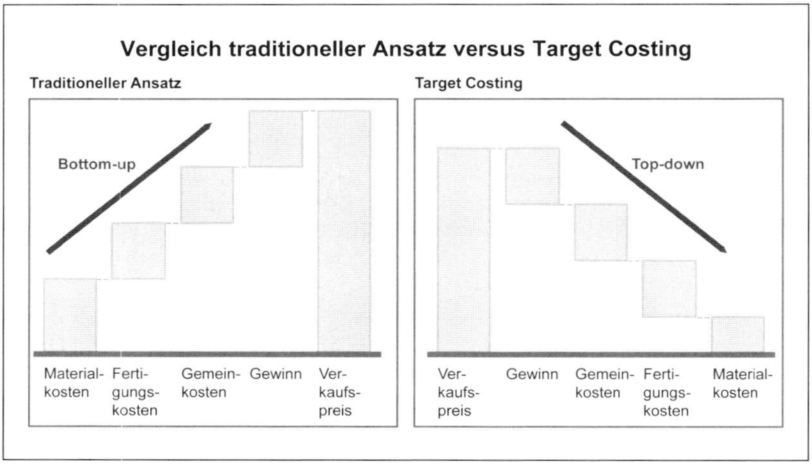

Quelle: Versteeg, 1999, S. 68

3.6 Target Costing – Analyse von Zielvorgaben

Innerhalb des Target Costing wird eine Aufgliederung des Gesamtproduktes, die sogenannte Dekomposition in einzelne Bauteile, bzw. Module vorgeschlagen. Dadurch wird die Zielkostenvorgabe auf der Ebene des Endproduktes stärker differenziert. Die Zerlegung in kleinere Einheiten zielt darauf ab, dass die Erreichung der anvisierten Zielkosten besser koordiniert wird und eine Realisierung unter Wahrung der notwendigen Produkteigenschaften wahrscheinlicher erscheint. Die Zielkosten bei einem Fahrzeug ermitteln sich innerhalb des Target Costing aus der Addition der Kosten eines Basisprodukts, der kundenorientierten Aufteilung und dem Innovationsprogramm.

Dekomposition in einzelne Bauteile

Bei den vielen Vorteilen des Target Costings, wie z. B. der Markt- und Kundenorientierung, bleibt jedoch auch kritisch anzumerken, dass die Vorgabe einer Zielkostenhöhe keine Handlungsanleitung für die konkrete Umsetzung zur Entwicklung von Bauteilen beinhaltet. Ganz im Gegenteil fördert das fehlende Wissen über relevante Kundenanforderungen sogar eine Maximalauslegung von Komponenten und Systemen. Darüber hinaus lässt sich innerhalb der Modulebene kein proportionaler Zusammenhang zwischen Kundennutzen, Leistungsanforderung und Kostenverursachung feststellen, wie er beim Target Costing unterstellt wird. Ebenso stellt dieses Vorgehen nur ein zeitpunktbezogenes Vorgehen dar. Aus dieser Kritik heraus wurden einige Weiterentwicklungen des klassischen Target Costing Ansatzes erarbeitet.

Kritik

Beispiel: Vorgehensweise beim Target Costing in der Automobilindustrie

Zur Verdeutlichung der Vorgehensweise soll ein stark vereinfachtes Beispiel aus der Automobilindustrie angefügt werden.[48] Im ersten Schritt wird über die Marktforschung beispielsweise durch eine Conjoint-Analyse je Funktion der Bedeutungsgrad aus Kundensicht ermittelt. Im zweiten Schritt werden Funktionen auf die Komponenten aufgeteilt und je nach Erfüllungsgrad der Funktion gewichtet.

Abb. 32: Target Costing – Vorgehensweise

Vorgehensweise beim Target Costing zur Ermittlung Kundennutzen – Beispiel

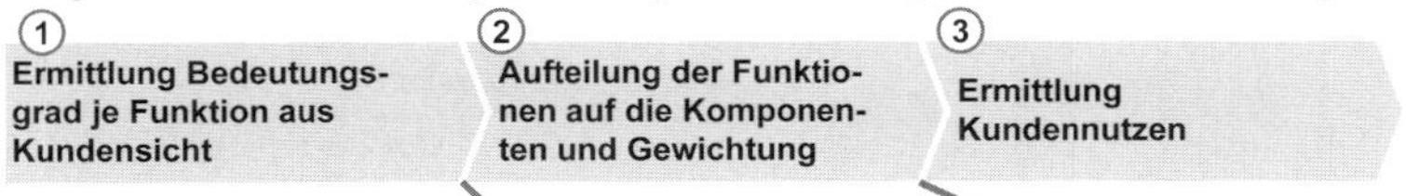

① Ermittlung Bedeutungsgrad je Funktion aus Kundensicht
② Aufteilung der Funktionen auf die Komponenten und Gewichtung
③ Ermittlung Kundennutzen

Funktion	Bedeutungsgrad	Aggregat	Elektrik	Ausstattung
Fortbewegung ermöglichen	0,6	0,6	0,3	0,1
Aufmerksamkeit wecken	0,1	0,2	0,1	0,7
Qualität gewährleisten	0,3	0,4	0,2	0,4

Quelle: Eigene Darstellung

---

[48] In Anlehnung an ein umfangreiches Beispiel bei Schulte-Henke, 2008, S. 34 ff.

3 Kosteneinsparungen durch Harmonisierung von Spezifikationen

Im nächsten Schritt wird aus den beiden obigen Analysen der Kundennutzen je Komponente ermittelt. Dazu wird je Komponente der Bedeutungsgrad je Funktion mit dem Erfüllungsgrad multipliziert und über alle Funktionen aufsummiert.

- Aggregate: 0,5 (0,6 x 0,6 + 0,1 x 0,2 + 0,3 x 0,4)
- Elektrik: 0,25 (0,6 x 0,3 + 0,1 x 0,1 + 0,3 x 0,2)
- Ausstattung: 0,25 (0,6 x 0,1 + 0,1 x 0,7 + 0,3 x 0,4)

Um Handlungsempfehlungen ableiten zu können vergleicht man abschließend die ermittelten Werte. In einem Koordinatensystem kann man so ein Zielkostendiagramm darstellen, bei dem die Werte aus Kundensicht auf der Abszisse (x-Achse) den tatsächlichen aktuell zu erwartenden relativen Kosten je Modul auf der Ordinate (y-Achse) gegenübergestellt werden. Ideal wäre es, wenn die einzelnen Module einen Zielkostenindex von 1 aufweisen. Geht man in diesem Beispiel z. B. von Kostenanteilen für die Aggregate von 0,5, für die Elektrik von 0,1 und für die Ausstattung von 0,4 aus, so ergibt sich nachfolgendes Bild.

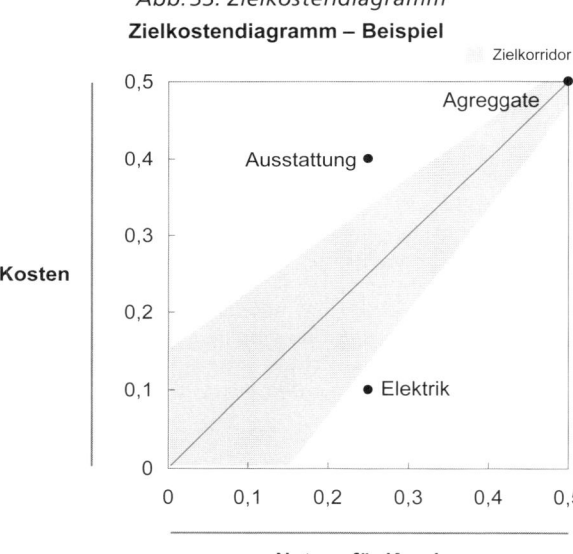

Abb. 33: Zielkostendiagramm

Quelle: Eigene Darstellung

Als Handlungsempfehlung kann für das Beispiel abgeleitet werden: Die Aggregate liegen in ihren aktuellen Kosten im Zielkorridor der Kundenerwartungen. Bei der Elektrik wurde der Erwartungswert für den Kundennutzen mit geringeren Kosten verwirklicht wohingegen bei der Ausstattung vom Einkauf intensiv verhandelt werden muss, um die Kostenerwartung der Kunden realisieren zu können.

Integration des Beschaffungsbereichs

Obwohl sich die Hauptanwendung des Target Costing in der Produktentwicklung findet, ist die frühzeitige Integration des Beschaffungsbereichs in der Konzeptphase ein wesentliches Element im Target Costing-Prozess, um die erfolgreiche Umsetzung eines Entwicklungsvorhabens sicherzustellen. Nur so kann die Realisierung von kostengünstigen Pro-

3.6 Target Costing – Analyse von Zielvorgaben

dukten erreicht werden. Innerhalb der Ermittlung von Standardkosten ist es die Aufgabe des Einkaufs, aus bestehenden und neuen Informationsquellen Kostenwerte für das definierte Produktkonzept darzustellen. Gerade bei Neuentwicklungen muss dabei auf Grund von unkonkreten Produkt- und Detailspezifikationen mit einer gewissen Unsicherheit und plausiblen Abschätzungen gearbeitet werden. Aber gerade beim Target Costing werden frühzeitig technische Eigenschaften festgelegt, die die Suche nach Lieferanten für die Serienlieferung erleichtert. Auch die anschließende Verhandlung kann durch die Vorgabe von entsprechenden Zielen effizient geführt werden.

Für Lieferanten ermöglicht Target Costing die Involvierung in einem sehr frühen Stadium des Entwicklungsprozesses. Aber gerade dort muss dann auch sichergestellt werden, dass nicht Teillösungen vom Zulieferer patentiert werden, die einen späteren Wechsel nur sehr schwer möglich machen. Ansonsten würde sehr frühzeitig ein Wettbewerb im Beschaffungsmarkt ausgeschlossen werden.

Integration der Lieferanten absichern

Für die Beschaffung werden die Kostenvorgaben des Target Costing bei Ausschreibungen vor einer finalen Vergabe unterschiedlich genutzt, um den Lieferanten ein Einkaufstarget zu geben. Dabei kann man im Wesentlichen vier Fälle unterscheiden.[49]

Target Costing bei Ausschreibungen

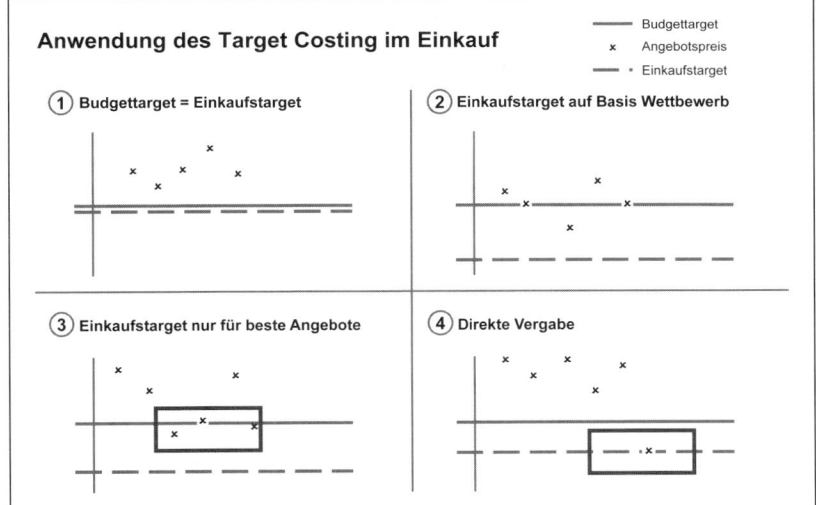

Abb. 34: Target Costing und Einkaufstarget

Quelle: Versteeg, 1999, S. 200

Fall 1: Budgettarget = Einkaufstarget

Die angebotenen Preise der möglichen Lieferanten liegen über dem vorgegebenen Budgettarget aus dem Target Costing. Damit wird als Basis

---
[49] Vgl. Versteeg, 1999, S. 200.

für das Einkaufstarget der Wert des Budgettarget übernommen und an die Lieferanten übermittelt, in der Hoffnung, damit die internen Kostenvorgaben für das Kaufteil auch erzielen zu können.

Fall 2: Einkaufstarget auf Basis Wettbewerb
Einige (mindestens ein) Angebot liegen bereits unterhalb des ermittelten Budgettargets. Damit gibt die Beschaffung den Lieferanten ein Einkaufstarget vor, welches sich an dem günstigen Preis inklusive eines realistisch zu erzielenden Abschlags in der zweiten Verhandlungsrunde orientiert. Die Ermittlung erfolgt in diesem Fall auf Basis des Wettbewerbs im Lieferantenmarkt.

Fall 3: Einkaufstarget nur für beste Angebote
Eine Unterart von Fall zwei ist, dass nur die besten Anbieter der ersten Runde ein Einkaufstarget erhalten und damit die Chance bekommen, in der finalen Runde anbieten zu können. Von der Beschaffung sollte dies bereits vor der ersten Angebotsrunde eindeutig kommuniziert werden. Ziel ist es, bereits zu Beginn günstige Angebote zu bekommen und diejenigen Lieferanten auszuschließen, die erst einmal auf die Ergebnisse ihrer Wettbewerber warten, bevor sie ihre Angebotspreise optimieren.

Fall 4: Direkte Vergabe
Liegt ein Anbieter bereits in der ersten Runde deutlich von den Angeboten seiner Wettbewerber entfernt und unterbietet er gleichzeitig auch die Vorgabe aus dem Target Costing, so kann in derartigen Fällen auch eine direkte Vergabe erfolgen. Dies ist für die Zulieferer auch ein entsprechendes Signal, dass vom Einkäufer nicht prinzipiell versucht wird, die Preise zu reduzieren, sondern der Wettbewerbsvorteil eines Lieferanten positive Anerkennung beim Hersteller findet und auch entsprechend akzeptiert wird.

3.7 Fragen zu Kapitel 3

1. Die Interessen von Einkauf und Technik stehen sich teilweise konträr entgegen. Zeigen Sie dies anhand der wesentlichen Aufgabenbereiche.

2. Bei der Angebotsauswertung für ein Produkt hat sich bei zwei Lieferanten folgendes Bild ergeben:

	Gewichtung	Lieferant A	Lieferant B
Preis	50 %	100 EUR	120 EUR
Qualität	20 %	40 EUR	20 EUR
Liefertreue	20 %	40 EUR	10 EUR
Risiko	10 %	50 EUR	0 EUR

Erläutern Sie anhand des Angebotsspiegels Ihre Entscheidung auf Basis eines reinen Preis- bzw. TCO-Vergleichs und beschreiben sie kurz die Vor- und Nachteile beider Verfahren.

3. Zeigen Sie die Widersprüche auf, die sich beim gleichzeitigen Einsatz von Modular und Multiple Sourcing im Unternehmen ergeben.
4. Bei der Warengruppe Elektromotoren finden Sie nachfolgenden Preis- und Leistungsvergleich vor. Ermitteln Sie die minimale Preisgerade. Durch welche Motoren wird diese bestimmt und welche Motoren werden zu teuer eingekauft. Ermitteln Sie das Einsparpotenzial bei Reduktion der Preise auf das günstigste Preisniveau. Geben Sie eine kritische Würdigung des Vorgehens.

	Motor A	Motor B	Motor C	Motor D
Preis	4 EUR	6 EUR	8 EUR	6 EUR
Leistung in KW	400	200	600	800

5. Ein Hersteller von führerlosen Transportfahrzeugen hat in seinen 6 Unternehmenseinheiten nachfolgende Daten für Batterien ermittelt. Zeigen Sie auf, welche Kostenunterschiede sich derzeit ergeben.[50]

Teile-nummer	Unter-nehmens-einheit	Liefe-rant	Listen-preis (in EUR)	Nor-mierter Preis (in EUR)	Jahres-bedarf (in Stk)	Volt	AH (Am-pere/Stunde)
1000	FRM	Power	520,00	520,00	142	24	220
1001	FRM	Power	533,00	515,00	86	24	220
1002	SPF	Access	630,00	630,00	260	24	250
1003	SPF	Access	810,00	810,00	122	24	375
1004	SPF	Access	530,00	530,00	109	24	180
1005	SWE	Access	1.191,00	981,52	364	24	440
1006	SWE	Access	5.050,50	4.383,29	30	80	700
1007	AVA	Access	3.264,00	3.091,01	133	80	640
1008	AVA	Access	3.972,00	3.761,48	70	80	840
1009	AVA	Access	2.115,00	2.002,91	120	80	400
1010	AVA	Access	2.873,00	2.720,73	27	80	540
1011	AVA	Access	3.739,00	3.540,83	19	80	720
1012	AVA	Access	1.498,00	1.404,42	23	48	500

---

[50] Aufgabe aus: Krampf et al., 2011, S. 262 ff.

Teile-nummer	Unter-nehmens-einheit	Liefe-rant	Listen-preis (in EUR)	Nor-mierter Preis (in EUR)	Jahres-bedarf (in Stk)	Volt	AH (Am-pere/Stunde)
1013	AVA	Access	935,00	876,59	35	48	500
1014	AVA	Access	1.434,00	1.344,42	21	48	460
1015	GSS	Access	639,00	588,84	246	24	375
1016	GSS	Access	1.845,00	1.683,17	72	48	640
1017	GSS	Access	638,00	587,92	192	24	315
1018	GSS	Access	1.702,00	1.552,71	71	48	600
1019	GSS	Access	1.575,00	1.436,85	75	48	500
1020	GSS	Access	397,00	365,84	262	24	150
1021	GSS	Access	716,00	659,79	56	24	450
1022	GSS	Access	2.772,00	2.554,40	14	80	450
1023	GSS	Access	2.772,00	22.554,40	14	80	500
1024	GSS	Access	696,00	641,36	44	24	300
1025	FRU	Access	11.004,00	1.988,00	192	48	720
1026	FRU	Access	18.009,00	3.866,33	75	80	750
1027	FRU	Access	15.057,00	3.232,89	83	80	620
1028	FRM	Access	597,00	570,24	449	24	200
1029	FRM	Access	707,00	679,14	66	24	200
1030	SPF	Access	508,00	508,00	532	24	250
1031	SPF	Access	643,00	643,00	131	24	375
1032	SPF	Access	503,00	503,00	108	24	240
1033	SPF	Super	632,00	632,00	435	24	250
1034	SPF	Super	808,00	808,00	250	24	375
1035	SPF	Super	946,00	946,00	79	24	500
1036	SPF	Super	532,00	532,00	111	24	180
1037	SWE	Super	3.939,00	3.501,73	78	80	550
1038	SWE	Super	2.848,50	2.699,40	59	48	700
1039	SWE	Super	2.811,00	2.516,47	49	48	700
1040	FRU	Super	18.009,00	3.846,35	119	80	750
1041	FRU	Super	10.718,00	2.290,18	170	48	660

Teile-nummer	Unter-nehmens-einheit	Liefe-rant	Listen-preis (in EUR)	Nor-mierter Preis (in EUR)	Jahres-bedarf (in Stk)	Volt	AH (Am-pere/Stunde)
1042	FRU	Super	11.004,00	2.351,03	163	48	720
1043	FRU	Super	17.029,00	3.637,59	83	80	700
1044	FRU	Super	14.872,00	3.177,92	91	80	560
1045	FRU	Super	20.382,00	4.354,18	62	80	840
1046	FRU	Super	12.813,00	2.738,46	95	80	465
1047	FRU	Super	9.292,00	1.985,96	128	48	550
1048	FRM	Super	881,00	856,00	230	24	220
1049	FRM	Super	759,25	734,25	256	24	360
1050	FRM	Super	613,25	613,25	144	24	240
1051	FRM	Super	1.109,00	1.084,00	57	24	330
1052	FRM	Super	1.245,25	1.220,25	43	24	450
1053	FRM	Super	912,00	887,00	55	24	220
1054	FRM	Super	762,25	734,25	61	24	360
1055	SWE	Extra	2.895,00	2.751,26	111	48	700
1056	SWE	Extra	1.102,50	857,07	290	24	480
1057	FRU	Extra	18.009,00	3.864,24	81	80	750
1058	FRU	Extra	11.004,00	2.382,96	112	48	720
1059	FRU	Extra	17.029,00	3.654,50	69	80	700
1060	AVA	Rossi	3.079,00	2.955,84	4	80	630
1061	AVA	Rossi	1.477,00	1.417,92	68	48	500
1062	AVA	Rossi	1.824,00	1.751,04	54	48	625
1063	AVA	Rossi	3.215,00	3.086,40	13	80	640
1064	AVA	Rossi	2.830,00	2.716,80	13	80	560

6. Im Einkauf wird die Zusammenarbeit in interdisziplinären, bereichs-übergreifenden Teams gefordert. Welche unterschiedlichen Typen finden sich in derartigen Teams und welche Bereiche bzw. Mitglieder haben Einfluss auf Einkaufsentscheidungen?

7. Durch Linear Performance Pricing wird versucht, komplexe Kaufteile vergleichbar zu machen. In welchen idealtypischen Schritten geht man bei einer entsprechenden Analyse der Warengruppe vor, bevor Einsparungen erzielt werden können?

8. Konzeptwettbewerbe nutzen das breite Know-how der Lieferanten. Wie sollte bei einem solchen Konzeptwettbewerb vorgegangen werden, um Einsparpotenziale zu identifizieren und realisieren zu können?

9. Im Rahmen eines Konzeptwettbewerbs für Außenspiegel wurde die technische Lösung von Lieferant 2 ausgewählt. Der aktuelle Preis beträgt zurzeit noch 11,30 EUR. Nun liegen nachfolgende Einzelpreise für die Komponenten vor. Ermitteln Sie das Potenzial und erläutern Sie kurz die Grenzen bei der Realisierbarkeit?

	Lieferant 1	Lieferant 2	Lieferant 3	Lieferant 4
Gehäuse	2,21	1,99	2,17	2,33
Basisgestell	0,82	0,58	0,51	0,73
Glasmodul	2,49	1,78	2,99	2,05
Kabel	1,56	1,97	2,30	0,95
Spiegeleinstellung	2,70	2,90	3,30	3,45
Assembly	1,20	1,17	1,34	2,10

10. Collective Sourcing oder der Zusammenschluss in einem Einkaufsverbund ist eine Möglichkeit der Optimierung im Einkauf. Was ist darunter zu verstehen und welche Ziele werden verfolgt? Nennen Sie einen praktischen Anwendungsfall.

3.8 Fallstudie 3: Verhandlungsstrategie

Bearbeitungshinweis: Die Fallstudie simuliert eine Verhandlung. Vor Durchführung müssen daher zwei Gruppen (A und B) gebildet werden. Gruppe A erarbeitet die Verhandlungsstrategie für den Lieferanten Dürrenstein, Gruppe B die Verhandlungsstrategie für den Hersteller. Um eine möglichst realitätsnahe Übung zu ermöglichen, sollten beide Gruppen die Unterlagen der anderen Gruppe vor der Verhandlung nicht einsehen können, damit die gegenseitigen Argumente und Vorabinformationen nicht bekannt sind. Nach Durchführung der Verhandlung sind die jeweiligen Strategien, Verhalten, Do's and Don'ts gemeinsam zu analysieren und zu diskutieren.

3.8 Fallstudie 3: Verhandlungsstrategie

Gruppe A: Lieferant Dürrenstein

Sie sind Starverkäufer beim internationalen Marktführer für Kabel, der Firma Dürrenstein aus Kemnath. Ihre Vorgesetzten sind zu Recht stolz auf Sie, nachdem Sie die höchsten Profitmargen im Unternehmen realisieren und es nach Jahren der Käufermacht endlich geschafft haben, dem Druck der Einkäufer gegenzuhalten. Sie haben sich in Verhandlungen durch diverse Seminare weitergebildet und wenden die trainierten Techniken erfolgreich an. Darüber hinaus haben Sie sich im Laufe der letzten Jahre ein gutes Netzwerk aufgebaut, so dass Sie sicher vorhersagen können, welche Preise am Markt angeboten werden. Damit verschaffen Sie sich regelmäßig eine sehr starke Verhandlungsposition.

Dies ist Ihnen auch bei der aktuellen Ausschreibung der Power AG gelungen. Ein Hochschulabgänger der Universität, der die Warengruppe frisch übernommen hat, hatte sich vor zwei Wochen bei Ihnen gemeldet und um ein verbessertes Angebot gebeten. Bei zwei Kaufteilen (Kabel de luxe und ultra), die bisher der Wettbewerb geliefert hat, scheinen Sie vorne zu liegen. Vor der Angebotsabgabe hatten Sie gemeinsam mit Ihrer Fertigung an kreativen Lösungen gearbeitet und teilweise neue Werkstoffe angeboten, die der Wettbewerb bisher noch nicht verwendet. Bei Ihrem bisherigen Produkt (Kabel extra) mussten Sie deutliche Preiseinbußen hinnehmen, nachdem ein Wettberber Ihnen dieses abnehmen wollte. Sie haben Ihr Angebot von 300 auf 250 EUR reduziert und scheinen nun auch hier vorne zu liegen. Das hat bei diesem Kabel nicht nur Ihrer Firma ordentlich Gewinn gekostet (die „Luft" war hier zweifelsohne besonders dünn gewesen!), sondern auch Ihnen einen signifikanten Anteil an der Provision. Trotzdem sind Sie und die Geschäftsführung sehr zufrieden, da die Marge über die anderen beiden Produkte überkompensiert werden kann. Sie können davon ausgehen, in Zukunft drei statt einem Kabel an die Power AG zu liefern. Ein erneuter Erfolg ist greifbar nahe!

Ihr neuer Ansprechpartner im Einkauf der Power AG hat Sie nun eingeladen, um mit Ihnen die finale Verhandlung zu führen. Normalerweise machen Sie das gerne am Telefon, insbesondere nachdem Sie bei diesem Kabel an vorderster Stelle liegen, aber beim Erstkontakt mit einem neuen Einkäufer macht ein persönliches Gespräch durchaus Sinn. Daher bereiten Sie sich entsprechend vor und überprüfen noch einmal die Kalkulation von Kabel Extra, weil Ihr Ansprechpartner explizit darauf hingewiesen hatte. Die Gewinnmarge beträgt dabei nur noch 20 EUR, so dass Ihr Spielraum beschränkt ist.

Die anderen beiden Produkte scheinen bereits in Ihr Liefersortiment zu fallen, nachdem diese nicht angesprochen wurden. Für die Verhandlung brauchen Sie keine großen Überraschungen zu erwarten, insbesondere nachdem es sich bei Ihrem Gegenüber um einen Anfänger im Einkauf handelt. Trotzdem diskutieren Sie die Strategie vorab mit Ihren Kollegen.

Kalkulation Kabel Extra bei 10.000 Stück p.a. und Fertigung in Kemnath:

Kostenbestandteil	Kosten (in EUR)
Material	150.–
Personal	50.–
Overhead	30.–
Profit	20.– (früher 70.–)
Verkaufspreis	250.–

> **Gruppe B: Einkauf des Herstellers**
>
> „Genial, wie schnell Sie internationale Angebote für unsere Anfrage eingeholt haben!" lobt Sie Ihr Chef. „Das hat vor Ihnen noch keiner geschafft."
>
> Ein bisschen Glück war natürlich dabei gewesen, weil Sie ein paar Kontakte aus Ihrem früheren Praktikum bei einer anderen Firma nutzen konnten. Die ausländischen Lieferanten waren sehr an einer möglichen Zusammenarbeit interessiert, weil sich die gesamte Branche in Deutschland bisher uninteressiert gezeigt hatte. Damit hat sich auch schnell das Bild Ihrer Angebote gewandelt. Es gab deutliche Verschiebungen und viele bisherige Lieferanten haben Ihr Angebot auch umgehend angepasst, um die Aufträge zu behalten. Das war zusätzlich möglich gewesen, nachdem Sie die Produkte zerlegt und zusammen mit den Technikern die Produktkosten analysiert haben. Ihr Chef hat Sie auf diese Idee gebracht und die neuen Lieferanten unterstützen Sie auch ganz offen mit Ihrer Kalkulation. Bei den aktuellen Lieferanten war das Gegenteil der Fall gewesen. Sie hatten viele Ausreden und gute Gründe, Ihnen ihre Kalkulation nicht zu zeigen.
>
> Für alle Kaufteile haben Sie bereits eine Lösung gefunden und mit den Lieferanten (alt oder neu) die Verhandlung abgeschlossen. Das letzte Kabel, das Ihnen noch fehlt und das Sie noch nicht final verhandelt haben, ist das „Kabel Extra". Sie haben von Ihrem Chef bereits gehört, dass der bisherige Lieferant Dürrenstein sehr schwer zu Preisreduktionen zu bewegen ist. Manchmal habe man das Gefühl, er hätte Insiderwissen, aber vielleicht war der Verkäufer auch nur sehr gut vorbereitet. Ein bisschen arrogant hat dieser Verkäufer auf Sie gewirkt, nachdem er eigentlich gar nicht zur Verhandlung kommen und dies per Telefon abwickeln wollte.
>
> Sie haben im Vorfeld einen neuen Lieferanten in der Türkei gefunden, der das Kabel für 190 EUR angeboten hat. Der bisherige Preis war 300 EUR bei Dürrenstein gewesen und in der zweiten Angebotsrunde haben diese bereits Ihren Preis auf 250 EUR reduziert, nachdem ein anderer Lieferant in der ersten Runde ebenfalls 250 EUR angeboten hatte.
>
> „Der türkische Lieferant hat zwar das beste Angebot, aber mir wäre es schon ganz Recht, wenn Sie Dürrenstein in unserem Lieferantenportfolio belassen können," hat Sie Hans Schuster ermahnt. „Denken Sie daran, dass dieser globaler Marktführer ist und über internationale Fertigungsstätten verfügt, die uns bei unserer Expansionsstrategie helfen können. Außerdem ist das neue Angebot
>
> des türkischen Zulieferers auf Basis eines Materials, was unsere Technik nur mit Bauchschmerzen zulassen würde. Und dazu haben Sie bereits bei den übrigen Kaufteilen einige neue Lieferanten aus dem Ausland auf Ihrer Vorschlagsliste. Diese müssen auch ordentlich betreut werden, bis alles mit der Lieferung reibungslos klappt."
>
> „Dann bereite ich mich ordentlich vor", haben Sie Ihrem Chef versprochen. Vor der Verhandlung mit Dürrenstein wollen Sie sich noch einmal die Grobkalkulation des bisherigen Materials und des neuen Vorschlags genau ansehen und mit Ihren Kollegen die Verhandlungsstrategie besprechen, bevor Ihre erste Verhandlung startet.
>
> | Kostenbestandteile | Kabel „alter Lieferant" | Kabel „neuer Lieferant" |
> |---|---|---|
> | Material: | 135.– | 115.– |
> | Personal: | 50.– (Deutschland) | 25.– (Türkei) |
> | Overhead (inkl. Profit): | 30.– | 50.– |

3.9 Literatur zu Kapitel 3

Arnold, Supplier Lifetime Value: Ein Konzept zur Lieferantenbewertung in Industrie und Handel, in: Bauer, Huber, Strategien und Trends im Handelsmanagement. Disziplinübergreifende Herausforderungen und Lösungsansätze, 2004, S. 177–197.

Batran, Eßig, Erfolgsfaktor und Wertbeitrag strategischer Lieferantenentwicklung, in: Beschaffung aktuell, Nummer 7, 2009, S. 18–20.

Bergauer, Wierlemann, Einkauf – Die unterschätzte Macht, 2008.

Boutellier, Wagner, Wehrli, Handbuch Beschaffung. Strategien – Methoden – Umsetzung, 2003.

Büsch, Praxishandbuch Strategischer Einkauf: Methoden, Verfahren, Arbeitsblätter für professionelles Beschaffungsmanagement, 3. Auflage, 2012.

Buscher, Konzept und Gestaltungsfelder des Supply Network Managements, in: Bogaschewsky, Integrated Supply Management. Einkauf und Beschaffung: Effizienz steigern, Kosten senken, 2003, S. 55–86.

Cooper, Slagmulder, Target Costing and Value Engineering, 1997.

Droege & Comp., Gewinne einkaufen. Best Practice im Beschaffungsmanagement, 1998.

Eicke, Femerling, Modular Sourcing – ein Konzept zur Neugestaltung der Beschaffungslogistik, 1991.

Eßig, Buck, Dimensionen, Elemente und Institutionalisierung eines Beschaffungscontrolling-Portfolios, in: Zeitschrift für Controlling und Management, 51. Jahrgang, Nummer 3, 2007, S. 168–173.

Fröhlich-Glantschnig, Berufsbilder in der Beschaffung: Ergebnisse einer Delphi-Studie, 2005.

Fröhlich, Lingohr, Gibt es die optimale Einkaufsorganisation? Organisatorischer Wandel und pragmatische Methoden zur Effizienzsteigerung, 2010.

Gienke, Kämpf, Handbuch Produktion: Innovatives Produktionsmanagement: Organisation, Konzepte, Controlling, 2007.

Grossmann, Einkauf. Kosten senken – Qualität sichern – Einsparpotenziale realisieren, 5. Auflage, 2012.

Grünert, Fuchs, Cluster Sourcing: Wettbewerbsvorteile durch lokale Vernetzung am Standort Deutschland, in: Rademacher, Kaufmann, Unternehmensstandort Deutschland – Unsere Stärken nutzen, 2008, S. 145–161.

Hahn, Kaufmann, Handbuch industrielles Beschaffungsmanagement: Internationale Konzepte – Innovative Instrumente – Aktuelle Praxisbeispiele, 2. Auflage, 2002.

Hüttenrauch, Baum, Effiziente Vielfalt. Die dritte Revolution in der Automobilindustrie, 2008.

Johnson, Leenders, Fearon, Supply's Growing Status and Influence: A Sixteen Year Perspective, in: The Journal of Supply Chain Management, 42. Jahrgang, Nummer 2, 2006, S. 33–43.

Krampf, Beschaffungsmanagement in industriellen Großunternehmen. Ein hierarchisches Konzept am Beispiel der Automobilindustrie, 2000.

Krampf et al., Fallstudienlösung: Neuausrichtung im Beschaffungsmanagement, in: Zentes, Swoboda, Fallstudien zum internationalen Management, Instructors' Manual, 2. Auflage, 2004, S. 377–387.

Krampf et al., Neuausrichtung im Beschaffungsmanagement, in: Zentes, Swoboda, Morschett, Fallstudien zum internationalen Management, 4. Auflage, 2011, S. 247–270.

Large, Strategisches Beschaffungsmanagement. Eine praxisorientierte Einführung mit Fallstudien, 5. Auflage, 2013.

Merkel et al., Global Sourcing im Handel. Wie Modeunternehmen erfolgreich beschaffen, 2008.

Monden, Cost Reduction Systems – Target Costing and Kaizen Costing, 1995.

Moses, Ahlström, Problems in cross-functional sourcing decision processes, Journal of Purchasing and Supply Management, Volume 14. Jahrgang, Nummer 2, März 2008, S. 87–99.

Murphy, Heberling, A Framework for Purchasing and Integrated Product Teams, in: International Journal of Purchasing and Materials Management, 32. Jahrgang, Sommer 1996, Nummer 3, S. 11–19.

Newman, Single Source Qualification, in: Journal of Purchasing and Materials Management, 24. Jahrgang, Nummer 2, 1988, S. 10–17.

Newman, Krehbiel, Linear performance pricing: A collaborative tool for focused supply cost reduction, Journal of Purchasing and Supply Management, 13. Jahrgang, Nummer 2, März 2007, S. 152–165.

Oberender, Schlüchtermann, Schommer, Da-Cruz, Innovatives Beschaffungsmanagement im Krankenhaus, 2006.

o. V., ZF Friedrichshafen: Netzwerk aus Lieferanten und Mitarbeitern. Kernstrategie Einkauf, Beschaffung aktuell, Nummer 11, 2005, S. 38–39.

Paquette, The Sourcing Solution. A Step-by-Step Guide to Creating a Successful Purchasing Program, 2004.

Proch, Krampf, Schlüchtermann, Linear Performance Pricing als Instrument zur Kostenoptimierung in der Supply Chain, in: Die Betriebswirtschaft (DBW), 73. Jahrgang, Nummer 6, 2013, S. 515–534.

Robinson, Faris, Wind, Industrial Buying and Creative Marketing, 1967.

Rösler, Target Costing für die Automobilindustrie, 1996.

Rüdrich, Kalbfuß, Weißer, Materialgruppenmanagement. Quantensprung in der Beschaffung, 2. Auflage, 2006.

Sako, Supplier Development at Honda, Nissan and Toyota: Comparative case studies of organizational capability enhancement, in: Industrial and Corporate Change, 13. Jahrgang, Nummer 2, 2004, S. 281–308.

Schaaf, Marktorientiertes Entwicklungsmanagement in der Automobilindustrie: Ein kundennutzenorientierter Ansatz zur Steuerung des Entwicklungsprozesses, 1999.

Schotanus, Horizontal Cooperative Purchasing, 2007.

Schulte-Henke, Kundenorientiertes Target Costing und Zulieferintegration für komplexe Produkte: Entwicklung eines Konzepts für die Automobilindustrie, 2008.

Tella, Virolainen, Motives behind purchasing consortia, in: International Journal of Production Economics, 93. Jahrgang, 2005, S. 161–168.

Thommen, Achleitner, Allgemeine Betriebswirtschaftslehre: Umfassende Einführung aus managementorientierter Sicht, 7. Auflage, 2012.

Versteeg, Revolution im Einkauf. Höchste Qualität und bester Service zum günstigsten Preis, 1999.

Wannenwetsch, Erfolgreiche Verhandlungsführung in Einkauf und Logistik. Praxiserprobte Erfolgsstrategien und Wege zur Kostensenkung, 4. Auflage, 2013.

Webster, Wind, Organizational Buying Behaviour, 1972.

Wolters, Modul- und Systembeschaffung in der Automobilindustrie: Gestaltung der Kooperation zwischen europäischen Hersteller- und Zulieferunternehmen, 1995.

4 Einkaufsorganisation – Zentralisation versus Dezentralisation

> *„Da sich die Einkaufsorganisation immer an den unternehmensindividuellen, situativen Rahmenbedingungen auszurichten hat, wird es nicht möglich sein, eine allgemeingültige Empfehlung auszusprechen."*
>
> Bogaschewsky, Kohler, 2007, S. 144

Der Beschaffungsbereich hat in den letzten Jahren eine stets größer werdende Verantwortung bekommen, nachdem man erkannt hat, welche Bedeutung der Materialkostenblock für das Unternehmensergebnis hat. Dadurch hat sich auch die Ausgestaltung der Aufbauorganisation stark gewandelt. Einige DAX-Unternehmen, wie beispielsweise Volkswagen, haben die Beschaffung auf Grund ihrer hohen Bedeutung für das Betriebsergebnis sogar als Vorstandsressort etabliert. Damit ist der Einkauf auch in die strategische Diskussion im Unternehmen involviert.

Die Wahl der Organisationsform ist abhängig von den unternehmensspezifischen kritischen Erfolgsfaktoren und sollte die gesteckten Ziele und Aufgaben eines Bereiches optimal unterstützen. Auch für die Einkaufsorganisation ist es daher wichtig, dass die Schnittstellen und Informationsflüsse zu anderen Bereichen im Unternehmen und zu den Lieferanten möglichst reibungslos sichergestellt sind. Die Herausforderung im Einkauf besteht darüber hinaus, in wieweit es mithilfe der Wahl der Organisationsform gelingt, die Kostenpotenziale durch Standardisierung, Volumenbündelung und Einführung von Routinetätigkeiten zu realisieren. Die Gestaltung der Einkaufsorganisation wird durch verschiedene Einflussgrößen determiniert, wie z. B. der Größe des Unternehmens und der Anzahl an Geschäftsbereichen bzw. Organisationseinheiten. Ebenso hat die Notwendigkeit des Unternehmens zur Regionalisierung bzw. Globalisierung der Tätigkeiten einen Einfluss auf die Ausgestaltung der Einkaufsorganisation. Darüber hinaus muss die Homogenität bzw. Heterogenität der einzelnen Geschäftsbereiche im Unternehmen bei der Frage nach Dezentralität versus Zentralisierung berücksichtigt werden. Die Aufgaben und Verantwortung der Beschaffung insbesondere hinsichtlich der Beeinflussbarkeit der Leistungstiefe und Bedarfsstrukturen, die dem Einkauf überlassen werden und die Verfügbarkeit entsprechender personeller und finanzieller Ressourcen zur Umsetzung einer Alternative müssen bei der Wahl der richtigen Organisationsform ebenfalls in die Entscheidungsfindung integriert werden.

Kritische Einflussgrößen

Im Wesentlichen bieten sich die klassischen Extremformen Zentralisierung und Dezentralisierung als Lösungsansatz an. Daneben gibt es zahlreiche Zwischenformen (z. B. Richtlinien-, Matrix-, Stabs- oder

4 Einkaufsorganisation – Zentralisation versus Dezentralisation

Abb. 35: Mögliche Aufbauorganisationen im Einkauf

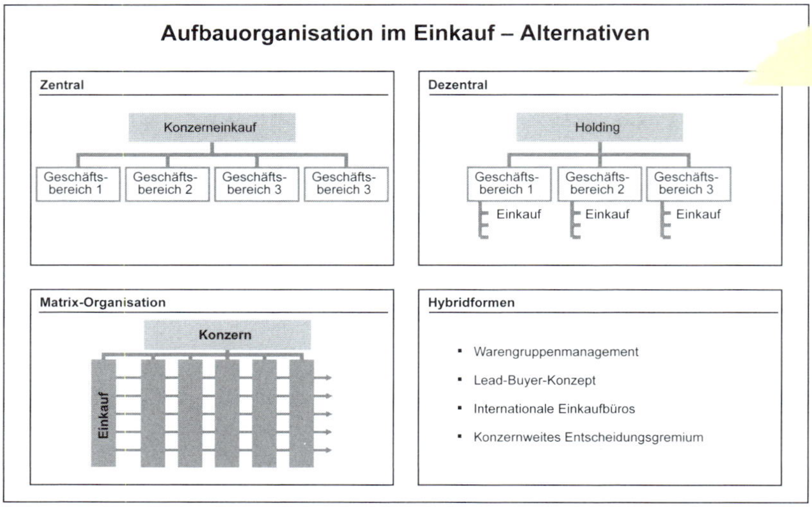

Aufbauorganisation im Einkauf – Alternativen

Zentral: Konzerneinkauf – Geschäftsbereich 1, Geschäftsbereich 2, Geschäftsbereich 3, Geschäftsbereich 3

Dezentral: Holding – Geschäftsbereich 1 (Einkauf), Geschäftsbereich 2 (Einkauf), Geschäftsbereich 3 (Einkauf)

Matrix-Organisation: Konzern / Einkauf

Hybridformen:
- Warengruppenmanagement
- Lead-Buyer-Konzept
- Internationale Einkaufbüros
- Konzernweites Entscheidungsgremium

Quelle: Eigene Darstellung

Servicemodell), die im Folgenden unter dem Begriff „Hybrid" zusammengefasst werden.

4.1 Dezentrale Einkaufsorganisation – Nutzung der Kundennähe

> „Procurement is decentralized, when divisions or local administrations are delegated the power to decide how, what and when to procure."
>
> Dimitri, Dini, Piga, in: Dimitri, Piga, Spagnolo, 2006, S. 48

Viele Unternehmen sind so organisiert, dass jede Gesellschaft bzw. Business Unit oder Geschäftseinheit eigenständig und mit eigener Ergebnisverantwortung geführt wird. Das führt in diesen Unternehmen dazu, dass auch die Einkaufsorganisation sehr stark dezentralisiert ist. Historisch bedingt ist dies häufig noch der Fall, da sich die Beschaffung in der Vergangenheit eher um Abwicklungsfragen gekümmert hat, als einen wesentlichen Beitrag zum Unternehmenserfolg zu erbringen. Somit hat jede Gesellschaft, teilweise sogar jedes Werk, seinen eigenständigen Einkauf.

In der Reinform der Dezentralisierung hat jeder Geschäftsbereich seinen eigenen Einkauf und die vollständige Verantwortung für strategische und operative Fragestellungen der Beschaffung. Eine Koordination und Abstimmung zwischen den Einkaufsbereichen findet in diesem Extremszenario nicht statt.

Der geringe bzw. schwache Einfluss des Einkaufs in der Vergangenheit hat dazu geführt, dass die räumliche Nähe zu den internen Kunden, die oftmals auch immer noch als „Verbraucher" oder „Bedarfsträger" bezeichnet werden, wichtiger war, als die Nutzung von Synergien, die beispielsweise durch die Bündelung des Gesamtvolumens und einem damit einhergehenden einheitlichen Vorgehen gegenüber Lieferanten entsteht. Vorteilhaft bei einer derartig dezentralen Aufstellung sind die schnelle, flexible und unbürokratische Abwicklung von Aufträgen und die damit verbundene schnelle Entscheidungsfindung bei entsprechenden Vorgängen. Durch die räumliche Nähe gibt es auch nur wenige Schnittstellen innerhalb des Unternehmens, so dass der Koordinationsbedarf gering ist und die Verantwortung klar delegiert werden kann. **Vorteile**

Die dezentralen Strukturen haben dort Vorteil, wo stark lokal beschafft werden muss und damit das Local Sourcing im Vordergrund der Überlegungen steht. Das kann zu einem besseren und schnelleren Service, kürzeren Lieferzeiten und höherem Ansehen bzw. Vertrauen in der Region führen. Dezentralität wird aber auch angewendet, wenn es auf eine zielgruppen- bzw. markenkonsistente Beschaffung ankommt, wie dies z. B. im Handel häufig der Fall ist. Das gleiche gilt, wenn die Produkte sehr unterschiedlich und komplex sind und damit einen geringen „Commodity-Charakter" besitzen, d. h. eine hohe Heterogenität aufweisen. Außerdem hat das lokal verantwortliche Management die Möglichkeit, selbständig die Materialkosten zu beeinflussen. Darüber hinaus kennen die Mitarbeiter in den einzelnen Fachbereichen ihre eigenen Bedarfe am besten, was auch zu einer höheren Leistungsbereitschaft führt. Ebenso wird durch die dezentrale Beschaffung verhindert, dass nicht bedarfsgerecht eingekauft wird, was sich gerade bei Einzelfertigungen empfiehlt. **Voraussetzungen**

Gerade bei kleineren Unternehmen, die in der Regel auch wenig international tätig sind, ist die enge räumliche Zusammenarb_ schen den Einkäufern und Technikern sowie „internen Kunden" _ In solchen Fällen bietet sich eine dezentrale Zusammenarbeit z_ den Bereichen an.

4.2 Zentrale Einkaufsorganisation – Bündelung der unternehmensweiten Kompetenz

> *„Ein Zentraleinkauf ist alleine zuständig für den gesamten Beschaffungsprozess."*
> Reinelt, in: Fröhlich, Lingohr, 2010, S. 33

In den letzten Jahren wurde eine sehr starke Zentralisierung des Einkaufs propagiert und forciert, um die Bemühungen nach Kostensenkungen in der Beschaffung auch mithilfe dieser Organisationsform zu un- **Trend zum Zentraleinkauf** terstützen. Grund der funktionalen Orientierung war, dass der getrennte Einkauf einzelner Gesellschaften, Divisionen, Vertriebsgesellschaften oder Werke eines Konzerns die möglichen Synergiepotenziale ungenützt lässt. So kann durch eine Zentralisierung eine bessere Verhandlungsposition durch Bündelung erreicht und damit günstigere Preise und Konditionen bei den Lieferanten erzielt werden. Dazu kommen in einer dezentralen Struktur meist auch noch intransparente und subjektive Entscheidungsprozesse, die dazu führen, dass neue und kostengünstige Zulieferer häufig gar keine Möglichkeit haben, überhaupt einen Auftrag zu erhalten. Somit können sie auch nicht ihr Potenzial und ihre Lieferfähigkeit unter Beweis stellen.

Bei der Extremform der Zentralisierung werden alle Kompetenzen, d. h. die Beschaffungsplanung, -durchführung und -kontrolle sowie Aufgaben, strategische wie operative, auf eine einzige Organisationseinheit, die zentral aufgehängt ist, übertragen. Diese Organisationseinheit kann dabei auch noch räumlich zentralisiert sein oder ist auf verschiedene dezentrale Einkaufsabteilungen in den Standorte bzw. Geschäftseinheiten verteilt, was in diesem Fall als „logische Zentralisierung" bezeichnet werden kann.

Vorteile Die Zentralisierung bietet die Möglichkeit zur einfacheren Durchsetzung einer verstärkten Bündelung und Standardisierung der Kaufteile und Prozesse, da die Einkaufsmacht aller Bereiche zusammengelegt wird. Damit können die Materialkosten gesenkt werden. Ebenso können mit der Zusammenfassung der Bedarfe verbesserte Preisnebenbedingungen, Service und Logistikleistungen realisiert werden. Darüber hinaus ermöglicht die Zentralisierung eine Transparenz über das gesamte Beschaffungsspektrum in jeder Warengruppe, sowohl hinsichtlich Preise und Konditionen, wie auch Lieferanten und Beschaffungsländern. Ebenso ist es einfacher möglich, ein standardisiertes Vorgehen beim Lieferantenmanagement, d. h. der Auswahl, Entwicklung, Bewertung und Definition von Mindeststandards bei Zulieferern im gesamten Unternehmen durchzusetzen. Letztendlich ermöglicht der zentrale Ansatz aber auch die einfachere Nachhaltung von Compliance-Themen bzw. Kontrollen, wie beispielsweise die Einhaltung von Rahmenverträgen. Insgesamt zeigt sich, dass mit der Zentralisierung auch der Ressourceneinsatz effizienter gestaltet werden kann und die Einkäufer auf Grund der stärkeren Spezialisierung zu qualifizierten Fachleuten in ihrer Warengruppe werden. Sie erfahren damit auch eine höhere Akzeptanz im Unternehmen.

Nutzung von Synergien In den meisten Unternehmen können durch die Zentralisierung Synergien realisiert werden, da z. B. intern Skaleneffekte wie Economies of Scale entstehen. So kann Doppelarbeit vermieden und Overheadkosten sowie Raumfläche reduziert werden. Letztendlich kann zusätzlich auch durch die Abstimmung der Beschaffungsstrategie zwischen den Gesellschaften eines Unternehmens Synergien gehoben werden, auch wenn dies in der Praxis schwer zu realisieren bzw. nachzuweisen ist.

In der Literatur und Praxis wird ein Vorteil der Zentralisierung bisher noch meist übersehen. Die Objektivierung der Einkaufsentscheidung ist bei einem Zentraleinkauf deutlich höher, da die „emotionale" Bindung des Einkäufers zum Lieferanten und internen Kunden deutlich geringer ist. Damit können in der Vergabe rein subjektive Kriterien außer Acht gelassen werden.

Objektivere Einkaufsentscheidung

Gerade bei einer globalen Unternehmensstruktur mit homogenen oder zumindest ähnlichen Endprodukten bietet sich die zentrale Beschaffung an, um die nahezu gleichen Einkaufsbedarfe zu bündeln und spezifische Kenntnisse, beispielsweise über den globalen Lieferantenmarkt, nur einmal vorzuhalten.

Ein wesentlicher Nachteil besteht insbesondere dann, wenn es sich um Unternehmen handelt, die multinational mit verschiedenen Geschäftseinheiten und Werken agieren, weil durch die Zentralisierung der Kontakt und Informationsfluss zu den internen Kunden in der Regel nur unzureichend funktioniert. Eine besondere Herausforderung stellt sich auch im Projektgeschäft, weil dort über einen längeren Zeitraum die interdisziplinäre Zusammenarbeit der Bereiche sichergestellt sein muss und sich die Anforderungen an den Einkauf während des oft mehrjährigen Produktlebenszyklus stark ändern. So ist die Zusammenarbeit in den Prozessschritten Innovationseinkauf, Ausschreibung und Verhandlung auf Basis der definierten Anforderungen, Projektbegleitung sowie Terminsteuerung und Claim Management in unterschiedlicher Intensität erforderlich. Den Nachteil, dass Entscheidungsprozesse bei einer starken Zentralisierung verlangsamt werden, kann man dadurch kompensieren, in dem diese ohne Qualitätsverlust standardisiert werden. Letztendlich birgt jedoch ein vollständig zentralisierter Einkauf im Unternehmen die Gefahr, dass die Gesellschaften die Motivation für eigene Kostenoptimierungen verlieren, nachdem mit dem Einkauf meist der größte Hebel für Einsparpotenziale nicht mehr in ihrem Verantwortungsbereich liegt.

Nachteil

4.3 Hybride Organisationsformen im Einkauf – Das Beste aus zwei Extremwelten

> „… there has been an increase in hybrid's popularity and it remains the most popular organizational mode."
>
> Johnson, Leenders, Fearon, 2006, S. 37

In der Praxis gibt es nur wenige Unternehmen, bei denen eine reine dezentrale oder zentrale Beschaffungsorganisation vorzufinden ist. Ganz im Gegenteil hat sich inzwischen in vielen Unternehmen, die Optimierungen an der Einkaufsorganisation vorgenommen haben, die Erkenntnis durchgesetzt, dass weder eine einseitige Dezentralisierung, noch eine extreme Zentralisierung vorteilhaft ist. Dadurch haben sich Mischfor-

Anteil hybrider Strukturen steigt

men herauskristallisiert, die den Extremformen überlegen sind. Auch empirisch zeigt sich dies in einer Studie über amerikanische Unternehmen aus dem Jahre 2004. So reduzierte sich der Anteil rein zentraler Einkaufsorganisationen seit 1987 von 28,0 % auf 25,4 %. Bei den dezentralen Organisationsformen gab es sogar fast eine Halbierung des Anteils (von 12,8 % auf 7,8 %). Entsprechend nahm der Anteil hybrider Strukturen im Zeitraum zwischen 1987 und 2004 zu.[51]

Begriffsvielfalt Einige Autoren sprechen bei den Mischformansätzen von Matrixorganisation, andere von einer dezentralen Organisation mit zentraler Koordination. Solange die Einkaufseinheit aber nur „koordinierend" tätig sein kann und keinen Durchgriff auf das operative Tagesgeschäft besitzt, können keine befriedigenden Ergebnisse erzielt werden. Ein derartiger Zentral- bzw. Stabsbereich bleibt in der Praxis immer ein „zahnloser Tiger" und sollte daher vermieden werden.

Shared Service Center In den letzten Jahren hat sich auch die Ausgestaltung des Einkaufs als interner Dienstleister oder „Shared Service Center"[52] herauskristallisiert, der zwar zentral in der Rolle als Dienstleister agiert, aber ohne tatsächliche Richtlinienkompetenz, d. h. Ordnungsfunktion von den dezentralen Gesellschaften beauftragt wird. Ob sich der Einkauf darüber hinaus am externen Markt behaupten muss, bzw. in wieweit ein Bezugszwang der dezentralen Unternehmensbereiche besteht, ist von der Konzernleitung festzulegen. Daraus lässt sich auch ableiten, ob die Steuerung des Shared Service Centers eher als Cost Center (bei einer rein internen Orientierung) oder als Profit Center (im Falle eines externen Marktauftritts) geeignet ist. Generell liegt die Ausgestaltung des Einkaufs als Shared Service Center sehr nahe an einem zentralen Organisationsmodell.

In der Ausgestaltung der Hybridform wurden in Theorie und Praxis einige wesentliche Elemente etabliert, die in einer modernen Einkaufsorganisation enthalten sein müssen, um erfolgreich zu sein. Ihre Vorteile liegen in der Verknüpfung von hohen Einsparungen, der Transparenz über die Einkaufsvolumina und den Vorteilen von lokalem Beschaffungs-Know-how.

Warengruppenmanagement Im ersten Schritt ist es wichtig, mithilfe eines Material- bzw. Warengruppenmanagements einen verbindlichen, standardisierten Materialgruppenschlüssel im gesamten Unternehmen einzuführen. Warengruppen sind dabei Artikel, die man anhand gemeinsamer Merkmale zusammenfassen kann. Solche gemeinsamen Merkmale können das Material sein, aus dem die Ware besteht, wie beispielsweise Kunststoff oder Blech. Ebenso kann auch der Verwendungszweck ein gemeinsames Merkmal darstellen. Teilweise liegt ein einheitlicher Materialgruppenschlüssel jedoch aus historischen Gründen, z. B. auf Grund eigenständiger Ge-

---

[51] Vgl. Johnson, Leenders, Fearon, 2006, S. 37.
[52] Shared Service Center können nach „expertise-based", d. h. Zusammenschluss von Fachkompetenz und „transaction-based", d. h. Bündelung von Standardprozessen unterschieden werden. Vgl. Bogaschewsky, Kohler, 2007, S. 156.

schäftseinheiten, Fusionen etc. noch nicht vor. Innerhalb der Material- bzw. Warengruppen gibt es daraufhin einen koordinierten standortübergreifenden Abgleich der Einkäufer hinsichtlich der Bearbeitung und Vorgehensweise. So werden hier Dezentralisierung und Zentralisierung zusammengeführt, indem einzelne Organisationseinheiten weiterhin die dezentralen und operativen Beschaffungsaufgaben übernehmen, während durch den konzernweiten Abgleich der Warengruppe die strategischen Aufgaben und eine einheitliche Steuerung vorgenommen wird.

Aufgabe innerhalb des Warengruppenmanagements ist es beispielsweise eine einheitliche Strategie auszuarbeiten oder das zukünftige Lieferantenportfolio zu definieren, d.h., man legt standortübergreifend fest, welche Lieferanten auf- und ausgebaut oder aber auch ausgephast werden sollen. Ebenso sollte eine einheitliche Meinung über die mögliche Stoßrichtung bei der Bearbeitung der Materialgruppe erarbeitet werden, wie z. B. ein stärkerer Fokus auf Spezifikationen oder Wettbewerbsdruck. Eine weitere Aufgabe ist es, die interdisziplinäre Zusammenarbeit festzulegen. Eine Erweiterung des Gedankens erfährt das Materialgruppenmanagement, wenn über den Einkauf auch die anderen Schnittstellenbereiche, wie z. B. Technik, Qualitätssicherung oder Produktion, in derartige Überlegungen mit einbezogen werden.

> **Beispiel: Miele**
> Bei Miele wird beispielsweise den dezentralen Strukturen im Unternehmen eine sehr hohe Bedeutung beigemessen, so dass bei der Optimierung der Einkaufsorganisation gezielt auf eine Materialgruppen-Management-Struktur zurückgegriffen wurde.

Leadbuyer

Leadbuyer, die auch als Global Commodity Manager oder Materialgruppenleiter bezeichnet werden, stellen das übergreifende Bindeglied einer Warengruppe dar und sind abhängig von der Ausprägung entweder nur fachlich oder aber auch disziplinarisch den anderen Einkäufern der Warengruppe vorgesetzt. Der Leadbuyer ist dabei Experte in seinem spezifischen Beschaffungsmarkt und übernimmt sämtliche strategische Aufgaben. Seine Verantwortung ist es, die individuellen Anforderungen an die Warengruppe innerhalb seines Verantwortungsbereichs zu definieren, Vorgaben für die Einkäufer zu erarbeiten und die Einhaltung der Regeln sowie die Umsetzung der Warengruppenstrategie nachzuhalten.

Der Leadbuyer ist aber auch dafür verantwortlich, dass die Vorgänge innerhalb seines Aufgabengebietes entsprechend den Vorgaben bearbeitet, mit den Einkaufskollegen und Technikern abgestimmt und zeitgerecht dem Entscheidungsgremium (Purchasing Council) mit einer Empfehlung zur weiteren Vorgehensweise vorgelegt werden. Auf Grund der Anforderung an die übergreifende Verantwortung der Materialgruppe ist es für den Leadbuyer erforderlich, über vertiefte Fremdsprachenkenntnisse sowie analytische Fähigkeiten zu verfügen und das eigene Kommunikationsgeschick für die Verhandlungen und Präsentationen auf- und auszubauen. Die Festlegung, welcher Einkäufer die Rolle des Leadbuyers übernehmen soll, kann nach Bedarfsgröße, Erfahrung, räumlicher Nähe zur Zentrale oder dem relevantesten Beschaffungsmarkt erfolgen.

> **Beispiel: Rehau und ThyssenKrupp**
> Beispielsweise wird das Leadbuyer-Konzept bei der Rehau AG & Co., Systemlieferant für polymerbasierte Lösungen im Bau, Automobilbereich und Industrie, eingesetzt. Auch ThyssenKrupp als integrierter Werkstoff- und Technologiekonzern setzt zur Koordination des Einkaufsvolumens von rund 30 Mrd. EUR das Leadbuyer-Konzept ein, um gezielt dezentrale Stärken mit zentralen Vorteilen zu verbinden.

Local Purchasing Team

Um den Bestrebungen nach Global Sourcing Stand halten zu können, richten international tätige Einkaufsorganisationen entsprechende Büros in den relevanten Zuliefermärkten ein. Diese werden als Internationale Einkaufsbüros, International Procurement Office (IPO) oder als Local Purchasing Team bezeichnet und abhängig vom Beschaffungsmarkt in den jeweiligen Regionen errichtet, um das lokale Know-how zu nutzen. Teilweise werden auch lokale Produktionsstätten genutzt, um eine Einkaufseinheit aufzubauen. Die Aufgabe von internationalen Einkaufsbüros ist es, die Beschaffungsaktivitäten in einer bestimmten Region zu erleichtern, zu koordinieren und operativ umzusetzen. In der Regel ist es die Zielvorgabe an diese IPOs, die Einkaufsvolumen aus ihrer Region für das gesamte Unternehmen zu erhöhen.

Als kritisches Beschaffungsvolumen für die Wirtschaftlichkeit eines internationalen Einkaufsbüros wird dabei eine Höhe von ca. 15 Mio. EUR gesehen. Daher ist die Vorgabe sinnvoll, dass bei allen Anfragen die internationalen Einkaufsbüros involviert werden müssen und diese damit die Möglichkeit erhalten, die Anfragen auch an die jeweiligen Zulieferer in ihrer Region zu versenden. Bei der Auswahl der Mitarbeiter muss darauf geachtet werden, dass neben dem Einkaufs-Know-how auch entsprechende Sprachkenntnisse und interkulturelle Fähigkeiten vorhanden sind.

> **Beispiel: IKEA**
> IKEA besaß 2010 insgesamt 29 Einkaufbüros in 25 Ländern. Die wesentlichen Lieferländer sind dabei China mit 24 %, Polen mit 17 %, Italien mit 8 % sowie Schweden und Deutschland mit jeweils 5 % des Beschaffungsvolumens.

Corporate Sourcing Committee

Während früher in Abhängigkeit von definierten Wertgrenzen die Entscheidungen innerhalb der verschiedenen Hierarchieebenen getroffen und damit nichts anderes gemacht wurde, als die Entscheidungsfindung in der Unternehmenshierarchie „nach oben zu delegieren", hat es sich als objektiver, transparenter und effizienter herausgestellt, dass die Entscheidungen über Einkaufsvorgänge in einem interdisziplinär besetzten Team gefällt werden. Diese werden als Einkaufsgremium, Purchasing Council oder als Corporate Sourcing Committee etc. bezeichnet. Im Idealfall werden die Entscheidungen nicht aggregiert, sondern auf Einzelteilebene (dies ist beispielsweise bei Volkswagen oder Kion der Fall) getroffen,

4.3 Hybride Organisationsformen im Einkauf 133

was bedeutet, dass im Unternehmen die volle Transparenz vorliegt, bei welchen Kaufteilen Preisreduzierungen vorgenommen oder Lieferanten gewechselt werden.

In dem Einkaufsgremium sollten nur die volumenstärksten Vorgänge behandelt werden („A-Teile"). Daher empfiehlt es sich, entsprechende Wertgrenzen zu definieren, die zwar 80 % des Einkaufsvolumens umfassen, aber in der Regel nicht mehr als 20 % der Entscheidungsumfänge betreffen. Zur Abwicklung bedarf es einer effizienten und insbesondere entscheidungsorientierten Diskussion. Im Idealfall tagt das Gremium wöchentlich und schafft es, bis zu 300 Einkaufsvorgänge zu behandeln. Um dies zu gewährleisten werden Standards für das Reporting und die Präsentation vorgenommen. Vortragende sind die jeweils verantwortlichen Einkäufer. Anschließend wird die Entscheidung von allen Teilnehmern des Einkaufsgremiums unterschrieben bzw. elektronisch freigegeben. Diejenigen Kaufteile, zu denen keine Entscheidung getroffen wird, gelangen automatisch auf die Agenda der nächsten Sitzung. Bei der Besetzung ist zu beachten, dass eine qualifizierte Zusammensetzung von Entscheidungsträgern erfolgt. Die erarbeiteten und entschiedenen Potenziale werden dann regelmäßig gemessen und mit der Budgetplanung verzahnt.

Abb. 36: Zusammensetzung Entscheidungsgremium im Einkauf

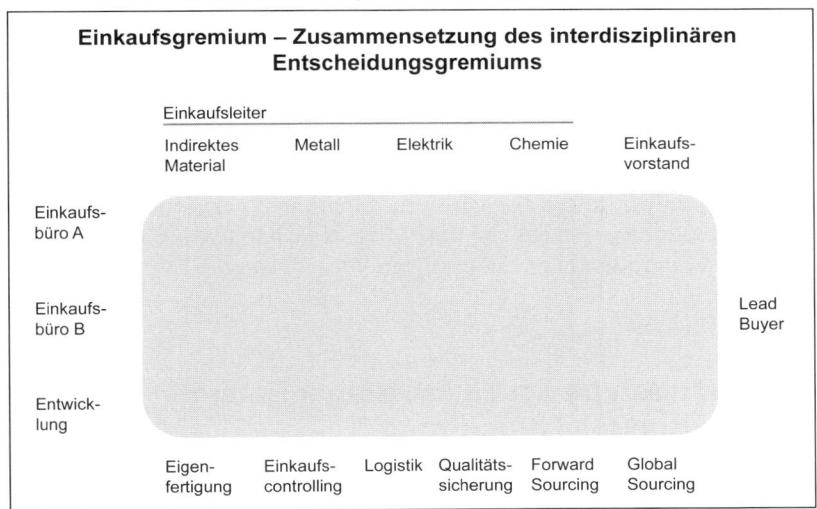

Quelle: In Anlehnung an Versteeg, 1999, S. 41

> **Beispiel: Das Corporate Sourcing Committee von Volkswagen**
> In vielen professionellen Einkaufsorganisationen wurde in der Zwischenzeit ein Einkaufsgremium installiert. Bekanntes Beispiel ist das Corporate Sourcing Committee des Volkswagen Konzerns, das auch kurz „CSC" genannt wird. Bei genauerem Hinsehen zeigt sich jedoch bei einigen Unternehmen – im

4 Einkaufsorganisation – Zentralisation versus Dezentralisation

Gegensatz zu Volkswagen –, dass zwar ein Gremium installiert wurde, die wesentlichen Bestandteile, wie sie oben beschrieben sind, bei der praktischen Ausgestaltung jedoch nicht berücksichtigt werden. Statt eines monatlichen Erfahrungsaustausch über generelle Einkaufs- oder Warengruppenaktivitäten bzw. -strategien hat die oben beschriebene Form eines Einkaufsgremiums das Ziel, alle operative Entscheidungen über die wesentlichen Kaufteile und Dienstleistungen zu treffen, und zwar unabhängig davon, ob es sich um neue oder bereits im Einsatz befindliche Umfänge, die über eine Anfrage überprüft wurden, handelt. Damit werden gemeinschaftlich die Einsparbemühungen bei Materialkosten unterstützt.

Beispiel: Veränderung der Einkaufsorganisation bei der HypoVereinsbank
Als Beispiel für einen positiven Transformationsprozess der Einkaufsorganisation kann die HypoVereinsbank genannt werden, die dabei nach eigenen Informationen wesentliche Verbesserungen erzielen konnte, wie beispielsweise die Reduktion des Maverick Buying von 26 % auf 9 %, die Verbesserung der Einsparleistung von 35 % und eine effizientere Abwicklung bei administrativen Aufgaben, insbesondere bei C-Artikeln. Dabei wurde eine länderübergreifende Matrixorganisation definiert, wobei die disziplinarische Verantwortung in den Regionen verblieben ist, um weiterhin den fachlich versierten Ansprechpartner vor Ort zu gewährleisten. Zur gruppenweiten Verantwortung wurden je Materialgruppe sogenannte Global Commodity Manager installiert, die je Standort durch National Commodity Manager unterstützt werden. Darüber hinaus hat die HypoVereinsbank eine zentrale IT-Plattform aufgebaut und die nationale Beschaffung aller C-Bedarfe, wie z. B. Büromaterial oder Umzüge, und die damit verbundenen Aufgaben an externe Dienstleister vergeben.[53]

Change-Management Wichtig bei einer Veränderung der Einkaufsorganisation, egal ob man stärker zentralisieren oder dezentralisieren möchte, ist es, die Mitarbeiter von Beginn an in den Veränderungsprozess mit einzubeziehen und nicht, wie leider noch allzu oft, vor vollendete Tatsachen zu stellen. Neben der Analyse und Ausgestaltung der neuen Struktur sollten z. B. durch die parallele Begleitung mithilfe eines Change-Management-Ansatzes die Einkaufsmitarbeiter auf die Veränderungen vorbereitet werden.

4.4 Veränderung der Einkaufsorganisation – Praxisbeispiel Kion Group[54]

„Die Organisation muss sozusagen Gelegenheit bekommen, die Chancen und Risiken dieser Veränderung selbst zu erleben"
Krossa, Harm, in: Bergauer, Wierlemann, 2008, S. 122

Kion ist mit 21.000 Mitarbeitern und einem Umsatz von über 4,7 Milliarden EUR im Jahr 2012 ein internationaler Mehrmarkenhersteller

---
[53] Vgl. Pintz, in: Bergauer, Wierlemann, 2008, S. 143.
[54] Vgl. Krossa, Harm, in: Bergauer, Wierlemann, 2008, S. 108 ff.

4.4 Veränderung der Einkaufsorganisation

von Flurförderzeugen, wie z. B. Gabelstapler der Marken Linde, Still, Fenwick, OM, Baoli und Voltas. Die KION Group ist dabei an 12 internationalen Standorten tätig und unterhält ein Vertriebs- und Servicenetz in über 100 Ländern. Die Einkaufsorganisation wird seit 2002 kontinuierlich und evolutorisch weiterentwickelt. Die primäre und übergeordnete Zielsetzung war dabei immer die Verwirklichung von Einsparungen bei den Beschaffungskosten. Davon abgleitet werden auf Basis einer Balanced Scorecard-Logik auch andere Zielgrößen verfolgt, wie z. B. die Erhöhung des Beschaffungsanteils aus ausländischen Quellen. Der Global Sourcing Anteil konnte von rund 11 % im Jahr 2005 auf ein Ziel von 25 % im Jahr 2010 mehr als verdoppelt werden.

Die Entwicklung der Einkaufsorganisation von Kion vollzog sich in einem fünfstufigen Prozess, bei dem aufbauend auf den jeweiligen Erfahrungen der vorangegangenen Stufe die Weiterentwicklung vorangetrieben wurde.

1. Stufe: Dezentraler Einkauf

Bis zum Jahr 2002 arbeitete die jetzige Kion-Group, die damals noch als Material Handling der Linde AG tätig war, wie viele Unternehmen mit einem klassischen und stark dezentralisierten Einkauf, bei dem Beschaffungsprozesse an jedem Standort unterschiedlich ausgeprägt waren und entsprechend heterogen gelebt wurden. Abstimmungen zwischen den verschiedenen Einkaufsabteilungen waren nicht institutionalisiert und damit im Wesentlichen personenabhängig. Volumenbündelung fand nur dort statt, wo man „ohnmächtig" einem Monopollieferanten gegenüberstand. Auch die Qualifikation und das Profil der Einkaufsmitarbeiter waren stark heterogen. Die verwendeten IT-Systeme waren ebenso unterschiedlich, so dass eine Konsolidierung der Daten, auch auf Grund unterschiedlicher Warengruppenschlüssel, nicht möglich war. Hauptnachteil des Einkaufs war es, dass an den unterschiedlichen Standorten eine unterkritische Größe vorlag, die eine Spezialisierung und Konzentration der Mitarbeiter nicht zuließ, so dass der Einkauf hauptsächlich administrativ tätig war und keine besondere Akzeptanz bei anderen Abteilungen erlangen konnte.

2. Stufe: TRIM.100-Projekt

Getrieben durch einen starken Ergebnisrückgang kam die Notwendigkeit im Jahr 2002, im Gesamtunternehmen Einsparungen in Höhe von 100 Mio. EUR erzielen zu müssen, wobei vom Einkauf ein signifikanter Beitrag erwartet wurde. Dies ergab die Möglichkeit, im Rahmen eines von Beratern unterstützten Projekts mit dem Namen TRIM.100 in drei Bearbeitungswellen sämtliche Warengruppen mit direktem Produktionsmaterial unternehmensübergreifend zu optimieren.[55] Ein Einkäufer wurde je Warengruppe als Leadbuyer ernannt und nach Schaffung der Datentransparenz auf Einzelteileebene die werthaltigsten Kaufteile bei

---

[55] Zur Vorgehensweise eines derartigen Programms vergleiche die Ausführungen des sechsten Kapitels.

allen im Unternehmen bekannten Lieferanten angefragt. Auf Basis der Ergebnisse wurden Entscheidungsvorschläge im Team erarbeitet und einem interdisziplinär besetzten Gremium, dem „Purchasing Committee" zur Entscheidung vorgelegt. Im Anschluss erfolgte ein „rigoroses Implementierungscontrolling".

3. Stufe: Markeneinkaufsorganisation
Aufbauend auf den Erfahrungen im TRIM.100-Projekt wurden die erfolgreichen Elemente übernommen und nachhaltig implementiert. So wurde die Position eines Gesamteinkaufsleiters auf Konzernebene geschaffen, die Einkaufsleiter der größten Standorte zu Markeneinkaufsleitern ernannt und ein Data Warehouse eingerichtet, um die Transparenz der Kaufteile sicherzustellen und allen Einkäufern uneingeschränkt zur Verfügung zu stellen. Außerdem differenzierte man die Warengruppen in Abhängigkeit von Synergiepotenzialen und der Notwendigkeit zur dezentralen Nähe in drei Kategorien, je nachdem ob eine zentrale Beschaffung, ein Bezug auf Markenebene oder der lokale Bezug am Standort vorteilhaft erschien.

4. Stufe: GoIPO-Projekt
Im Rahmen der Ausgliederung von Material Handling aus der Linde AG und der Umfirmierung in Kion Group GmbH wurde im Rahmen der Due Diligence transparent, dass trotz der Veränderung der Einkaufsorganisation in den vorangegangenen Jahren immer noch erhebliche Beschaffungsvolumina nicht durch die Einkaufsorganisation bearbeitet und verhandelt wurden. So vergab die Vertriebsorganisation ihre Aufträge eigenständig und auch innerhalb des indirekten Einkaufs lagen immer noch nicht realisierte Potenziale. Darüber hinaus wurde die Beschaffung aus Niedrigkostenländer forciert, nachdem trotz eines mehrjährigen Engagements des Unternehmens in China die Kontakte im Einkauf nicht ausreichend genutzt wurden. Im Gegensatz zum TRIM.100-Projekt wurden die Teams auch um andere Bereiche außerhalb des Einkaufs, wie z. B. Technik und Qualitätssicherung, erweitert, so dass ein interdisziplinärer Ansatz verfolgt werden konnte. Lagen die Optimierungsmöglichkeiten eher auf der Erhöhung des Wettbewerbsdrucks, so wurde der Schwerpunkt von Ausschreibungen auf die Identifizierung und Integration neuer, für die Organisation noch unbekannte Lieferanten gelegt. Bei Optimierungspotenzialen im Bereich der Harmonisierung von Spezifikationen wurden „technical expert workshops" durchgeführt, die das Ziel verfolgten, technisch Lösungen marken- und standortübergreifend zu optimieren.

5. Stufe: Zukunft der Kion-Einkaufsorganisation
Zukünftige Herausforderungen in der Einkaufsorganisation der Kion Group beziehen sich auf die weitere stärkere Zentralisierung der Warengruppen und dem Ausbau eines verpflichtenden interdisziplinär besetzten Entscheidungsgremiums („Corporate Sourcing Committee"). Dabei müssen auch entsprechender Wertgrenzen festgelegt und die Umsetzung von einheitlichen Prozessen und Methoden im gesamten

Einkaufsbereich, so beispielsweise für die Auswahl und Beurteilung von Lieferanten, nachverfolgt werden, damit diese umgehend in allen Standorten eingesetzt werden können. Darüber hinaus stellt sich die Frage, wie die Ende 2012 besiegelte strategische Partnerschaft mit Weichai Power, als Teil der Shandong Heavy Industrie Group eines der führenden chinesischen Industrieunternehmens, zukünftig genutzt werden kann, um weitere internationale Synergien zu erarbeiten und zu realisieren.

4.5 Fragen zu Kapitel 4

1. Einkaufsorganisationen können sowohl zentral wie auch dezentral ausgerichtet sein. Erläutern Sie kurz die Vorteile der jeweiligen Organisationsform.
2. Wie können die Vorteile von zentraler und dezentraler Organisationsform in der Beschaffung intelligent verknüpft werden?
3. Wie schafft es ein Leadbuyer-Konzept, die Vorteile der beiden Extremformen in Einkaufsorganisationen zu verbinden?
4. Bisher gibt es kein Patentrezept für die Ausgestaltung der Einkaufsorganisation. Daher muss diese individuell erfolgen und für die Festlegung der passenden Form müssen einige Faktoren im Unternehmen berücksichtigt werden. Welche sind die wesentlichen Einflussfaktoren?
5. Die Hybridform gilt nach aktuellen Studien derzeit als die präferierte Organisationsform im Einkauf. Welche verschiedenen Ausgestaltungselemente können dabei berücksichtigt werden?

4.6 Fallstudie 4: Einkaufsorganisation

„Inzwischen arbeiten Sie schon über zwei Jahre bei uns. Die Zusammenarbeit mit Ihnen macht mir sehr viel Spaß", lobt Sie Hans Schuster. „Ihre persönliche Lernkurve war dabei sehr beeindruckend. Sie haben sich von einem Hochschulabsolventen zu einem richtigen Einkäufer entwickelt, der auch strategische Möglichkeiten bei seiner Arbeit berücksichtigt."

Natürlich freuen Sie sich über das unerwartete Lob und werden auch ein bisschen rot dabei. Immerhin kommt es nicht jeden Tag vor, dass Sie von Ihrem Chef gelobt werden. Aber natürlich ist es sehr motivierend, wenn man von seinem Vorgesetzten solch eine Rückmeldung bekommt. Noch dazu, nachdem die tägliche Arbeit oftmals doch sehr hektisch ist und die Lieferantenverhandlungen nicht immer das Ergebnis bringen, dass Sie sich erhoffen. Zusätzlich entstehen immer wieder Schwierigkeiten in der Logistik, bei denen Sie um Hilfe gebeten werden. Auch bei den Kollegen aus der Technik ist es nicht einfach, als Kaufmann seine Ideen zur Reduktion von Kosten durchzusetzen. Aber Sie haben in der Zwischenzeit Ihre Überzeugungskraft verbessert und es oftmals geschafft, die Ideen so zu verkaufen, als wenn diese von den technischen Kollegen gekommen wären. Und im Anschluss hatten die ersten Erfolge dann auch zu noch mehr Akzeptanz geführt.

Ihnen ist klar, dass eine Ansprache durch Herrn Schuster auch in der Regel eine neue Aufgabe zur Folge hat. Dazu kennen Sie ihn inzwischen zu gut. Und in der Tat lässt diese nicht lange auf sich warten. „Wie Sie wissen haben wir eine sehr komplexe Struktur innerhalb des Einkaufs", beginnt Ihr Chef. „Das ist zum einen historisch bedingt, zum anderen haben wir auch niemals nach dem Erwerb eines neuen Unternehmens die Einkaufsorganisation angepasst. In vielen Standorten sind sogar die Warengruppen unterschiedlich aufgeteilt, so dass kein wirklich automatisierter Vergleich der Daten möglich ist. Sie selbst haben ja schon bemerkt, wie viel manueller Aufwand notwendig ist, um einheitliche Preise bei einigen ausgewählten Kaufteilen innerhalb unserer Gruppe zu erzielen."

In der Tat hatten Sie in den letzten Monaten mehrfach versucht, Ihre Preise mit den Kollegen aus den anderen fünf Standorten zu vergleichen. Dies war neben dem Tagesgeschäft ein mühsames Unterfangen gewesen. Teilweise hatten die Kollegen auch kein wirkliches Interesse gezeigt, nachdem die Geschäftsbereiche bisher sehr autonom und mit eigener Gewinn- und Verlustrechnung geführt wurden. Vom Konzernvorstand standen eher die drei Hauptmarken im Vordergrund, die im Wettbewerb geführt werden. An die Realisierung von funktionsübergreifenden Synergien wurde nicht einmal gedacht. Auch wenn die Geschäftsführer dies nicht wirklich kundtaten, hatten Sie persönlich aber dennoch den Eindruck, dass sie Angst hatten, mit dem Einkauf einen wesentlichen Hebel für ihr Gesamtergebnis aus den Händen zu geben. Jede Gesellschaft hatte daher ihren eigenen Einkauf. An eine reine Zentralisierung in der Zentrale war zurzeit noch nicht zu denken, auch wenn dies viele Möglichkeiten bei der Bündelung der Bedarfe eröffnen würde.

„Ich bin überzeugt, dass wir uns in der Beschaffungsabteilung auch langfristig weiter verbessern und dies sogar zügig umsetzen müssen. Ich denke dabei sehr intensiv über eine Neuorganisation des Einkaufs nach. Ich hätte dabei gerne Ihre Hilfe, nachdem Sie die Herausforderungen des Global Sourcings für uns bereits hervorragend gemeistert und auch umgesetzt haben", fährt Hans Schuster fort. „Machen Sie mir doch bitte einen ersten Entwurf für einen Fahrplan, wie wir unsere Einkaufsorganisation optimieren können. Gerne können wir dabei auch schrittweise vorgehen. Ich muss dieses Thema in einer Woche beim Vorstand besprechen."

4.7 Literatur zu Kapitel 4

Arnold, Kasulke, Praxishandbuch innovative Beschaffung, 2007.

Arnolds et al., Materialwirtschaft und Einkauf, 12. Auflage, 2012.

Bergauer, Wierlemann, Einkauf – Die unterschätzte Macht, 2008.

Bogaschwesky, Kohler, Innovative Organisationsformen des Einkaufs im Kontext der Globalisierung, in: Sanz, Semmler, Walther, Die Automobilindustrie auf dem Weg zur globalen Netzwerkkompetenz, 2007, S. 143–160.

Dimitri, Piga, Spagnolo, Handbook of Procurement, 2006.

Droege & Comp., Gewinne einkaufen. Best Practice im Beschaffungsmanagement, 1998.

Fröhlich, Lingohr, Gibt es die optimale Einkaufsorganisation? Organisatorischer Wandel und pragmatische Methoden zur Effizienzsteigerung, 2010.

Johnson, Leenders, Fearon, Supply's Growing Status and Influence: A Sixteen Year Perspective, in: The Journal of Supply Chain Management, 42. Jahrgang, Nummer 2, 2006, S. 33–43.

Kaufmann, Internationales Beschaffungsmanagement. Gestaltung strategischer Gesamtsysteme und Management einzelner Transaktionen, 2001.

Krampf, Einsparerfolge durch Optimierung des Einkaufs, in: ew, 104. Jahrgang, Heft 25, 2005, S. 20–25.

Large, Strategisches Beschaffungsmanagement. Eine praxisorientierte Einführung mit Fallstudien, 5. Auflage, 2013.

Leftwich et al., Organizational Concepts for Purchasing and Supply Management Implementation, 2004.

Rozemeijer, How to manage corporate purchasing synergy in a decentralised company? in: European Journal of Purchasing & Supply Management, 6. Jahrgang, Nummer 1, 2000, S. 5–12.

Rüdrich, Kalbfuß, Weißer, Materialgruppenmanagement. Quantensprung in der Beschaffung, 2. Auflage, 2006.

Trent, The Use of Organizational Design Features in Purchasing and Supply Management, in: The Journal of Supply Chain Management, 40. Jahrgang, Nummer 3, 2004, S. 4–18.

Versteeg, Revolution im Einkauf. Höchste Qualität und bester Service zum günstigsten Preis, 1999.

5 Einkaufscontrolling zum Erfolgsnachweis

> „Man sollte die Dinge so einfach wie möglich machen –
> aber nicht einfacher"
>
> Albert Einstein

Auch wenn sich die Begriffe „Controlling" und „Kontrolle" vom Klang ähneln, so versteht man unter Kontrolle eher eine operative Aktivität. Darüber hinaus ist der Begriff mit negativen Attributen besetzt. Innerhalb des Controllings ist ein strategisches Vorgehen gemeint, dass sowohl eine Zielfestlegung und entsprechende Überwachung, als auch eine daraus abgeleitete Abweichungsanalyse beinhaltet. Bei zunehmenden Unternehmensgrößen erhöht sich die Arbeitsteilung innerhalb einer Organisation. Damit gehen auch starke Veränderungen im Controlling einher und der Koordinationsbedarf steigt auf allen Führungsebenen. So wird z. B. eine stärkere Dezentralisierung und Spezialisierung im Controlling erforderlich, was an Stelle eines Zentralcontrollings zu einem Bereichscontrolling führt. Diese Anforderung ist auch in der Betriebswirtschaftslehre noch ein relativ junges Forschungsgebiet.

Zieldefinition, -überwachung und Abweichungsanalyse

Das Umdenken im Einkauf hinsichtlich Aufgaben- und Verantwortungsbereich sowie der hierarchische Aufstieg, der mit der stärkeren strategischen Ausrichtung der Beschaffung korreliert, haben auch zu Veränderungen in der Erfolgsmessung in diesem Bereich geführt. Sind bei der vorwiegend administrativen Abwicklung von Beschaffungsvorgängen eher Kennzahlen, wie beispielsweise Einkaufsvolumen, Anzahl Bestellungen je Einkäufer, Bestellkosten oder Anzahl Anfragen je Bestellung, gefragt, so ändert sich dies bei der stärker strategischen und beratenden Funktion des Beschaffungsbereichs hin zu qualitativen Kennzahlen.

Das Beschaffungscontrolling muss von den Unternehmenszielen und dem -controlling abgeleitet sein und die spezifischen Besonderheiten und aktuellen Entwicklungen im Einkauf berücksichtigen. Ziel ist es, die Aktivitäten im Beschaffungsmanagement zu koordinieren und die Informationsversorgung sicherzustellen. Dabei werden die einzelnen Schritte der Beschaffungsplanung, -steuerung, -kontrolle und -informationsversorgung unterstützt.

Ziele

Die Elemente des Beschaffungscontrollings sind die Erfassung und Bewertung der Ausgangssituation, um die Antworten auf die Fragen „Was wird wo und wie eingekauft?" geben zu können. Darüber hinaus muss eine Steuerung von Maßnahmen z. B. durch die Nutzung einer Balanced Scorecard bzw. der Beschaffungsbudgetierung ermöglicht werden, um die Umsetzung und Realisierung von Einkaufspotenzialen sicherzustellen. Ebenso hat eine Erfolgs-, Umsetzungs- und Prämissenkontrolle für alle Aktivitäten des Beschaffungsbereichs zu erfolgen. Letztendlich muss auch die Informationsbereitstellung mithilfe von Marktforschungsergebnissen, Früherkennungsindikatoren, Lieferantenbewertung und einem spezifischen Berichtswesen sichergestellt werden, damit die Einkäufer bzw. Führungskräfte über die notwendigen Informationen verfügen.

5.1 Grundlagen des Einkaufscontrollings

„What gets measured, gets done."
Unternehmensweisheit

Instrumente Die Instrumente des Beschaffungscontrollings können hinsichtlich ihrer Ausrichtung in strategisch und operativ unterschieden werden. Dem strategischen Beschaffungscontrolling werden dabei Potenzialanalyse und das Erstellen des Beschaffungsportfolios zugeordnet, das operative Beschaffungscontrolling beschäftigt sich mit der Budgetierung und dem Berichtswesen im Einkauf sowie der Verwendung von Kennzahlen. Neben den Nutzungsmöglichkeiten des Portfoliomanagements in der Beschaffung sollen im Folgenden die operativen Teile des Einkaufcontrollings und dabei insbesondere die Nutzung von Kennzahlen im Vordergrund der Ausführungen stehen. Eine Möglichkeit zur Potenzialermittlung wird innerhalb des sechsten Kapitels dargestellt. Andere Instrumente des strategischen Einkaufscontrollings, wie beispielsweise der Supplier Lifetime Value, wurden im Rahmen vorangegangener Kapitel bereits erläutert.

Kennzahlen im Einkauf Kennzahlen werden herangezogen, um über einen quantitativ gemessenen Sachverhalt in komprimierter Weise zu informieren. Gerade im Einkauf mit seiner primären Orientierung an Einsparungen für das Unternehmen ist es daher besonders wichtig, die entsprechenden Ergebnisse über ein geeignetes Controlling darzustellen, um entweder aufkommende Probleme frühzeitig wahrnehmen oder aber eine notwendige Ursachenanalyse durchführen zu können. Erstaunlicherweise gibt es aber immer noch Einkaufsorganisationen, die weder die Einkaufsvolumen ihrer unterschiedlichen Warengruppen, noch ein Gesamteinkaufsvolumen über verschiedene Geschäftsbereiche darstellen können. Damit ist auch eine aktive Unterstützung für die Einkäufer im Rahmen hilfreicher Analysen wie Umsatzentwicklung je Lieferant etc. nicht gewährleistet.

Grundelemente einer Kennzahl Grundelemente einer Kennzahl sind ihr Informationscharakter, d. h. über welchen Sachverhalt berichtet wird. Im Einkauf kann dies z. B. eine Lieferantenanalyse, ein Vergleich der Entwicklung von Kostenbestandteilen o.ä. sein. Darüber hinaus ermöglicht eine Kennzahl die Quantifizierbarkeit von Sachverhalten und gibt damit die Möglichkeit, eine Transparenz auf Basis von Daten zu erzeugen. Letztendlich unterscheidet man auch die spezifische Form der Information, d. h. die Art ihrer Darstellung. Kennzahlen können beispielsweise innerhalb von Schaubildern, in Form einer Matrix oder als Skala dargestellt werden.

Ziel ist es, sich am erforderlichen Bedarf zu orientieren, d. h. nicht die maximale Quantität von Kennzahlen zu erheben, sondern entsprechend den Erfordernissen diejenige Kennzahl zu ermitteln, die den zu untersuchenden Sachverhalt am besten darstellt. So sollten keine überflüssigen Statistiken produziert werden. Z. B. ist der Umfang von Bonusvereinbarungen mit Lieferanten auf der einen Seite sinnvoll, da er zu Preisnachlässen bei Lieferanten führt. Auf der anderen Seite beinhalten Bonusregelungen aber auch einen erhöhten administrativen Aufwand, da die gewährten Nachlässe im Nachgang umgesetzt werden müssen. Sinnvoller ist es daher, entsprechende Preiszugeständnisse direkt, also in niedrigeren Preisen zu realisieren. **Aussagekräftige Kennzahlen**

Wichtig bei der Festlegung von Kennzahlen ist es, dass nur Aussagen über Vorgänge getroffen werden, die der Nutzer auch wirklich beeinflussen kann. Alle anderen Informationen sind „nice to have", sollten aber gerade angesichts der sowieso vorhandenen täglichen Informationsflut gleich von Anfang an unterlassen werden. Letztendlich dienen Kennzahlen als Basis für Entscheidungen. Sie verdichten Zustände oder Zusammenhänge und machen damit viele komplexe Vorgänge und Strukturen für die Entscheidungsträger erst transparent.

Eine allgemeine Klassifizierung von Kennzahlen lässt sich anhand von vier Kriterien vornehmen: **Klassifizierung von Kennzahlen**

Bei der Form der Kennzahl unterscheidet man, ob es sich um absolute Zahlen oder Verhältniszahlen handelt. Absolute Zahlen im Einkauf sind z. B. das gesamte Einkaufsvolumen eines Unternehmens oder Warengruppe, Abweichungen der Umsätze eines Lieferanten über die vergangenen Jahre oder Durchschnittswerte, wie beispielsweise die durchschnittlichen Einsparungen eines Jahres. Verhältniszahlen zeigen hingegen eine Beziehung zwischen zwei Werten auf, wie man sie beispielsweise für die Darstellung der prozentualen Einsparung bei einem Auftrag, den Lieferanteil eines Zulieferers bei einem Kaufteil oder der Aufteilung des Einkaufsvolumens auf verschiedene Bereiche benötigt. **Form**

Auf Basis des Objektbezugs unterscheidet man nach Mengen-, Zeit- und Wertgrößen. Mengengrößen stellen z. B. den Monatsbedarf eines Kaufteils oder die Häufigkeit von Lieferschwierigkeiten eines Zulieferers dar. Zeitgrößen sind im Einkauf insbesondere für die Terminfestlegung notwendig, so z. B. bei der Fixierung der Anlieferung oder der Abfrage nach Vorbereitungszeiten für die Erstellung neuer Werkzeuge bei der Fertigung von Bauteilen beim Lieferanten. Wertgrößen sind beispielsweise für die Quantifizierung der Einsparerfolge oder die Darstellung der Einkaufsvolumen erforderlich. **Objektbezug**

Zielorientierung Eine Kennzahl kann unterschiedliche Zielsetzungen verfolgen, so beispielsweise an welchen Ursachen eine Veränderung gelegen hat (z. B. Rückgang des Einkaufsvolumens um 23 %) oder wie weit man bei einer Zielerreichung vorangeschritten ist (z. B. 71 % des Einsparziels sind bereits erreicht). Darüber hinaus kann man mit einer Kennzahl beispielsweise aufzeigen wollen, welche Auswirkung eine Maßnahme hat (z. B. wie viel Potenzial hat sich bei einem Einsparprogramm vom Ideenstatus bereits in die Umsetzung verändert) oder sie als Vergleich bei gleichartigen Vorgängen nutzen (z. B. Vergleich des aktuellen Preises eines Kaufteils mit seinem Vorjahrespreis). Ebenso kann eine Kennzahl eine Zeitreihe zur Überwachung eines eingestellten Zustandes (z. B. Darstellung der Härtegradentwicklung von Maßnahmen im Monatsvergleich) darstellen.

Wirkungsbereich Beim Wirkungsbereich von Kennzahlen unterscheidet man, ob sich der Vorgang auf eine Stelle (z. B. 5 % Einsparung im Einkauf von Produkt A in Betrieb X) oder auf mehrere Organisationsbereichen (z. B. 3 % Einsparung im Einkauf und Logistik von Produkt A in Betrieb X) bezieht. Er kann aber auch mehrere Betriebe (z. B. 6 % Einsparung im Einkauf von Produkt A in Betrieb X und Y) oder mehrere Vorgänge (z. B. 3 % Einsparung im Einkauf von Produkt A, B und C in Betrieb X) umfassen.

5.2 Portfoliomanagement in der Beschaffung

> *„The approach has given them a simple but effective framework for collecting marketing and corporate data, forecasting future supply scenarios, and identifying available purchasing options as well as for developing individual supply strategies for critical items and materials."*
>
> Kraljic, 1983, S. 112

Eine der ersten Erwähnungen zum Einsatz eines Portfoliomanagements in der Beschaffung findet sich bei der Veröffentlichung von Kraljic aus dem Jahre 1983.[56] Seit dem haben eine Vielzahl von Autoren auf diese Ausführungen zurückgegriffen und die Idee weiterentwickelt bzw. an andere Fragestellungen angepasst. Für das strategische Einkaufscontrolling und das warengruppenspezifische Vorgehen eines Unternehmens gegenüber seinen Lieferanten besitzt die Ursprungslogik von Kraljic auch heute noch durchaus hohe Relevanz in der betrieblichen Praxis und wird häufig eingesetzt, wie beispielsweise bei der Geberit AG, dem europäischen Marktführer für Sanitärtechnik mit Sitz in der Schweiz.

Vier Normstrategien Zur Entwicklung von vier Normstrategien werden die Warengruppen nach dem Einkaufsvolumen und dem Versorgungsrisiko kategorisiert. Bei der ersten Dimension, dem Einkaufsvolumen wird dabei auf die ABC-Analyse zurückgegriffen, die die Beschaffungsobjektes nach ihrer Bedeutung einordnet und damit eine Priorisierung der Aktivitäten ermöglicht.

---
[56] Vgl. Kraljic, 1983.

5.2 Portfoliomanagement in der Beschaffung

Man geht dabei der Fragestellung nach, welchen Anteil die Warengruppe am gesamten Einkaufsvolumen besitzt und sortiert diese absteigend. Es zeigt sich, dass ein kleiner Teil der eingekauften Materialien einen großen Teil des gesamten Beschaffungsvolumens im Unternehmen ausmacht. Da meist 20 % der Einkaufsumfänge bereits 80 % des Volumens entsprechen, wird dieses Vorgehen in der Praxis auch als 80-20-Regel bezeichnet. Generell wird die Einordung so vorgenommen, dass die Kategorie A die Warengruppen mit hohem, B mit mittlerem und C mit geringem Einkaufsvolumen enthält. Bei der zweiten Dimension, dem Versorgungsrisiko werden Kriterien wie Verfügbarkeit, Wettbewerb unter den Lieferanten und Substitutionsmöglichkeiten der Materialien genutzt.

Beim Standardmaterial, wie z. B. Büro-, Hilfs- und Betriebsmaterial, ist es das Ziel, die Prozesskosten zu minimieren, da die Kaufteile einen geringen Beitrag am Einkaufsvolumen besitzen, also C-Teile sind und die Kosten der operativen Bestellabwicklung daher einen relativ hohen Einfluss haben. Standardteile sollten über elektronische Kataloge beschafft oder der Einkauf an einen externen Dienstleister übertragen werden, der zusätzlich auch die Logistik des Standardmaterials übernimmt. Ebenso kann die Möglichkeit von Collective Sourcing in Betracht gezogen werden. **Standardmaterial**

In der Kategorie der Kernmaterialien, die auch teilweise als Hebelprodukte bezeichnet werden, handelt es sich um A-Materialien, bei denen eine geringe Gefahr des Lieferausfalls vorhanden ist, so dass man gele- **Kernmaterial**

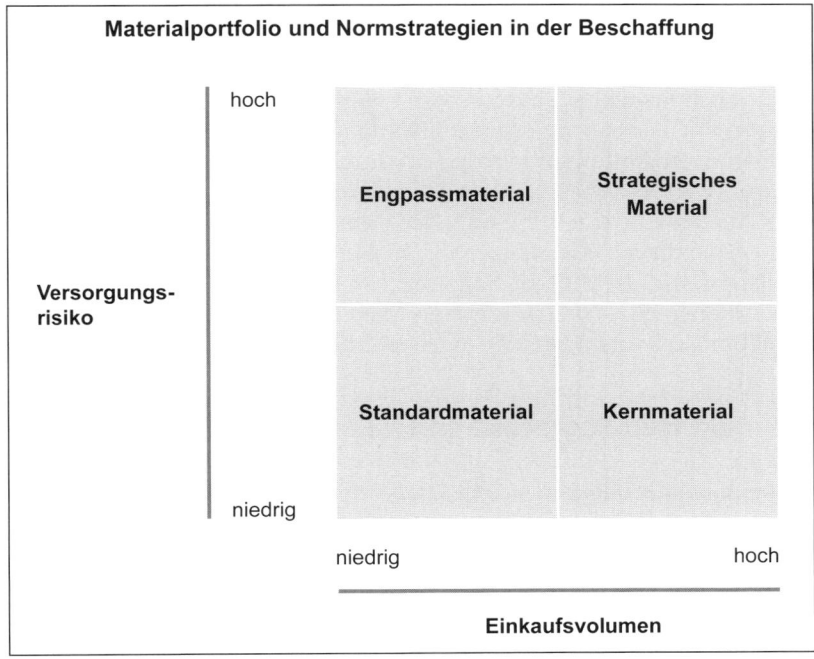

Abb. 37: Materialportfolio und Normstrategien

Quelle: Eigene Darstellung in Anlehnung an Kraljic, 1983, S. 112

gentlich auch von „Commodities" spricht. Ziel im Einkauf sollte es sein, die Bedarfe konzernweit zu bündeln, aber dennoch durch Einsatz mehrerer Lieferanten im Sinne eines Multiple Sourcing den Wettbewerbsdruck beizubehalten, um kurzfristige Preisschwankungen ausnutzen zu können. Liegt jedoch ein hoher Standardisierungsgrad bei den Produkten vor und kann leicht von einem Zulieferer zum anderen gewechselt werden, so kann auch ein Single Sourcing-Ansatz verfolgt werden.

Engpassmaterial Engpassmaterialien zeichnen sich zwar durch ein geringes Einkaufsvolumen aus, jedoch liegt bei ihnen ein hohes Versorgungsrisiko vor, so dass die gesamte Fertigung des Endproduktes gefährdet sein kann. Grund kann das Vorliegen von Sole Sourcing sein, d. h. der Zulieferer besitzt eine Monopolstellung im Markt. Ziel des Einkaufs ist es daher, in erster Linie die Beschaffung und Lieferung der Kaufteile sicherzustellen. Kurzfristig kann durch die Bündelung der konzernweiten Bedarfe und den Abschluss langfristiger Lieferverträge eine gewisse Bedeutung und damit Verhandlungsmacht beim Lieferanten erreicht werden. Das Belieferungsrisiko kann darüber hinaus durch eine enge Terminüberwachung und den Aufbau von Lagerbeständen reduziert werden. Mittel- und langfristig muss jedoch in intensiver Zusammenarbeit mit der Technik an alternativen Lösungen, sowohl hinsichtlich des Aufbaus neuer Lieferanten, als auch dem Einsatz alternativer Materialien oder Produkte gearbeitet werden.

Strategisches Material Das höchste Augenmerk verdient im Einkauf das Strategische Material, da hier diejenigen A-Teile vorliegen, bei denen ein erhöhtes Versorgungsrisiko vorhanden ist. Darunter finden sich zum Beispiel alle Module und Systeme, bei denen zumindest kurzfristig ein Sole bzw. Single Sourcing vorliegen. Der enge und intensive Austausch mit den Lieferanten hat eine hohe Bedeutung und oftmals werden Lieferverträge über den gesamten Produktlebenszyklus abgeschlossen. Gerade Unternehmen mit einer Philosophie zur Harmonisierung der Spezifikationen verwenden einen kooperativen Ansatz und versuchen durch Einsatz von Target Costing, Konzeptwettbewerben u. ä. die Materialkosten zu senken. Einkaufsorganisationen, die eine Erhöhung des Wettbewerbs im Lieferantenmarkt verfolgen, arbeiten mit der Technik am Aufbau von Alternativlieferanten, um langfristig ein Multiple Sourcing erreichen zu können. Im Wesentlichen können für die strategischen Materialien alle Überlegungen aus den Kapiteln 2 und 3 herangezogen werden.

5.3 Balanced Scorecard im Einkauf

„Besondere Bedeutung hat die BSC bei der Vermeidung einer einseitigen finanziellen Ausrichtung der Unternehmenssteuerung und bei der Übersetzung strategischer Pläne in Umsetzungsprogramme."

Kaluza, 2010, S. 223

Ziel Die Entwicklung der Balanced Scorecard in den 90er Jahren hat ihren Ursprung in der Unzufriedenheit mit den bestehenden Kennzahlensys-

5.3 Balanced Scorecard im Einkauf

temen, die die finanziellen Kenngrößen zu stark betonen. Daher versucht die Balanced Scorecard eine Ausgewogenheit („Balance") zwischen den unterschiedlichen Zielsetzungen zu erreichen. So sollen kurz- und langfristige Ziele, monetäre und nichtmonetäre Kennzahlen, Spät- und Frühindikatoren sowie externe und interne Leistungsspektren gleichermaßen betrachtet werden. Sie ist dabei nicht nur ein strategiebasiertes Kennzahlensystem, sondern ein Managementsystem, das die Strategien im Unternehmen konkretisiert, darstellt und bei richtiger Anwendung für die erfolgreiche Umsetzung sorgt. Die Balanced Scorecard soll daher beitragen, die Diskrepanz zwischen Strategieformulierung und -umsetzung zu lösen.

Der Einsatz der Balanced Scorecard im Einkauf, oft auch als Procurement Balanced Scorecard (PBSC) bezeichnet, ist bisher leider noch nicht sehr weit verbreitet. Oftmals werden lediglich die für Einsparungen notwendigen Daten ermittelt. Eine ganzheitliche Steuerung, die sich darüber hinaus noch an den Unternehmenszielen orientiert, erfolgt jedoch in der Regel nicht. Aber auch für die Beschaffung ist es wichtig, über ein Performance Measurement System die strategiebezogenen monetären und nicht-monetären Kennzahlen zu messen und zu steuern. Dazu bietet sich eine auf die Bedürfnisse des Einkaufs-Controllings angepasste Balance Scorecard an.

Die klassische Balanced Scorecard, wie sie auf Kaplan und Norten[57] zurückgeht, sieht vier Betrachtungsperspektiven vor: Finanz-, Kunden-, Prozess- und Innovationsperspektive, die sich aus der Vision und Strategie des Unternehmens ableiten. Alle vier Perspektiven stehen in gegenseitiger Beziehung. **Vier Perspektiven der BSC**

Die Finanzperspektive verfolgt die Sichtweise der Anteilseigner und stellt dabei die Frage „Wie sollen wir aus Stakeholdersicht auftreten, um finanziellen Erfolg zu haben?". Sie berücksichtigt dabei die zentralen monetären Steuerungsgrößen eines Unternehmens und verwendet dabei Kennzahlen für Kapitalrentabilität, Unternehmenswert-, Umsatz- und Cashflow-Wachstum. Im Laufe des Produktlebenszyklus muss dabei von wachstumsrelevanten Kenngrößen, wie beispielsweise Umsatzanteil eines Produkts in der Reifephase, auf Cashflow-Größen umgestellt werden. **Finanzperspektive**

Die Kundenperspektive verfolgt das Ziel, die Konkurrenzfähigkeit des Unternehmens zu sichern, in dem attraktive Kunden- und Marktsegmente identifiziert werden. Dabei wird der Frage „Wie beurteilen unsere Kunden die Leistungsfähigkeit der Geschäftseinheiten?" nachgegangen. In die Betrachtung gehen Kennzahlen, wie z. B. Kundenzufriedenheit, -treue, -bindungsquote, -akquisition, -rentabilität, Gewinn- und Marktanteile, sowie Durchlaufzeiten ein. Für eine Procurement Balanced Scorecard wird diese Perspektive häufig als „Interne Kunden" bezeich- **Kundenperspektive**

---

[57] Vgl. Kaplan, Norton, 1996.

net, da für die Beschaffung die Beziehung zu den internen Abteilungen und nicht diejenige zu Endkunden relevant ist.

Prozessperspektive Die interne Prozessperspektive versucht eine Verbesserung bzw. Optimierung der Geschäftsprozesse zu erzielen und geht dabei der Frage nach „In welchen Geschäftsprozessen müssen wir nachhaltig die Besten sein, um unsere Teilhaber und Kunden zu befriedigen?". Wichtig sind die Identifizierung neuer Prozesse, die ein Unternehmen zur Erreichung zukünftiger Kundenzufriedenheit implementieren muss und die Entwicklung von Lösungsvorschlägen bestehender Prozesse. Typische Kennzahlen sind die Prozesszeiten und -kosten, die Termineinhaltung, Wartezeiten, Nacharbeit oder die Ausschussquote.

Innovationsperspektive In der Innovations-, Potenzial- bzw. Mitarbeiterperspektive wir die Frage gestellt: „Wie können wir unsere Stärken und innovatives Potenzial kontinuierlich verbessern?". Daher richtet sich diese Perspektive an die Identifizierung derjenigen Infrastruktur, die ein langfristiges Wachstum generiert und konstante Verbesserungen sicherstellt. Darunter fällt auch eine lernende und wachsende Unternehmenskultur sicherzustellen, wie sie über Mitarbeiterzufriedenheit und -treue vergangenheitsorientiert, über Mitarbeiterqualifikation, -weiterbildung und -motivation zukunftsgerichtet gemessen werden kann.

Strategischer Kreislaufprozess in vier Schritten In einem sogenannten strategischen Kreislaufprozess wird ein Abgleich zwischen der Unternehmensvision und -strategie und der Balanced Scorecard generiert. Dabei durchläuft man kontinuierlich vier Schritte.

Abb. 38: Balanced Scorecard – 4 Perspektiven

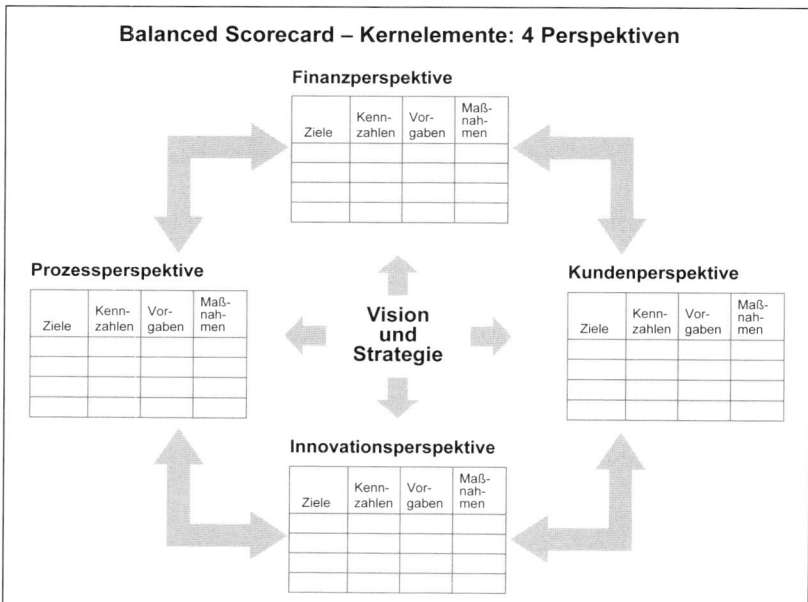

Quelle: Eigene Darstellung

Der erste beschäftigt sich mit der Übersetzung und dem Herunterbrechen von Vision und Strategie. Die Strategie dient dabei als Referenzpunkt für den gesamten Managementprozess, wobei sie auf die Vision im Unternehmen zurückgreift und diese in Teilschritte zerlegt. Die Unternehmensvision muss vermittelt und von allen Führungskräften sowie Mitarbeitern auch geteilt werden. Sie ist die Grundlage für den strategischen Lernprozess. Der zweite Schritt dient der Kommunikation und der Verbindung zu anderen Elementen. Die Strategie muss auf die einzelnen operativen Einheiten aufgeteilt werden. Die Zielabstimmung findet im Idealfall anschließend von unten nach oben im gesamten Unternehmen statt. Die Anreizsysteme bzw. Leistungszulagen sollten an die Umsetzung der strategischen Vorgaben geknüpft werden. Ebenso sollte sich die Personalentwicklung an der Strategie ausrichten. Im dritten Schritt erfolgen die Planung und Vorgaben. Die Vorgaben bzw. Ziele in den einzelnen Bereichen und Abteilungen sollten anspruchsvoll aufgestellt und gemeinsam akzeptiert werden. Die strategischen Initiativen und Aktionen müssen klar definiert und die Ressourcenallokation nach diesen ausgerichtet sein. Ebenso werden die Investitionen im Unternehmen von der Strategie bestimmt. Der vierte und letzte Schritt ist das strategische Feedback und Lernen. Innerhalb eines Feedbacksystems sollten die Strategieprämissen und -hypothesen überprüft und Probleme innerhalb von Teams durch das Anstoßen eines Strategieentwicklungsprozesses gemeinschaftlich gelöst werden.

Das Aufsplitten von Unternehmenszielen auf die Beschaffung kann fünf unterschiedliche Fälle verursachen. Im ersten Fall sind die Ziele identisch und können direkt übernommen werden, wie beispielsweise die Senkung von Einkaufspreisen. Im zweiten Fall muss ein Ziel für die Beschaffung konkretisiert werden. So kann z. B. das Unternehmensziel „marktgerechte Konstruktion" für den Einkauf die „Senkung von Materialkosten" bedeuten. Im dritten Fall muss ein Unternehmensziel in mehrere Beschaffungsziele aufgeteilt werden, wenn innerhalb des Einkaufs mehrere Aktivitäten für die Zielerreichung nötig sind. Im vierten Fall ist es erforderlich, neue Ziele für den Einkauf zu definieren, die die Unternehmensziele nur unmittelbar unterstützen. Im letzten Fall ist kein Beitrag der Beschaffung möglich, um die Gesamtziele zu verwirklichen.

Herunterbrechen der Unternehmensziele auf die Beschaffung

Für den Einkauf hat es sich als sinnvoll herausgestellt, die von Kaplan und Norton vorgeschlagenen Perspektiven zu übernehmen und geringfügig zu modifizieren bzw. zu ergänzen. Neben den klassischen vier Perspektiven Finanzen, Kunden, Prozesse und Mitarbeiter empfiehlt es sich, mit den „Lieferanten" auch noch eine fünfte Perspektive aufzunehmen. Darauf aufbauend können für alle Perspektiven Ziele, Kennzahlen, Vorgaben und Maßnahmen erarbeitet werden.

„Lieferanten" als fünfte Perspektive

Überbau für die Balanced Scorecard ist die allgemeine Mission und Vision des Unternehmens, aus der die Strategie abgeleitet wird. Diese beschreibt für die nächsten 3–5 Jahre die Handlungsfelder, um sich an die festgelegte Mission und Vision anzunähern. Daraus werden dann für die

Aufbau der Balanced Scorecard im Einkauf

fünf Einkaufsperspektiven Finanzen, Kunden, Lieferanten, Prozesse und Mitarbeiter entsprechende Ziele abgeleitet und anschließend Kennzahlen für die Ziele definiert. Die Kennzahlen haben eine große Bedeutung für die Steuerung und müssen einen direkten Bezug zur Beschaffungsstrategie besitzen. Die Gesamtanzahl sollte jedoch möglichst gering sein, um die Konzentration auf die wesentlichen Einflussgrößen zu ermöglichen, unnötige Komplexität vermeiden und eine hohe Transparenz sicherstellen. Zwischen den einzelnen strategischen Zielen liegen Ursache-Wirkungsbeziehungen vor, die ein zentrales Element der Procurement Balanced Scorecard darstellen. Damit kann den Mitarbeitern der Zusammenhang zwischen den strategischen Überlegungen transparent gemacht werden. Daraus entsteht auch ein Verständnis, wie die Strategie umgesetzt und zur Erreichung der Vision beigetragen werden kann.

Ziele Bei der Zielsetzung sollte darauf geachtet werden, dass diese ehrgeizig ist, um eine Herausforderung für die Mitarbeiter und Führungskräfte darzustellen. Dennoch sollte sichergestellt sein, dass die Zielerreichung auch realistisch möglich ist, um Frustration zu vermeiden bzw. die Akzeptanz zu erhöhen. Außerdem ist darauf zu achten, dass die Ziele an alle Beteiligte kommuniziert werden, d.h. neben den Mitarbeitern des Einkaufs sollten diese auch den Lieferanten zugänglich gemacht werden. Als sinnvoll für die Akzeptanz hat sich darüber hinaus herausgestellt, dass die Zieldefinition im gemeinsamen Dialog zwischen Unternehmensführung, Einkaufsleitern und Mitarbeitern erarbeitet werden sollte und soweit möglich auch bereichsübergreifend aufgebaut ist. Letztendlich ist es erforderlich, dass die Erreichung der einzelnen Ziele finanziell in Form von Prämien oder Boni vergütet werden.

Kennzahlen-Beispiele Beispiele für entsprechende Kennzahlen in den Perspektiven können sein:

Finanzperspektive In der Perspektive „Finanzen" können beispielsweise Einsparungen je Warengruppe oder je Produkt, Erreichung wettbewerbsfähiger Materialkosten, Preisindices, Anzahl der Bestellvorgänge, Kosten pro Bestellung, Einhaltung Zahlungsbedingungen oder Reduktion Teilevielfalt zur Prozesskostenminimierung herangezogen werden.

Kundenperspektive Die Kundenperspektive kann z.B. durch Kundenzufriedenheit, Erreichung Zieltermine, Beziehung zu den Fachabteilungen und internen Kunden, Anteil an Workshops zur Spezifikationsoptimierung mit Einkaufsbeteiligung, Anteil Einkaufsvolumen, das nicht über die Beschaffung abgewickelt wurde („Maverick Buying"), Anzahl Eilbestellungen oder Anzahl Reklamationen abgedeckt werden.

Lieferantenperspektive Für die Lieferantenperspektive bieten sich Kennzahlen wie Anzahl Lieferanten je Warengruppe, Anteil nationaler bzw. internationaler Lieferanten, Anzahl Innovationen durch Lieferant, Beschaffungsvolumen je Lieferant, Anteil fehlerhafter Teile/Reklamationen oder Anteil bewerteter Lieferanten an.

5.3 Balanced Scorecard im Einkauf

Abb. 39: Balanced Scorecard im Einkauf

Balanced Scorecard in der Beschaffung – Idealtypischer Aufbau

Mission
Vision (5 - 10 Jahre)
Strategie (3 - 5 Jahre)
Perspektiven

Finanzen	Kunden	Lieferanten	Prozesse	Mitarbeiter
Ziele	Ziele	Ziele	Ziele	Ziele
Kennzahlen	Kennzahlen	Kennzahlen	Kennzahlen	Kennzahlen
Vorgaben	Vorgaben	Vorgaben	Vorgaben	Vorgaben
Maßnahmen	Maßnahmen	Maßnahmen	Maßnahmen	Maßnahmen

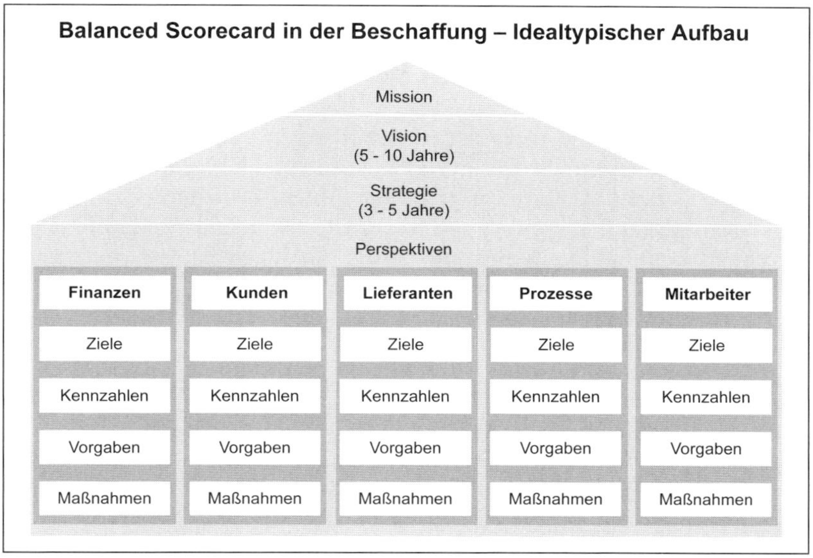

Quelle: Eigene Darstellung

Prozesse werden beispielsweise durch Bearbeitungszeit je Einkaufsvorgang, Lieferzeit der Lieferanten, Anteil verspäteter Lieferungen, Kaufteile je Warengruppe, Anteil Beschaffungsvolumen mit E-Procurement, Einsatz von elektronischen Katalogen, Integration in Forschung und Entwicklung sowie Produktion oder Anbindung der Lieferanten dargestellt. **Prozessperspektive**

Für die Mitarbeiterperspektive können Kennzahlen, wie z. B. Schulungstage je Mitarbeiter, Fehlzeiten, Fluktuationsrate, Anzahl Verbesserungsvorschläge, Motivation und Zufriedenheit der Mitarbeiter, Nutzungsgrad von Informationstechnologien oder Anzahl Mitarbeiter, mit denen Mitarbeitergespräche geführt wurden, dienen. **Mitarbeiterperspektive**

Abschließend legt man Maßnahmen fest, die dazu dienen, die Kennzahlen mit ihren Zielen zu erreichen, wie beispielsweise Anfrage aller Kaufteile zur Erhöhung der Einsparungen, Durchführung von Feedbackgesprächen mit Kunden, um deren Bedürfnisse besser zu verstehen. Wichtig für die erfolgreiche Realisierung der anvisierten Ziele ist es, je Maßnahme die jeweils verantwortlichen Mitarbeiter festzulegen und eine entsprechende Agenda mit Meilensteinen zu definieren. **Maßnahmen zur Zielerreichung**

Bei der erfolgreichen Implementierung der Balanced Scorecard bedarf es der intensiven Unterstützung des Top-Managements, da ansonsten Motivationsprobleme im Zeitablauf entstehen können, die die erfolgreiche Umsetzung erschwert. Eine Gefahr besteht bei methodischen Defiziten bei der Erstellung und Einführung, da dadurch später Schwierigkeiten im laufenden Einsatz der Balanced Scorecard im Unternehmen entstehen können. Außerdem verdeutlicht die Präsenz des Top-Manage- **Unterstützung durch das Top-Management**

ments die Bedeutung der Vorgehensweise. Darüber hinaus haben sich drei wesentliche Erfolgsfaktoren für eine nachhaltig erfolgreiche Implementierung einer Procurement Balanced Scorecard in der Praxis gezeigt: Erstens die Einbindung aller Einkaufsmitarbeiter sowohl in der Phase der Konzipierung, als auch der eigentlichen Implementierung. Damit wird sowohl das Know-how der Mitarbeiter genutzt, als auch gleichzeitig ein Commitment für die Vorgehensweise erzielt. Zweitens ist eine intensive Kommunikation im gesamten Ablauf erforderlich, um Missverständnisse von Beginn an zu vermeiden. Und am Ende bedarf es darüber hinaus einer Institution, die in der Lage ist, die definierten Kennzahlen zu erheben und nachzuprüfen.

5.4 Kennzahlen – Transparenz und Kostenkontrolle

„Die Aufgabe der Einkäufer hatte bisher einfach darin bestanden, den Anstieg der Kosten so gering wie möglich zu halten, und wenn er unterhalb der Inflation lag, dann waren alle überzeugt, sie hätten ihre Sache gut gemacht."

López, 1998, S. 92

Wesentliche Aufgabe des Einkaufsbereichs ist es, die Materialkosten des Unternehmens zu minimieren. Zur Kostenkontrolle helfen dabei entsprechende Kennzahlen, die regelmäßig erhoben und überprüft werden sollten. Um eine konsistente Auswertung und Interpretation im Unternehmen zu gewährleisten, ist darauf zu achten, dass alle Beteiligten in gleicher Art und Weise messen und berichten. Dazu ist eine einheitliche, verbindende Regelung nötig. Ansonsten ist eine Vergleichbarkeit oder Aggregation der einzelnen Daten nicht gewährleistet bzw. führt sogar zu Fehlinterpretationen.

Voraussetzung für Einspareffekte im Einkauf

Grundvoraussetzung für Einspareffekte im Einkauf ist es, dass die Effekte einen direkten Einfluss auf das Unternehmensergebnis haben und die Ergebnisse vollständig erfasst werden. Dies bedeutet, dass sowohl Preisreduzierungen wie auch -erhöhungen vollumfänglich nachverfolgt werden. Erhöhungen bzw. Reduzierungen können zwar nicht immer vom Einkauf beeinflusst werden, wie beispielsweise Veränderungen im Beschaffungsmarkt, der Konjunktur oder innerhalb der Marktstruktur. Zur Vollständigkeit und Konsistenz müssen sie aber dennoch allumfassend betrachtet werden. Außerdem müssen alle Kosteneinflüsse dokumentiert werden, d. h. es dürfen auch Effekte aus Materialpreisveränderungen oder Wechselkursschwankungen etc. nicht vernachlässigt werden, sondern müssen in die Betrachtung einfließen. Letztendlich müssen Einspareffekte isoliert von anderen Bereichen betrachtet werden. Gerne werden entweder Preisnachlässe im Vertrieb gegen die Einkaufseinsparungen gerechnet oder aber es wird vom Einkauf erwartet, Aufträge an Kunden zu vergeben, obwohl diese höhere Preis abgegeben haben. Damit

5.4 Kennzahlen – Transparenz und Kostenkontrolle

wird jedoch die wahre Leistung des Einkaufs verschleiert bzw. die Leistungen des Vertriebs zu positiv dargestellt.

Auf Grund der Vielzahl von Einflussfaktoren ist ein reiner Zahlenvergleich auf Basis von Zeitreihen nicht ausreichend, um den Erfolg bzw. Misserfolg der Ergebnisse zu beurteilen. Außerdem muss zwischen dem Begriff „Einsparung" und „Verhandlungserfolg" bzw. „Kostenvermeidung" differenziert werden. Nicht jeder Verhandlungserfolg des Einkaufs bedeutet gleichzeitig eine Einsparung. Kann z. B. bei einem Vergabevolumen von einer Million EUR eine zehnprozentige Mehrpreisforderung eines Zulieferers, die in diesem Fall 100.000 EUR entspricht, um acht Prozentpunkte, d. h. 80.000 EUR reduziert werden, so bleibt immer noch eine Erhöhung der Materialkosten von 20.000 EUR, was zwei Prozent vom Ausgangspreis bedeutet.

Differenzierte Betrachtungsweise erforderlich

In der Literatur wird von Brutto- und Nettoerfolg des Einkaufs gesprochen. Der Brutto-Einkaufserfolg, die Brutto-Verhandlungsleistung, der Brutto-Verhandlungserfolg bzw. die Einkaufsleistung ist dabei als der Betrag definiert, um den der Einkauf die Kosten gegenüber den Forderungen des Zulieferers reduziert hat, wobei weder die Vergangenheit noch das verfügbare Budget einen Einfluss haben. Der Netto-Einkaufserfolg, die Netto-Verhandlungsleistung, der Netto-Verhandlungserfolg bzw. das Einkaufsergebnis beschreibt das messbare und damit zahlungswirksame Ergebnis des Einkaufs, das zu einer Kostenreduktion gegenüber der Vorperiode oder des geplanten Budgets führt. Im oben gewählten Beispiel ist der Bruttoeffekt des Einkaufs 80.000 EUR. Der Nettoeffekt hingegen bleibt durch die absolute Preiserhöhung negativ bei −20.000 EUR.

Brutto- und Nettoerfolg im Einkauf

In den letzten Jahren wurden die unterschiedlichen Messverfahren zur Ermittlung der Leistungsfähigkeit im Einkauf in vier wesentliche Methoden strukturiert. Das Periodenvergleichsverfahren vergleicht dabei die aktuellen Preise mit denen der Vergangenheit. Damit ist eine schnelle Ermittlung des Netto-Einkaufserfolges möglich. Externe Effekte müssen jedoch zur Ermittlung der Einkaufsleistung zusätzlich berücksichtigt werden. Auch bei Neukäufen kann das Periodenvergleichsverfahren nicht angewendet werden, da die Ausgangsbasis fehlt. Dort bietet sich eher das Preisangebotsverfahren an, das die eigehenden Angebote als Referenzbasis verwendet. Dabei kann entweder das beste Angebot oder der Durchschnitt aus allen bzw. einer Auswahl der besten Angebote herangezogen werden. Kritisch anzumerken bleibt bei diesem Verfahren jedoch, dass es einer starken Beeinflussbarkeit und damit Manipulierbarkeit durch die Einkäufer unterliegt sowie externe Effekte nur schwer berücksichtigt werden können. Eine dritte Möglichkeit besteht in der Verwendung von Zielkosten, die im Sinne eines Target Costings für die Kaufteile bzw. Dienstleistungen abgeleitet werden. Man orientiert sich bei ihrem Einsatz zwar am Endkunden, jedoch ist ein flächendeckendes Ausrolle auf Grund der zahlreichen Einkaufsumfänge nur mit einem sehr hohen Aufwand möglich.

Vier unterschiedliche Messverfahren

Alternativ kann dieses Verfahren auch als Budgetverfahren angewendet werden, wenn man die Einkaufskonditionen lediglich mit den geplanten Budgets, die nicht vom Markt abgeleitet wurden, vergleicht. Für Rohstoffe und Güter, die über einen öffentlich zugänglichen Index verfügen, bietet sich der Vergleich auf Basis des Marktpreisindexverfahrens an, so dass eine Analyse der Leistungsfähigkeit der Beschaffung im Vergleich zum Wettbewerb möglich wird. Jedoch sind auch mit diesem Verfahren die Einflüsse externer Effekte nicht möglich und das Verfahren ist für Einkaufsumfänge, die nicht über öffentliche Indices verfügen, nur eingeschränkt oder mit erhöhtem Aufwand möglich. Sind Marktpreisindizes nicht verfügbar, so kann ein eigener Index erstellt werden, indem beispielsweise ein repräsentativer Warenkorb herangezogen wird. Eine Modifikation des Marktpreisindexverfahrens kann dadurch entstehen, dass man die Veränderungen des Index nicht vollständig auf die Kaufteile überträgt, sondern historische Preise als Basispreise verwendet und diese mit entsprechenden Marktpreisindizes korrigiert. Das sogenannte Marktpreisanpassungsverfahren ist damit eine Kombination aus dem Periodenvergleichs- und dem Marktpreisindexverfahren.

Nettoerfolg bei Serienproduktion

Da es für ein Unternehmen nicht vorteilhaft ist, diese vier Verfahren unabhängig und unkoordiniert zu verwenden, sollte bei der Erhebung von Einkaufsleistung und -ergebnis eine standardisierte Logik verfolgt werden. Die einfachste und in der Praxis standardmäßig angewendete Kenngröße zur Darstellung des Einsparerfolgs im Einkauf von Serienprodukten ist der Vergleich der Preisentwicklung eines Kaufteils über die letzten Jahre mit Sinne des Periodenvergleichsverfahren. Man geht dabei davon aus, dass es dem Einkäufer gelingt, das Preisniveau Jahr für Jahr zu reduzieren. Für ein einzelnes Kaufteil bedeutet dies:

> *Nettoerfolg bzw. Einkaufsergebnis für Kaufteil A = Bedarfsmenge im laufenden Jahr x (Preis im Vorjahr – Preis im laufenden Jahr)*

Aufsummiert über alle Kaufteile kann so das gesamte Einkaufsergebnis bzw. Wertbeitrag des Einkaufs für das Unternehmen ermittelt werden. Eine Herausforderung besteht insbesondere dann, wenn externe Faktoren, wie z. B. Rohstoffpreise, einen starken Einfluss auf die Preise der Kaufteile besitzen und somit den eigentlichen Einsparerfolg überlagern.

Nettoerfolg im Projektgeschäft

Im Falle von Projektgeschäften ist ein Preisvergleich mit historischen Daten nur schwer bzw. häufig gar nicht möglich, da die Struktur und die Inhalte der einzelnen Projekte stark variieren. Es bietet sich daher an, auf die prognostizierten Budgetwerte bzw. kalkulierten Einkaufswerte zurückzugreifen und diese im Sinne des Budget- bzw. Zielkostenverfahrend zu verwenden. Für den Einsparerfolg bedeutet dies:

> *Nettoerfolg bzw. Einkaufsergebnis für Projekt X: Budgetpreis für Projekt X – verhandelter und abgeschlossener Auftragswert für Projekt X*

Auch hier ergibt sich der gesamte Einsparerfolg als Summe über alle Projektergebnisse. Eine Problematik beim Bezug zum Budgetwert besteht darin, dass dieser auch analytisch hinterlegt sein muss, in dem z. B.

5.4 Kennzahlen – Transparenz und Kostenkontrolle

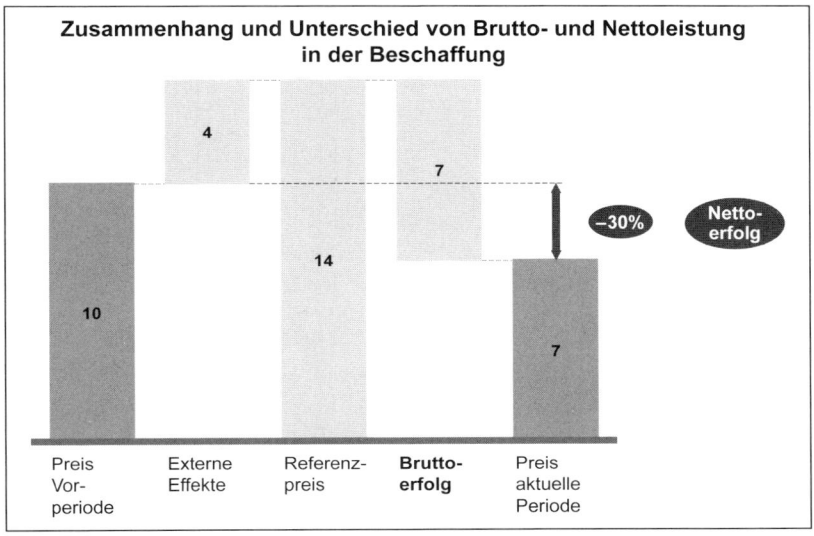

Abb. 40: Brutto- und Nettoerfolg im Einkauf

Quelle: Eigene Darstellung

historische Vergleichswerte hinzugezogen oder Ergebnisse aus Wertanalysen in die Betrachtung Einfluss finden. Häufig ist der Einkauf aber nicht bei der Kalkulation und somit Festlegung des Basiswertes beteiligt. Damit besteht die Gefahr, dass die Budgetwerte bewusst hoch angesetzt werden, um für den Einkäufer einen großen Einsparerfolg zu generieren und dem Projektverantwortlichen einen sicheren Spielraum für Veränderungen im Zeitablauf zu gewährleisten.

Die Leistung des Einkaufs wird in einigen Unternehmen über den Verhandlungserfolg der Einkäufer gemessen. So kann der Vergabepreis bei einer Serienproduktion in Relation zum Preis der Vorperiode inklusive externer Effekte dargestellt werden:

Bruttoerfolg bei Serienproduktion

Bruttoerfolg bzw. Verhandlungsleistung für Kaufteil B = Bedarfsmenge im laufenden Jahr x (Preis im Vorjahr + externe Effekte − Preis im laufenden Jahr)

Liegt ein Projektgeschäft vor, so kann der Verhandlungserfolg des Einkaufs im Sinne des Preisangebotsverfahrens als Differenz zwischen finalem Kaufpreis und Durchschnittswert der abgegebenen Angebotspreise ermittelt werden:

Bruttoerfolg im Projektgeschäft

Bruttoerfolg bzw. Verhandlungsleistung für Projekt Y = Summe aller Angebotspreise / Anzahl Angebote − abgeschlossener Kaufpreis

Die Orientierung an dem Verhandlungserfolg hat meist zur Folge, dass Einkäufer zahlreiche hochpreisige Zulieferer in die Anfrage aufnehmen, um so ihre Kenngröße zu verbessern. Um dies zu vermeiden werden daher teilweise auch nur die besten Angebote in die Auswertung mit einbezogen.

Mit Zahlungsströmen operieren

In der Regel werden die Ergebnisse des Einkaufs auf Basis von tatsächlichen Auszahlungen, sogenannten Cash-Effekten und je Jahr gemessen. In einigen Unternehmen besteht jedoch die Anforderung, das Ergebnis als GuV-Effekt auszuweisen, um die Auswirkungen auf das jeweilige Unternehmensergebnis direkt zu messen. Dies hat dann keinen Einfluss auf die Performancemessung im Einkauf, wenn es sich um Verbrauchsgüter handelt („OPEX"). Eine Fehlsteuerung erfolgt dabei jedoch immer dann, wenn es sich um Produkte oder Projekte handelt, die eine lange Abschreibungsdauer besitzen, wie es z. B. bei Gebäuden oder Anlagegütern der Fall ist („CAPEX"). In derartigen Fällen würde der Einkäufer nur einen sehr geringen Anteil seines realisierten Erfolgs anerkannt bekommen. Z. B. würde dies bei Gebäudeabschreibungen von 40 Jahren nur 2,5 % bedeuten. Daher würde er trotz der Möglichkeiten, einen hohen Auszahlungsbetrag zu vermeiden, seine Schwerpunkte auf andere Produkte oder Projekte legen, nur um seine Kennzahlen zu verbessern.

5.5 Messung der Beschaffungsperformance zum Nachweis der Leistungsfähigkeit des Einkaufs

„Unumstritten ist, dass Beschaffungsaktivitäten sehr stark von externen Faktoren tangiert werden, deren Einfluss nur sehr schwer zu eliminieren ist."

Buchholz, 2002, S. 370

Die einfache Darstellung von Brutto- und Nettoerfolg bzw. der Einkaufsleistung und -ergebnis reicht in der Praxis inzwischen nicht mehr aus, um eine Akzeptanz im Unternehmen über die Leistungsfähigkeit der Beschaffung zu erhalten. Obwohl bereits 1931 in den USA ein „best paper contest" durch die National Association of Cost Accountants und National Association of Purchasing Agents durchgeführt wurde, ist es in der Theorie wie Praxis bis heute nicht gelungen, eine einheitliche und objektive Sichtweise auf die quantitativen Größen der Leistungsmessung von Unternehmenscontrolling und Beschaffungsbereich zu erhalten. Dies erscheint im ersten Augenblick verwunderlich, da es doch der Schwerpunkt, die Kernaufgabe und Daseinsberechtigung der Beschaffung im Unternehmen ist, Einsparungen zu erzielen. Die unterschiedliche Sichtweise liegt aber vor allem an der Definition der „externen Effekte", die den Unterschied zwischen Brutto- und Nettoerfolg verursachen. Diese können in einzelnen Jahren und in Abhängigkeit der fremdbezogenen Materialien und Dienstleitungen signifikante Unterschiede hervorrufen. Daher seien im Folgenden mit Volumenänderungen, Währungs- und Rohstoffschwankungen sowie Tariferhöhungen die wesentlichen externen Effekte erläutert.

Referenzbasis

Wie oben aufgezeigt sollte als Referenzbasis, soweit möglich, der Vorjahrespreis der fremdbezogenen Ware oder Dienstleistung verwendet wer-

5.5 Messung der Beschaffungsperformance

den, was für alle Wiederholkäufe möglich ist. Ist dies nicht realisierbar, sollte ein Zielwert auf Basis von Marktpreisen oder anderen analytischen Überlegungen herangezogen werden, was in entsprechend entwickelten Unternehmen dem Budgetwert entspricht. Der gesamte Bezugspreis für ein Kaufteil bzw. Dienstleistung ($p_{gesamt,i}$) setzt sich in Anlehnung an das Marktanpassungsverfahren aus dem Basispreis ($p_{B,i}$), der den wertschöpfenden Anteil darstellt, und dem nicht, bzw. nur schwer beeinflussbaren Anteil des Materials ($p_{g,i} \times g_i$) zusammen. Schwankende Rohstoffpreise ($p_{g,i}$) beeinflussen damit über den verwendeten Gewichtsanteil (g_i) im Teil i dessen Gesamtpreis.

$$p_{gesamt,i} = p_{B,i} + p_{g,i} \times g_i$$

$p_{gesamt,i}$: Gesamtpreis für Teil i
$p_{B,i}$: Basispreis für Teil i (wertschöpfungsabhängige Komponente)
$p_{g,i}$: Rohstoffpreis je Einsatzgewicht für Teil i
g_i: Einsatzgewicht (oder entsprechende Referenzgröße) des Rohstoffanteils für Teil i (in kg, Stück, m² o. ä.)

Der Wechselkurs wird als Währungspaar angegeben. Zur Berechnung des Einkaufsvolumens in Euro verwendet man die Preisnotierung w_i. Sie gibt den Preis einer Einheit der ausländischen Währung (Basiswährung) in Einheiten der inländischen Währung (variable Währung) an. Beispielsweise wird die Umrechnung von Dollar in Euro mit 0,73 USD/EUR angegeben, d. h. 100 Dollar entsprechen 73 Euro. Unter Berücksichtigung des jeweiligen Wechselkurses w_i, wird daher das gesamte Einkaufsvolumen V_0 eines Unternehmens zum Zeitpunkt t_0 nachfolgend errechnet:

$$V_0 = \sum_{i=1}^{n} x_i \times p_{gesamt,i} \times w_i$$

wobei x_i die beschaffte Stückzahl darstellt. Das vom Einkauf beeinflussbare Volumen (VB) wird berechnet als

$$VB = \sum_{i=1}^{n} x_i \times p_{B,i} \times w_i$$

Das jährliche Einkaufsergebnis (EE) bzw. der Bruttoeffekt wird als Differenz der Einkaufsvolumen zweier aufeinanderfolgender Jahre, d. h. EE = $V_1 - V_0$, berechnet.

Die Einkaufsleistung (EL) bzw. Nettoleistung berechnet sich auf Basis der Veränderungen des Basispreises im Vergleich zum Vorjahr unter Berücksichtigung der aktuellen Einkaufsvolumen, d. h.

$$EL = \sum_{i=1}^{n} x_{i,1} \times (p_{B,i,1} - p_{B,i,0}) \times w_{i,1}.$$

Die externen Effekte müssen sukzessive und vollständig bei der Betrachtung des Einkaufergebnisses und -leistung erfasst und transparent dargestellt werden. Daher sind zu Beginn die Volumenänderungen darzustellen, die sich entweder durch erfolgreiche Verkaufsanstrengungen des

Volumenänderungen

Vertriebs bzw. durch Veränderungen der Marktnachfrage, oder aber durch aktive Maßnahmen anderer Bereiche ergeben können. So können beispielsweise Bauteile vereinheitlicht werden. Damit entfallen Sachnummern, andere bekommen hingegen ein deutlich höheres Volumen. Optimierungen können auch dahingehend erfolgen, dass der Materialeinsatz verringert wird und damit weniger Rohstoffbedarf für ein Endprodukt anfällt. Gerade im indirekten Bereich lassen sich die schnellsten Einsparungen durch reine Mengeneffekte erzielen, in dem weniger Dokumente gedruckt, Bahnreisen in der zweiten Klasse oder Inlandsflüge statt Business mit der Economy Class durchgeführt werden.

Meist sind die Kostendifferenzen von Volumenveränderungen jedoch auf externe Effekte zurückzuführen, die nicht vom Einkauf initiiert wurden. Die Leistung des Einkaufs muss daher um diese bereinigt werden. In diesen Fällen wird das Einkaufsvolumens des Vorjahrs um den entsprechenden Volumeneffekt (VE) wie folgt korrigiert.

$$VE = \sum_{i=1}^{n}(x_{i,1} - x_{i,0}) \times p_{gesamt,i,0} \times w_{i,0}$$

Währungsschwankungen Ein weiterer externer Einfluss auf die Performance der Beschaffung sind Währungsschwankungen, die weder positiv noch negativ die Einkaufsleistung beeinflussen sollten. In der Regel werden internationale Lieferanten in der entsprechenden Auslandswährung vergütet, so dass der Importeur das Risiko einer unvorteilhaften Wechselkursentwicklung trägt. Wäre der Preis der importierten Ware in Inlandswährung ausgestellt, ergäbe sich für die Beschaffung kein Währungsrisiko bzw. kein externer Effekt. Nachdem die Importrate in Deutschland weiter gestiegen ist und sich in den letzten 10 Jahren fast verdoppelt hat, in der Beschaffung zusätzlich Global Sourcing Aktivitäten verstärkt werden und sich damit der Anteil ausländischer Lieferanten auch in Zukunft erhöht, wird die Berücksichtigung von Währungsschwankungen im Einkauf ein wichtiger Bestandteil der Performancemessung, aber auch des Risikomanagements. Steigende Wechselkurse würden damit zu einer Verschlechterung des Einkaufsergebnisses führen, sinkende dagegen verbessern. So hätte ein Produkt, das am 25.10.2000 für 100 USD in den USA bezogen worden wäre, 120,88 EUR gekostet. Gut sieben Jahre später hätte man für das gleiche Kaufteil am 22.4.2008, alleine durch Wechselkursschwankungen, nur noch 62,55 EUR und damit knapp die Hälfte bezahlt. Der chinesische Renminbi Yuan hat in den Jahren zwischen 2005 und 2013 hingegen eine Aufwertung von nahezu einem Drittel erfahren, was den Bezug von Kaufteilen aus China verteuert. Damit muss der Währungseffekt (WE) bei allen Lieferanten, die in einer Fremdwährung vergütet werden, Berücksichtigung finden. Zur Absicherung werden im Unternehmen parallel derivative Finanzinstrumente eingesetzt oder durch Verkäufe in den entsprechenden Regionen ein sogenanntes Natural Hedging angestrebt.

$$WE = \sum_{i=1}^{n}(w_{i,1} - w_{i,0}) \times p_{gesamt,i,0} \times w_{i,1}$$

Abb. 41: Preisschwankungen Aluminium

Rohpreisschwankung Aluminium von 2002 bis 2012 (in Dollar)

Quelle: www.finanzen.net/rohstoffe/aluminiumpreis

Während Volumen- und Währungseffekte auf den gesamten Verkaufspreis der entsprechenden Kaufteile bzw. Dienstleistungen wirken, betreffen Rohstoffeffekte meist nur den relevanten Materialanteil eines beschafften Produkts. Ausnahme bildet der Einkauf reiner Rohstoffe, die anschließend weiterverarbeitet und veredelt werden. Dagegen können in komplexeren Bauteilen und Komponenten gleichzeitig mehrere Rohstoffe vorkommen und unterschiedliche Effekte auslösen. Damit fallen der Einfluss sowie auch die Größenordnung von Rohstoffschwankungen je nach Warengruppe sehr unterschiedlich aus. Die Preisentwicklung von Rohstoffen unterliegt einer hohen Volatilität. Einen Einfluss auf die Rohstoffpreise haben neben dem klassischen Angebots-Nachfrage-Verhalten der Unternehmen auch die geografische Lage der Abbau- und Gewinnungsgebiete, die jeweiligen politischen Verhältnisse, die Klimabedingungen und mögliche Naturkatastrophen oder Dürreperioden. Auf der Nachfrageseite spielen das Bevölkerungswachstum, ein steigender Konsum, aber auch der zusätzliche Nachholbedarf aus den Wachstumsstaaten, die Urbanisierungstendenzen sowie die Deregulierung der Agrarmärkte eine Rolle. Knappe Kapazitäten können einen signifikanten Einfluss auf den Preis von Rohstoffen und damit auf das gesamte Einkaufsergebnis haben. Teilweise führen knappe Mengen sogar kurzfristig zu Lieferverknappungen bzw. -ausfällen. So haben Schwankungen der Stahlpreise in vielen Branchen zu signifikanten Verschlechterungen der Unternehmensgewinne geführt oder die Versorgung mit „Seltenen Erden", die in vielen Schlüsseltechnologien eingesetzt werden, wurde zum Versorgungsproblem. Der Handel mit Rohstoffen unterliegt in der Regel anderen Gesetzmäßigkeiten, als klassische Warengruppen. Die Verant-

Rohstoffpreisschwankungen

wortung für die Beschaffung sollte daher spezialisierten Bereichen im Unternehmen überlassen werden, die meist innerhalb des Handelsbereichs angesiedelt sind. Damit wird die Spekulation durch Einkäufer vermieden. Auf Grund der dargestellten geringen Einflussmöglichkeiten der Beschaffung ist eine Bereinigung der Einkaufsleistung um Rohstoffeffekte dringend erforderlich. Da Rohstoffe häufig über Börsen gehandelt werden, kann sich bei der Berücksichtigung ihrer Preisentwicklung an diesen Werten orientiert werden. Darüber hinaus gibt es für zahlreiche Rohstoffe auch allgemein anerkannte Preisindizes, die als Preisbasis von Lieferant und abnehmendem Unternehmen genutzt werden können. Ist weder Börsenpreis noch ein anderer offizieller Rohstoffpreisindex vorhanden, kann zwischen Lieferant und beschaffendem Unternehmen auch ein alternativer Rohstoff als Referenzbasis dienen. Bei der Beachtung von Rohstoffpreisschwankungen ist eine Detaillierung auf Teilebene erforderlich, da nur rohstoffabhängige Komponenten berücksichtigt werden dürfen. Dies wird mit dem entsprechenden Einsatzgewicht des Rohstoffes festgelegt. Der Gesamtpreis, der dem Lieferanten vergütet wird, wird dann in Abhängigkeit der Schwankungsintensität monatlich, quartalsweise oder jährlich angepasst.

Die Berechnung des externen Effektes, der durch Rohstoffpreisschwankungen (RE) zustande kommt, ermittelt sich in Abhängigkeit des verwendeten Rohstoffgewichts (g) wie folgt:

$$RE = \sum_{i=1}^{n} \left(p_{g,i,1} - p_{g,i,0} \right) \times g_i \times w_{i,1} \times x_{i,1}$$

Tarifsteigerungen Als weiterer externer Effekt müssen auch Tarifveränderungen bei der Betrachtung der Einkaufsleistung berücksichtigt werden. Im Gegensatz zu Volumen-, Währungs- und Rohstoffpreisschwankungen sind diese jedoch in der Regel nicht dynamisch positiv oder negativ, sondern wirken ausschließlich preiserhöhend und verschlechtern damit das Einkaufsergebnis. In ihrer Berücksichtigung weisen sie Ähnlichkeiten mit dem Rohstoffpreiseffekt auf, da sie nur auf einen Teilbereich der eingekauften Produkte, nämlich der lohnabhängigen Komponente wirken. Einzige Ausnahme sind Dienstleistungen, die vollständig auf Stunden- oder Tagessätzen beruhen, wie z. B. Beratungs- oder Rechtsanwaltsleistungen. Der externe Effekt aus Tariferhöhungen (TE) ermittelt sich unter Berücksichtigung der prozentualen Steigerungsrate der Lohnkosten (t_i) und dem Lohnkostenanteil (lk_i) wie folgt:

$$TE = \sum_{i=1}^{n} t_i \times lk_i \times p_{gesamt,i,0} \times w_{i,1} \times x_{i,1}$$

Die Erhöhung des Einkaufsvolumens, das durch Tarifsteigerungen verursacht wird, findet sich weder in der Erfolgsbetrachtung des Unternehmenscontrollings, noch in derjenigen, das durch die Beschaffung durchgeführt wird. In den allermeisten Fällen wird dieser Effekt, sowohl in der Literatur, als auch in der Praxis übergangen und übersehen. Der

5.5 Messung der Beschaffungsperformance

Tarifeffekt muss jedoch zur Einkaufsleistung hinzugerechnet werden und erhöht damit auch den Verhandlungserfolg.

> **Beispiel:**
>
> An einem Ein-Produkt-Beispiel sollen die Unterscheide zwischen Einkaufsleistung und -ergebnis sowie Verhandlungserfolg aufgezeigt werden. Ein Einkäufer schafft es, sein Druckgussteil vom Vorjahrespreis von 20 USD auf 18 USD zu reduzieren. Im gleichen Zeitraum steigt durch erhöhte Kundennachfrage die beschaffte Menge von 90.000 auf 100.000 Stück. Der Währungskurs verschlechtert sich von 1,0 auf 1,2 USD/EUR. Der Rohstoffpreis verbessert sich hingegen von 3 USD/kg auf 2,7 USD/kg, wobei für die Herstellung des Druckgussteils 3 kg benötigt werden. Der Tariflohn steigt im gleichen Zeitraum beim Lieferanten um 5 %, wobei im Basispreis, d. h. im Preis ohne Rohstoffanteil 20 % Lohnkosten enthalten sind. Während der Einkäufer auf Basis seiner Ergebnisse eine Leistung von -132.000 EUR ausweist, reklamiert der Controller als Einkaufsergebnis eine Erhöhung von 360.000 EUR.
>
> Diese für Außenstehende nicht nachvollziehbaren Differenzen können nur aufgelöst werden, wenn man die einzelnen externen Effekte betrachtet und transparent macht. Während der Controller auf Basis seiner Gesamtbetrachtung für das Unternehmen lediglich das Einkaufsvolumen der beiden Jahre vergleicht (1,8 Mio. versus 2,16 Mio. EUR) berechnet der Einkäufer seine Leistung ohne Berücksichtigung von ihm nicht beeinflussbaren externen Effekten, d. h. ohne Volumen-, Währungs- und Rohstoffpreiseffekten. Er ermittelt seine Einkaufsleistung auf der von ihm erreichten Veränderung des Basispreises von 11 USD auf 9,9 USD. Er verwendet dabei die Einkaufsvolumen und Währungen des aktuellen Jahres. Der Volumeneffekt zeigt eine Erhöhung um 200.000 EUR, der Währungseffekt bewirkt ebenfalls eine Erhöhung um 400.000 EUR und der Rohstoffeffekt zeigt, auf Grund der gesunkenen Rohstoffpreise, eine Reduzierung um 108.000 EUR. Damit kann die Differenz zwischen den Betrachtungsebenen des Einkaufs und des Controllings nachvollzogen werden.
>
> Aber auch die Einkaufsleistung stellt die Performance der Beschaffung nicht vollständig dar. Letztendlich müsste der Einkäufer auch noch die Verschlechterung der Lohnkosten durch höhere Tarifabschlusse in Höhe von 13.200 EUR in seine Darstellung aufnehmen, so dass sein eigentlicher Verhandlungserfolg insgesamt 145.200 EUR beträgt.

Auch wenn theoretisch die externen Effekte, insbesondere die hier als wesentlich aufgezeigten Fälle des Volumeneffekts, der Währungs- und Rohstoffpreisschwankungen sowie der Tarifsteigerungen in der dargestellten Vorgehensweise erfasst werden können, so gibt es in der praktischen Umsetzung doch Restriktionen, die einer vollumfängliche Erfassung über alle Kaufteile und Dienstleistungen eines Unternehmens im Wege stehen. So kann der notwendige Aufwand, der z. B. bei der Erfassung aller Rohstoffe notwendig wäre, den Nutzen überkompensieren, so dass es Sinn macht, sich auf diejenigen Rohstoffe zu konzentrieren, die den größten Kostenbetrag darstellen. Auch bewirkt die hohe Anzahl an Kaufteilen in einem Unternehmen, die schnell 10.000 verschiedene Teilenummern betragen kann, eine Komplexität in der Erhebung und Nachverfolgung. Darüber hinaus ist die Transparenz über die einzelnen Kostenbestandteile, wie sie zwar theoretisch einfach darstellbar ist, in der Praxis nicht gegeben oder schwer bzw. nur aufwendig ermittelbar. So

Grenzen

gibt es zahlreiche Lieferanten, die nicht bereit sind, entsprechende Daten zur Verfügung zu stellen. Und letztendlich sollte man sich immer vor Augen führen, dass es die Kernaufgabe des Einkaufs ist, Kosteneinsparungen zu erzielen. In einigen Unternehmen wurde diese Tätigkeit bereits durch die Analyse der Kostenveränderungen sowie die damit verbundene interne Abstimmung und Rechtfertigung in den Hintergrund gerückt. Wenn aber nicht eingespart wird, führen derartige Aktivitäten auch nicht dazu, die Leistung des Einkaufs für das Unternehmensergebnis zu verbessern.

5.6 Risikomanagement in der Beschaffung

"Diese Beziehung zwischen Planung und Risiko gewinnt in den letzten Jahren an Bedeutung, da die Optimierung im Supply Management regelmäßig durch eine Erhöhung der Planungsunsicherheit erkauft werden muss."

Heß, 2010, S. 74

Aufgaben und Vorgehen

Generell haben gesetzliche Regelungen, wie beispielsweise das Gesetz zur Kontrolle und Transparenz im Unternehmensbereich oder der Sarbanes Oxley Act das Bewusstsein und die Notwendigkeit zum Managen strategischer Risiken in Unternehmen massiv erhöht. Allgemein stellt ein Risiko die Abweichung zum ursprünglich erwarteten Wert dar, die durch endogene und damit vom Unternehmen nicht beeinflussbaren Einflussfaktoren entsteht. Die Abweichung wird dabei dadurch ermittelt, dass der erwartete mit dem zukünftigen Wert, der mit einer bestimmten Wahrscheinlichkeit eintritt, verglichen wird. Dabei hat das Risikomanagement nicht die Aufgabe, alle Risiken zu vermeiden bzw. zu beseitigen sondern soll im Sinne einer Chancen-Risiko-Abwägung einen bewussten Umgang suchen sowie entsprechende Lösungsvorschläge erarbeiten und umsetzen. In einem ersten Schritt werden dabei durch Sammlung, Aufbereitung und Auswertung entsprechender Daten mögliche Risikoquellen und Einflussfaktoren identifiziert. Durch die Schätzung von Eintrittswahrscheinlichkeiten und des potenziellen Schadensausmaßes erfolgt dann in einem zweiten Schritt die Bewertung der identifizierten Risiken. Der nächste Schritt dient der Risikosteuerung, wobei sowohl versucht werden kann, die Eintrittswahrscheinlichkeit eines Risikos zu reduzieren, als auch die potenzielle Schadenshöhe zu reduzieren. In einem vierten Schritt wird danach die Risikokontrolle im Sinne eines Soll-Ist-Abgleichs durchgeführt, um durch kontinuierliches Beobachten ein frühzeitiges Eingreifen bei Abweichungen zu ermöglichen.

Das Risikomanagement hat auch im Beschaffungsbereich in den letzten Jahren an Bedeutung gewonnen, insbesondere durch steigende Insolvenzen bei Lieferanten, Rohstoffpreis- und Währungsschwankungen, Lieferengpässen sowie Optimierungsbemühungen, die gleichzeitig

5.6 Risikomanagement in der Beschaffung

die Planungsunsicherheit erhöhen. So reduziert zwar Global Sourcing die Einkaufskosten, jedoch steigt beispielsweise die Gefahr von Versorgungsengpässen. Um mit derartigen Risiken adäquat umgehen zu können, bedarf es auch in der Beschaffung eines Risikomanagements, das die Beschaffungsrisiken frühzeitig erkennt, Handlungsalternativen erarbeitet und das Unternehmensumfeld kontinuierlich überwacht.

Bei den Risiken, die im Beschaffungsbereich proaktiv verfolgt werden sollten, können drei Hauptgruppen unterschieden werden. So gibt es Risiken, die im Zusammenhang mit den Lieferanten entstehen. Darüber hinaus finden sich Risiken, die den Bedarf betreffen und solche, die über Marktveränderung exogen auf die Beschaffung einwirken. Den stärksten Einfluss haben dabei das Insolvenz-, das Qualitäts- und das Abhängigkeitsrisiko (Lieferantenrisiken) sowie Preisrisiken bei Rohstoffen und Währungsrisiken (Marktrisiken).

Arten von Beschaffungsrisiken

Abb. 42: Beschaffungsrisiken

Arten von Beschaffungsrisiken

Lieferantenrisiken	Bedarfsrisiken	Marktrisiken
› Insolvenzrisiken	› Versorgungsrisiken	› Preisrisiken
› Abhängigkeitsrisiken	› Lagerrisiken	› Währungsrisiken
› Qualitätsrisiken	› Bestandsrisiken	› Länderrisiken
› Vertragsrisiken	› Lieferrisiken	› Standortrisiken
› Übernahmerisiken	› Prozessrisiken	› Kapazitätsrisiken
› etc.	› etc.	› etc.

Quelle: Wildemann, 2006, S. 123

Eine Insolvenz liegt dann vor, wenn ein Unternehmen seinen Zahlungsverpflichtungen nicht mehr nachkommen kann, die Zahlungsunfähigkeit bevorsteht oder das Unternehmen überschuldet ist. Für die Einkäufer gilt es, diese Tatbestände bei seinen Lieferanten frühzeitig zu erkennen und Gegenmaßnahmen einzuleiten. Weisen erste Kriterien auf einen Krisenzustand hin, sollte der Einkäufer den Zulieferer zuerst einmal mit diesen Beobachtungen konfrontieren. Weiterhin kann bei Lieferanten, die an der Börse notiert sind, auf Bonitätsbewertungen von Ratingagenturen zurückgegriffen werden. Bei anderen besteht die Möglichkeit, Ratings von Banken oder Geschäftsberichte einzusehen. Ebenso können eigene Kennzahlen aus den Veröffentlichungen der Zulieferer ermittelt werden.

Insolvenz

Qualität Das Qualitätsrisiko sollte von der Beschaffung nicht unterschätzt werden, da Lieferungen, die die erforderlichen Anforderungen nicht oder nur unzureichend erfüllen, bei der Weiterverarbeitung zu fehlerhaften Endprodukten oder zu aufwendigen Rückrufaktionen führen können. Präventive Maßnahmen, wie beispielsweise eine sorgfältige Lieferantenauswahl, Lieferanten- und Produktüberwachung können zu einer deutlichen Verbesserung und damit Reduzierung des Qualitätsrisikos führen.

Abhängigkeit Die Abhängigkeit zu Lieferanten beinhaltet zahlreiche Unterrisiken, wie beispielsweise das Risiko höherer Preisforderungen oder eines Lieferausfalls, der die Fertigung der eigenen Produkte zum Erliegen bringen kann. Daher sollte eine mögliche Abhängigkeit unter den Möglichkeiten von Single und Multiple Sourcing intensiv abgewogen werden.

Rohstoffpreise Ein weiteres Risiko sind die Schwankungen von Rohstoffpreisen, die als Marktrisiken in Abhängigkeit ihrer Höhe und dem Anteil an den erzeugten Produkten intensiv auf das Unternehmensergebnis des beschaffenden Unternehmens durchschlagen können. Als Absicherungsmaßnahmen gegen Volatilitäten eignen sich Hedgegeschäfte, die mithilfe derivativer Finanzinstrumente in Form von Termingeschäften durchgeführt werden. Dabei wird hinsichtlich des Handelsplatz zwischen Börsenhandel und OTC (Over the Counter) unterschieden. Als Finanzinstrumente eignen sich Futures/Forwards, Optionen und Swaps.

Währung Das Währungsrisiko entsteht durch den globalen Bezug von Lieferanten und der Vergütung in deren Landeswährung. Die Schwankungen der Währungskurse, die durch makroökonomische, politische und spekulative Faktoren hervorgerufen werden können, müssen im Unternehmen abgesichert werden. Dabei können auch hier externe Instrumente, wie derivative Finanzinstrumente in Form von Futures bzw. Forwards, Optionen oder Währungsswaps eingesetzt werden. Oder es lassen sich Gegenmaßnahmen über interne Aktivitäten, wie beispielsweise Leading bzw. Laging, d. h. das zeitliche Verlagern von Zahlungen in Fremdwährungen, ergreifen. Jedoch sollten derartige Finanzinstrumente bzw. Spekulationen, wie dies auch beim Risikomanagement von Rohstoffen empfohlen wird, nur von den spezialisierten Bereichen wie Finanz oder Handel vollzogen werden und nicht im Bereich der Beschaffung abgewickelt werden.

Instrumente Als Instrumente des Risikomanagements können im Beschaffungsbereich Frühaufklärungssysteme, Scoring-Modelle oder Portfolioanalyse eingesetzt werden. Frühaufklärungssysteme haben das Ziel, durch rechtzeitige Identifikation von Chancen und Risiken konkrete Handlungsmaßnahmen abzuleiten, um damit die Schadenshöhe zu minimieren. Dabei werden die drei Phasen Festlegung unternehmensexterner Analysefelder und Indikatoren, Diagnose der entdeckten Veränderungen sowie Prognose von potenziellen Entwicklungsprozessen durchlaufen. Mithilfe einer Szenario-Analyse kann dabei das Management für mögliche Eintrittsszenarien und ihre Auswirkungen sensibilisiert werden.

Scoring-Modelle ermöglichen die Bewertung einzelner Risikoarten. Dabei werden die relevanten Einflussfaktoren hinsichtlich Einflussintensität gewichtet und die jeweiligen Faktorausprägungen der Objekte mithilfe einer Punkteskala bewertet. Auch wenn die Subjektivität bei der Gewichtung der Kriterien und der Vergabe der Punktwerte nicht vermeidbar ist, spielen Scoring-Modelle als Werkzeug eine große Rolle im Risikomanagement. Dies ist auf die Möglichkeit, Zielwerte zu berechnen, Risiken zu quantifizieren und damit untereinander zu vergleichen, zurückzuführen. Zur Identifikation und Bewertung von Risiken haben sich in Theorie und Praxis auch zahlreiche Portfoliovarianten etabliert. So kann z. B. bei Intensivierung von Global Sourcing ein Risikopotenzial-Beschaffungsmarktkompetenz-Portfolio erstellt werden, das die Risiken beim Bezug von ausländischen Lieferanten den eigenen Fähigkeiten gegenüberstellt. Darüber hinaus können die unterschiedlichen Instrumente des Risikomanagements aber auch miteinander kombiniert werden.

5.7 Visualisierung von Informationen[58]

„Daten müssen verstanden werden, damit sie Wert erzeugen können."
Bergauer, Wierlemann, 2008, S. 21

Bei der Darstellung von Kennzahlen durch Schaubilder hat sich herausgestellt, dass gewisse Vergleichsarten nur in bestimmten Schaubildtypen dargestellt werden können. In der Praxis sieht man jedoch leider häufig eine Vermischung dieser eindeutigen Korrelation, die dazu führt, dass die eigentliche Aussage graphisch nicht unterstützt wird und damit Verständnisprobleme beim Adressaten entstehen. Gerade bei Daten, wie sie Kennzahlen darstellen, enthält jede Aussage auch immer einen entsprechenden Vergleich. Dabei gibt es mit der Struktur, der Rangfolge, der Zeitreihe, der Häufigkeitsverteilung und der Korrelation fünf Vergleichsarten.

Korrelation zwischen Vergleichsart und Schaubildtyp

Jedoch sind Einkäufer, im Gegensatz z. B. zum Vertrieb, wenig geschult, ihre Ergebnisse adressaten- bzw. kundenorientiert aufzubereiten und vorzustellen. Dennoch sind Vergabeentscheidungen und Lieferantenwechsel von hoher unternehmerischer Bedeutung, so dass derartige Einkaufsvorgänge sehr häufig der Unternehmensleitung vorgestellt werden müssen. Daher sei an dieser Stelle auf die entsprechende Korrelation zwischen Schaubildtyp und Vergleichsart hingewiesen, um eine Hilfestellung für die richtige Aufbereitung der Kennzahlen zu geben.

Strukturvergleiche, wie z. B. eine Aufteilung des gesamten Einkaufsvolumens nach Warengruppen oder Regionen, lassen sich ausschließlich

Strukturvergleiche

---
[58] Die Ausführungen in diesem Kapitel sind im Wesentlichen in Anlehnung an Zelazny, 2013 und wurden auf den Einkauf übertragen.

Abb. 43: Darstellung von Kennzahlen

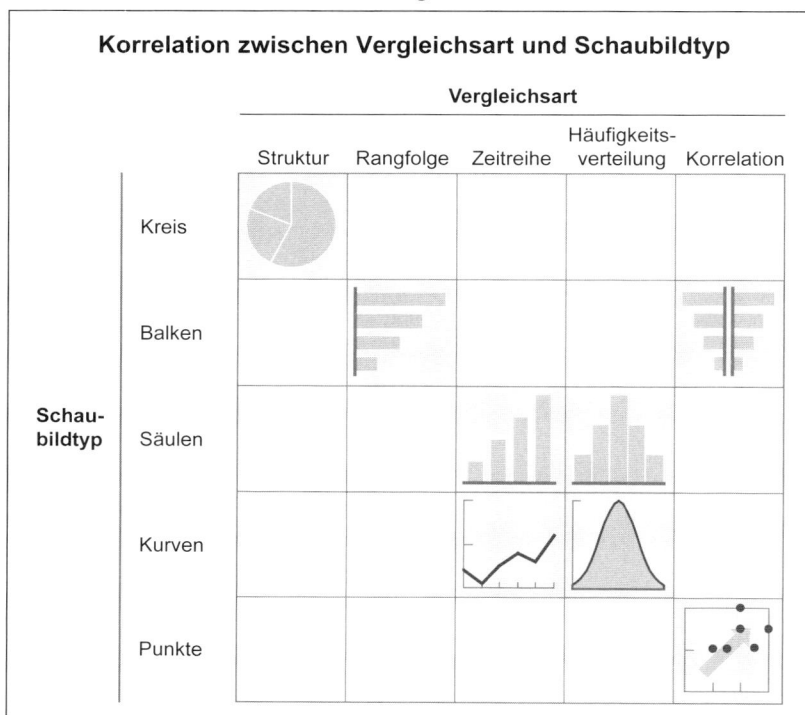

Quelle: In Anlehnung an Zelazny, 2013, S. 27

in einem Kreisdiagramm darstellen. Strukturvergleiche versuchen immer Anteile an einer Grundgesamtheit darzustellen. Teilweise sieht man Darstellungen in Säulenform, die jedoch insbesondere das Verhältnis der Einzelteile im Vergleich zum Gesamtvolumen untergehen lassen. Worte wie „Anteil" oder „Prozentsatz" sind gute Anhaltspunkte für das Vorliegen eines Strukturvergleichs.

Rangfolgen   Rangfolgen, wie beispielsweise der Vergleich des Einkaufsvolumens eines bestimmten Produkts bei unterschiedlichen Lieferanten, dienen der Reihung von Einzelobjekten, so dass einzelne Objekte bewertend gegenübergestellt werden können. Sie werden in Balkenform dargestellt, um das Größenverhältnis der einzelnen Bereiche untereinander auf einen Blick transparent zu machen. Aussagen wie „größer als", „kleiner als" oder „gleich" geben einen Hinweis darauf, dass es sich um eine Rangfolge handelt.

Zeitreihen   Zeitreihen, wie z. B. Einsparungen je Monat, sind die häufigste Darstellungsform und zeigen die Veränderung über die Zeit auf. Dabei spielen weder Größen noch Rangfolgen von Objekten eine Rolle. Zeitreihen können alternativ über Säulen oder Kurven aufgezeigt werden. Dabei sollte man das Säulendiagramm einsetzen, wenn es sich nur um wenige,

d. h. sechs oder sieben Punkte handelt. Ansonsten ist die Verwendung von Kurven übersichtlicher. Der Unterschied zwischen Balken und Säulen ist, dass wir gewohnt sind, die Horizontale als Zeitleiste bzw. Mengeneinheit zu betrachten, so dass für Rangfolgen die Balkendarstellung sinnvoller ist. Worte wie „verändern", „wachsen", „steigen", „zunehmen", „fallen", „sinken" und „schwanken" sind ein Zeichen, dass eine Zeitreihe vorliegt.

Häufigkeitsverteilungen, wie beispielsweise Anzahl an Lieferanten mit einem bestimmten Einkaufsvolumen, stellen die Besetzung von Größenklassen dar. Man versucht in der Häufigkeitsverteilung daher aufzuzeigen, wie häufig ein bestimmtes Objekt bzw. Objektgruppe in verschiedenen Größenklassen vorkommt. Sie können in Abhängigkeit der vorliegenden Datenmenge, wie die Zeitreihen, als Säule oder Kurven dargestellt werden. Typische Worte wie „Bereich X-Y", „Konzentration", „Häufigkeit" oder „Verteilung" signalisieren das Vorliegen einer Häufigkeitsverteilung. **Häufigkeitsverteilungen**

Korrelationen, wie z. B. Einsparungen in Abhängigkeit möglicher Alternativlieferanten, geben eine Übersicht, ob es sich um die Beziehung zwischen Variablen handelt. Man betrachtet dabei, ob zwei Variablen einem „normalen" Muster folgen oder aber davon abweichen. Die Darstellung erfolgt als Punktediagramm oder als Balkenform, wobei bei einer hohen Datenanzahl das Punktediagramm vorzuziehen ist. Aussagen wie „relativ zu …", „steigt (nicht) mit …", „fällt (nicht) mit …" oder „verändern sich (nicht) parallel zu …" geben einen klaren Hinweis, dass es sich um eine Korrelation handelt. **Korrelationen**

Neben der korrekten Verwendung des entsprechenden Schaubildtyps hat es sich in der Praxis bewährt, in jedem Schaubild auch die entsprechende Aussage zur Unterstützung im Titel zu verwenden. Ebenso sollte zu viel Information auf einer Seite vermieden und nach dem Motto „weniger ist mehr" bzw. „einfacher ist besser" verfahren werden. Eine gute Überprüfung ist das Hinterfragen, ob ein Schaubild auch wirklich nur eine Aussage enthält.

5.8 Projektcontrolling – Von Ideen zu Einsparungen

> „Auf den Maßnahmenblättern wird insbesondere deutlich, wer verantwortlich für die Umsetzung der Maßnahme ist, welches Potenzial für die eigene Organisation damit verbunden ist, wie die Aktionen der Umsetzung aussehen und wie der Status der Maßnahme ist. Der Status der Maßnahmen wird in so genannten Härtegraden gemessen."
> Klein, in: Boutellier, Wagner, Wehrli, 2003, S. 984

Gerade im Einkauf mit seinem hohen Verbesserungspotenzial und Einfluss auf das Gesamtergebnis des Unternehmens ist es wichtig, ein systematisches Projektcontrolling durchzuführen, damit aus den theoretischen Einsparpotenzialen auch tatsächlich realisierte Kostenverbesserungen entstehen. Insbesondere bei finanziellen Schwierigkeiten im Gesamtunternehmen, aber auch bei der Synergieerzielung nach Unternehmenszukäufen durch Post Merger Integrations-Programme kommt dem Einkauf ein besonderes Augenmerk zu.

Messen nach Härtegraden

Wie in Projekten in anderen Bereichen hat sich auch in der Beschaffung ein mehrstufiges Messen nach Meilensteinen, auch als Härtegrade bezeichnet, bewährt. In der Regel werden die Phasen von der Ideengenerierung bis zur erfolgreichen Umsetzung in fünf bis sechs Teilschritte aufgegliedert, in denen der Einkauf und die angrenzenden Bereiche in unterschiedlicher Intensität Verantwortung übernehmen.

Härtegrad 1: Idee erstellt, beschrieben und grob abgeschätzt

Der Härtegrad 1 signalisiert, dass eine erste Idee für eine Maßnahme zur Kostenoptimierung erstellt, beschrieben und grob quantitativ abgeschätzt ist. Dies bedeutet, dass beispielsweise das Angebot eines Lieferanten vorliegt, das niedriger als der aktuelle Serienpreis ist. Eine Überprüfung, in wieweit dieser Angebotspreis tatsächlich realisiert werden kann, muss in dieser Phase noch nicht erfolgt sein. Viel wichtiger ist es, dass erst einmal alle Ideen ohne Vorbehalte erfasst werden.

Härtegrad 2: Idee durch den Einkauf plausibilisiert

Im Anschluss an die Ideenphase wird das Angebot einer ersten analytischen Plausibilisierung durch den Einkauf hinsichtlich Vollständigkeit, Vergleichbarkeit von Liefer- und Zahlungsbedingungen, Rohstoffpreisen etc. unterzogen. Das Angebot ist damit aus kaufmännischer Sicht auf Korrektheit überprüft und ein Maßnahmenverantwortlicher benannt. Damit gelangt die Maßnahme in den Härtegrad zwei.

Härtegrad 3: Implementierung freigegeben

Damit die Maßnahmen auch den Status des Härtegrads drei erlangt, müssen im Anschluss an die kaufmännische Analyse auch die anderen Bereiche, insbesondere die Technikabteilung, das Angebot überprüfen. Sind auch diese von der Umsetzbarkeit überzeugt, wird ein Implementierungsplan erstellt. Der Vorschlag zur Einsparung inklusive dem Umsetzungsplan wird dem interdisziplinär besetzten Einkaufsgremium zur Entscheidung vorgestellt und dort zur Implementierung freigegeben.

Härtegrad 4: Auftrag an Lieferanten erteilt

In den IT-Systemen des Einkaufs wird danach die Maßnahme entsprechend der Entscheidung eingestellt und durch Verträge mit den Lieferanten beidseitig bindend unterschrieben. Dies bedeutet den Härtegrad vier für die Maßnahme. Damit muss nun die Umsetzung beginnen, die unterschiedlich lang dauern kann. Je nachdem, ob es sich um eine Preisreduzierung bei einen aktuellen Lieferanten handelt oder erst ein neuer Zulieferer aufgebaut und getestet werden muss. Es kann somit zwischen einigen Tagen und ein bis zwei Jahren dauern, bis die Einsparung auch tatsächlich ergebniswirksam ist.

5.8 Projektcontrolling – Von Ideen zu Einsparungen

Härtegrad 5: Erste Teilelieferung erfolgt
Sobald die ersten Teile mit den neuen Preisen geliefert werden, ist die Einsparung im Budget bzw. der GuV wirksam und die Maßnahme im finalen Härtegrad fünf. Die Kostenwirksamkeit ist damit eingetreten und nachvollziehbar. Auch hier kann selbst bei einer reinen Preisreduzierung eines Serienlieferanten auf Grund von vorhandenen Lagerbeständen ein Zeitverzug bis zur tatsächlichen Ergebniswirksamkeit von mehreren Monaten entstehen.

Über diese fünf Härtegrade hinaus, die unternehmensindividuell angepasst werden können, sollten auch diejenigen Ideen bzw. Kaufteile dokumentiert werden, bei denen kein Potenzial identifiziert werden konnte oder aber die durch den Qualitäts- oder Forschungs- und Entwicklungs-Bereich abgelehnt wurden. So vermeidet man Doppelarbeit bei weiteren Optimierungsprojekten und stellt eine lückenlose Dokumentation sicher.

Wie oben und in den vorangegangenen Kapiteln beschrieben, liegen auf Grund notwendiger Teiletests, Auditierung des Zulieferers, Probelieferungen, Lagerbeständen etc. zwischen der Entscheidung im Härtegrad drei und der tatsächlichen Umsetzung der Maßnahme in Härtegrad fünf teilweise deutliche Zeitverzüge vor. In der Regel kann man bis zur vollständigen Umsetzung eines derartigen Einsparprogramms von der Entscheidung bis zur tatsächlichen Realisierung in Härtegrad fünf und der damit verbundenen Nachvollziehbarkeit durch das Controlling bzw. Finanzwesen des Unternehmens von eineinhalb bis zwei Jahren ausgehen.

Umsetzung dauert bis zu zwei Jahren

Abb. 44: Hochlauf Ideenpotenzial und Maßnahmenumsetzung

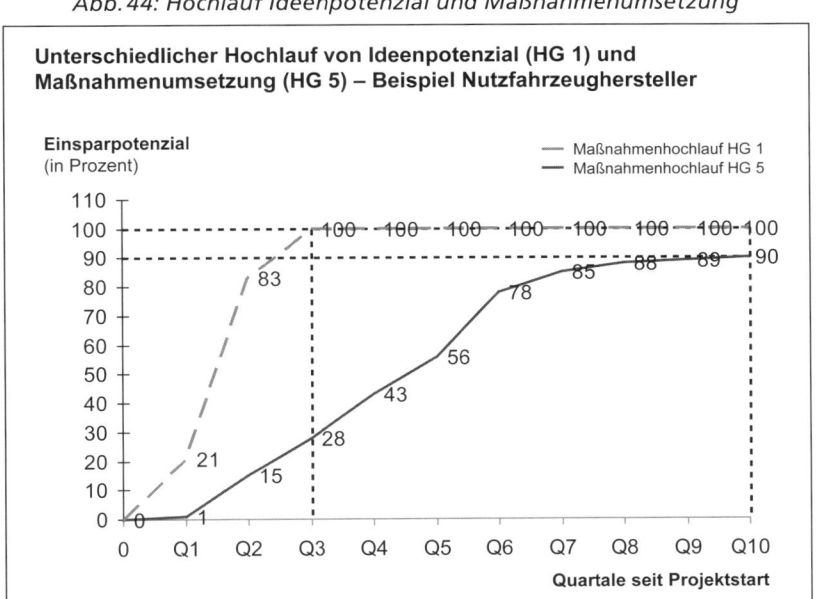

Quelle: Krampf et al., 2012, S. 284

5.9 Fragen zu Kapitel 5

1. Definieren Sie das Einkaufsergebnis im Einkauf auf Basis von Serienlieferung und Projekteinkauf. Wo liegen die jeweiligen Herausforderungen bei der Erfolgsmessung?
2. Erläutern Sie auf Basis einer Härtegradlogik, wie man Einkaufsideen in finanziell messbare Potenziale überführen kann.
3. Um Einsparungen in der Beschaffung sinnvoll und zielgerichtet erfassen zu können und eine entsprechende Akzeptanz für die Ergebnisse und Erfolge im Unternehmen zu erreichen, sind einige Grundvoraussetzungen nötig. Benennen Sie diese kurz.
4. Welche wesentlichen Bestandteile und Elemente kennen Sie für das operative Controlling in der Beschaffung?
5. In modernen Beschaffungsorganisationen wird zwischen dem Brutto- und Nettoerfolg der Einkäufer unterschieden. Welchen Unterschied bzw. Zusammenhang gibt es zwischen beiden Kennzahlen?
6. Woraus begründet sich die Notwendigkeit zur Einführung eines Risikomanagements in der Beschaffung und wie ist eine mögliche Vorgehensweise dabei?
7. Welche verschiedene Arten von Risiken können in der Beschaffung unterschieden werden?
8. Am Ende des Jahres 2012 ist bei einem Hersteller für dekorative Kosmetik eine interne Diskussion über die Performance im Einkauf entstanden. Während das Controlling der Beschaffungsabteilung ein negatives Einkaufsergebnis bei zwei Kaufteilen ermittelt, vermeldet der Einkaufsleiter trotzdem eine positive Einkaufsleistung und erwartet seine vollständige Bonuszahlung. Sie lassen sich daher die nachfolgenden Daten geben. Erzeugen Sie Transparenz, in dem Sie die tatsächliche Einkaufsleistung und das -ergebnis berechnen. Zeigen Sie darüber hinaus eine Überleistung von Controlling- und Einkaufssicht unter Berücksichtigung der relevanten externen Effekte auf.

Warengruppe	Preis 2011	Preis 2012	Menge 2011	Menge 2012	Wechselkurs 2011	Wechselkurs 2012
Lippenstift	1 USD	0,5 USD	3,5 Mio.	3,0 Mio.	1 € = 2 USD	1 € = 1 USD
Liedschatten	1,50 €	1,25 €	2,0 Mio.	4,0 Mio.	n.a.	n.a.

9. Zur Entwicklung eines strategischen Vorgehens in den verschiedenen Warengruppen wurde 1983 von Kraljic ein Portfolioansatz zur Ablei-

tung von Normstrategien vorgestellt. Zeigen Sie die entsprechende Vorgehensweise auf.
10. Die Balance Scorecard wird inzwischen auch in der Beschaffung genutzt, um kennzahlengesteuert zu agieren. Zeigen Sie die wesentlichen Elemente beim Einsatz auf.

5.10 Fallstudie 5: Einkaufscontrolling

Anfragen und Verhandlungen gehören bei Ihnen inzwischen zur Routine. Immer wieder haben Sie die Gelegenheit, ausländische Lieferanten in Ihr Portfolio zu integrieren oder auch nur mit bestehenden Zulieferern die Verträge zu verhandeln. Auch neuen Kollegen geben Sie regelmäßig Ihr erarbeitetes Wissen weiter.

Da ruft Sie eines Tages Ihr Chef in sein Büro. Hans Schuster schaut übernächtigt aus und etwas durcheinander. „Ich brauche Ihre Hilfe", beginnt er das Gespräch, ohne Sie anzuschauen. Seine Blicke sind auf ein Blatt mit Zahlen gerichtet. „Das Controlling unterstellt unserem Bereich, wir hätten letztes Jahr Preiserhöhungen zugelassen und einen Mehraufwand von 85.000 EUR im Jahr erzielt. Das sind immerhin rund 2 % auf unser Einkaufsvolumen. Erhöhungen – das bedeutet für mich, dass ich dieses Jahr keinen Bonus bekommen würde, aber noch viel schlimmer: Für uns als Einkäufer ist das eine Katastrophe, nachdem es unsere Hauptaufgabe ist, die Einkaufsumfänge günstiger zu beschaffen. Wenn wir das nicht gelöst bekommen, werden die einzelnen Fachbereiche bald den Anspruch erheben, Ihre Teile und Dienstleistungen wieder selbst zu beschaffen. Ich kann mir das auch gar nicht erklären. Wir hatten doch in allen Warengruppen intensiv verhandelt. Insgesamt komme ich auf eine Reduktion von 19.000 EUR und das, obwohl wir bei den Navigationssystemen durch die massive Erhöhung der Rohstoffpreise von 30 % im letzten Jahr das Niveau nicht ganz halten konnten.

Die ganze Nacht habe ich schon über den Zahlen gebrütet, aber ich komme nicht so richtig dahinter. Es waren so viele Effekte gleichzeitig. Volumenveränderungen, Rohstoffschwankungen, Währungskurse, etc. Vielleicht finden Sie die Lösung.

Damit schiebt er mir das Blatt mit den Zahlen herüber. Vom Controlling scheinen die Ergebnisse sauber und ordnungsgemäß dargestellt worden zu sein. Also machen Sie sich an die Arbeit und versuche herauszufinden, wie sich das Einkaufsergebnis und die Leistung unserer Abteilung darstellen lassen. Sie beginnen erst Warengruppe für Warengruppe bevor Sie mit der Aggregation beginnen und legen diese Ergebnisse Ihrem Chef vor. Dabei erläutern Sie ihm auch, welche Erkenntnisse Sie hinsichtlich der Leistung der Abteilung erkannt haben und wo sich Ansätze zu Verbesserungen in diesem Jahr ableiten lassen.

Vorjahr:

WGR	Preis	Menge	Wechselkurs	Rohstoffanteil
Ingenieur-Dienstleistungen	200 EUR	3.000	n.a.	n.a.
Kabel	30 EUR	40.000	n.a.	70 %
Navigationssysteme	23.400 Yen	10.000	1 EUR = 130 Yen	50 %

Aktuelles Jahr:

WGR	Preis	Menge	Wechselkurs	Rohstoffpreis-veränderung
Ingenieur-Dienstleistungen	190 EUR	2.500	n.a.	n.a.
Kabel	28 EUR	60.000	n.a.	−20 %
Navigationssysteme	25.500 Yen	9.000	1 EUR = 150 Yen	+30 %

5.11 Literatur zu Kapitel 5

Arnolds et al., Materialwirtschaft und Einkauf, 12. Auflage, 2012.

Bergauer, Wierlemann, Einkauf – Die unterschätzte Macht, 2008.

Bogaschewsky, Götze, Management und Controlling von Einkauf und Logistik, 2003.

Boutellier, Wagner, Wehrli, Handbuch Beschaffung. Strategien – Methoden – Umsetzung, 2003.

Buchholz, Messung und Darstellung von Beschaffungsleistungen, Zeitschrift für betriebswirtschaftliche Forschung, 54. Jahrgang, Nummer 4, 2002, S. 363–380.

Entchelmeier, Supply Performance Measurement: Leistungsmessung in Einkauf und Supply Management, 2008.

Friedag, Schmidt, My Balanced Scorecard: Das Praxishandbuch für Ihre individuelle Lösung: Fallstudien, Checklisten, Präsentationsvorlagen, 3. Auflage, 2006.

Fröhlich, Lingohr, Gibt es die optimale Einkaufsorganisation? Organisatorischer Wandel und pragmatische Methoden zur Effizienzsteigerung, 2010.

Gabath, Risiko- und Krisenmanagement im Einkauf, 2010.

Heß, Supply-Strategien in Einkauf und Beschaffung: Systematischer Ansatz und Praxisfälle, 2. Auflage, 2010.

Jäger, Instrumente des Beschaffungscontrollings: Balanced Scorecard und Lieferantenmanagement im Fokus, 2009.

Kaluza, Konzeption eines erfolgsorientierten Beschaffungscontrollings, 2. Auflage, 2010.

Kaplan, Norton, The Balanced Scorecard. Translating Strategy into Action, 1996.

Kaplan, Norton, The Strategy-focused Organization: How Balanced Scorecard Companies thrive in the New Business Environment, 2001.

Kerkhoff, Milliardengrab Einkauf. Einkauf – Die Top-Verantwortung des Unternehmens nicht nur in schwierigen Zeiten, 2. Auflage, 2011.

Kraljic, Purchasing must become supply management, in: Harvard Business Review, 61. Jahrgang, Nummer 5, September/Oktober 1983, S. 109–117.

Krampf, Rittershausen, Schlüchtermann, Wie aus Potenzialen Savings werden – gezieltes Einkaufs-Controlling bei Kostensenkungsprojekten, ZfCM Controlling und Management, 56. Jahrgang, Nummer 4, 2012, S. 279-287.

Meierbeck, Strategisches Risikomanagement in der Beschaffung, 2010.

Oberender, Schlüchtermann, Schommer, Da-Cruz, Innovatives Beschaffungsmanagement im Krankenhaus, 2006.

Orths, Einkaufscontrolling als Führungsinstrument. Tipps und Tools für den Erfolg, 2. Auflage, 2009.

Schliesing, Krampf, Schlüchtermann, Konzeption und Implementierung einer Procurement Balanced Scorecard. In: Controlling – Zeitschrift für erfolgsorientierte Unternehmensführung, 24. Jahrgang 2012, Heft 7, S. 411–418.

Thiemt, Risikomanagement im Beschaffungsbereich, 2003.

Versteeg, Revolution im Einkauf. Höchste Qualität und bester Service zum günstigsten Preis, 1999.

Wildemann, Einkaufspotenzialanalyse: Programme zur partnerschaftlichen Erschließung von Rationalisierungspotenzialen, 2. Auflage, 2008.

Wildemann, Risikomanagement und Rating, 2006.

Zelazny, Wie aus Zahlen Bilder werden. Wirtschaftsdaten überzeugend präsentiert, 7. Auflage, 2013.

6 Praxisbeispiel: Durchführung eines effizienten Programms zur Materialkostenoptimierung durch Erhöhung des Wettbewerbsdrucks

> *„Die Wahrheit liegt auf dem Platz"*
> Alte Fußballerweisheit

Wie bereits im ersten Kapitel aufgezeigt, ist der Hebel auf Kosteneinsparungen durch den Einkauf besonders hoch. Daher sind die Erwartungen an den Beitrag des Einkaufs bei notwendigen Kostensenkungsprogrammen in Unternehmen inzwischen auch sehr groß geworden. „Das schnelle Geld liegt im Einkauf" stimmt zwar nicht bei bereits professionell geführten Einkaufsorganisationen, zweifelsohne ist aber der mögliche Wertbeitrag, sowohl bei „Cost Cutting"-Programmen als auch bei Synergieprogrammen sehr hoch. Einen hohen Wertbeitrag liefert die Beschaffung auch bei professionell geführten Post Merger Integrations-Programmen. Dennoch sollte, wie in den vorangegangenen Kapiteln erwähnt, nicht vergessen werden, dass die Realisierung einen erheblichen Zeitraum beansprucht.

> **Beispiele: Demag Cranes, Claas und Bayer**
> Ein Beispiel für die erfolgreiche Transformation im Einkauf vor dem Börsengang stellt Demag Cranes & Components dar, einer der Weltmarktführer für Krane, Hebezeuge und fördertechnische Komponenten. Dabei wurden im Zeitraum zwischen 2002 und 2006 signifikante Verbesserungsergebnisse, wie z. B. eine Senkung der Einkaufskosten im zweistelligen Millionenbereich, die Erhöhung des Lieferbezugs von ausländischen Lieferanten auf über 10 % und die Vereinheitlichung der Zahlungsbedingungen, erreicht.[59] Auch beim Landmaschinenhersteller Claas hat 2003 der Einkauf in der Post-Merger-Integration mit dem französischen Traktorenhersteller Renault Agriculture eine wesentliche Rolle gespielt. Dies gilt ebenso für die Übernahme von Schering durch den Bayer-Konzern im Jahre 2006.[60]

Voraussetzung

Wichtig für die erfolgreiche Umsetzung eines Einsparprogrammes ist es, die Mitarbeiter vom eigentlichen Tagesgeschäft zu befreien, um die volle Konzentration auf die angestrebten Optimierungen zu ermöglichen und die Kräfte gezielt zu bündeln. Darüber hinaus ist es in der Praxis auch ein deutliches Signal an alle Beteiligten im Unternehmen, dass es um ein bedeutendes Projekt für das gesamte Unternehmen und um eine große Herausforderung geht.

Einsparmaßnahmen in neun Monaten

Daher soll im Folgenden ein Programm zur Materialkostenoptimierung dargestellt werden, dass sich vielfach und in unterschiedlichen Branchen bewährt hat. Die Besonderheit dieses Vorgehens ist es, die hohe Komple-

---

[59] Vgl. Joos, in: Bergauer, Wierlemann, 2008, S. 55 ff.
[60] Vgl. Bundesverband Materialwirtschaft, Einkauf und Logistik, 2008.

xität von mehreren tausend Teilen und hunderten Lieferanten zu bewältigen und in kurzer Zeit Einsparungspotenziale zu realisieren. Die strukturierte Vorgehensweise führt dazu, dass erhärtete Einsparmaßnahmen im Einkauf innerhalb von ca. neun Monaten über alle fremdbezogenen Kaufteile, d. h. das gesamte Einkaufsvolumen, unabhängig von ihrem Beschaffungsumfang sukzessive aufgezeigt und zur Entscheidung vorgelegt werden können. Der Prozess beruht dabei auf der Idee der Erhöhung des Wettbewerbsdrucks durch konsequentes Anfragemanagement. Für Warengruppen, die übergreifend über Geschäftsfelder bzw. Länder sind, ist ein Leadbuyer je Warengruppe festzulegen, der die Aktivitäten mit seinen Kollegen entsprechend koordiniert und steuert. Die finalen Entscheidungen werden abschließend in einem interdisziplinär besetzten Entscheidungsgremium getroffen.

Vier zentrale Schritte

Wie in den Ausführungen im Kapitel „Kontinuierliches Anfragemanagement" bereits vorgestellt, erfolgt das Vorgehen nach einer Diagnosephase in den vier wesentlichen Schritten Erzeugung der Datentransparenz, Anfrageprozess, Durchführung Verhandlung und Entscheidungsfindung sowie Umsetzung der Entscheidung. Die nachfolgenden Kapitel sind entsprechend in diese Phasen untergliedert. Insgesamt nutzt das Vorgehen dabei viele Themenstellungen, wie sie in den vorangegangen Kapiteln theoretisch dargestellt wurden. Teilweise werden sie durch die nachfolgenden Darstellungen praxisorientiert verdeutlicht bzw. vertieft.

6.1 Diagnosephase zur Projektorganisation und Potenzialermittlung

„Zunächst ist das zu untersuchende Einkaufsvolumen in Materialfelder zu unterteilen, z. B. Kabel, Bleche, Türsysteme, Sitze. Anschließend ist eine Strukturanalyse der einzelnen Materialfelder durchzuführen."

Klein, in: Boutellier, Wagner, Wehrli, 2003, S. 977

Ziel

Ziel der Diagnosephase ist es, sich einen Überblick über das gesamte Einkaufsvolumen je Warengruppe und je Geschäftseinheit zu verschaffen. Über Plausibiltätsprüfungen sollte analysiert werden, ob wirklich das gesamte Einkaufsvolumen erfasst wurde. Teilweise werden z. B. auf Grund von Systembrüchen in den IT-Systemen Lieferumfänge übersehen. Ebenso ist es erforderlich, im Projektteam ein Verständnis zu entwickeln, welche Kaufteile für die Serienfertigung benötigt werden und welche z. B. als Ersatzteile relativ schwer verhandelbar sind. Ebenso sollten in der Diagnosephase die Projektorganisation, die „Spielregeln", die Verantwortlichkeiten und der Zeitplan für das Projekt festgelegt werden.

Potenzialanalyse der Warengruppen

Ein wesentlicher Schritt in der Diagnosephase ist es, die einzelnen Warengruppen nach ihrem Potenzial, d. h. dem Einfluss der beiden Optimierungshebel „Wettbewerbsdruck" und „Optimierung Spezifikation" zu analysieren. Dabei bietet sich ein strukturierter Fragebogen an, der bei Entscheidungsträgern in der Beschaffung und den angrenzenden Bereichen im Einkauf angewendet wird. Diese Bereiche haben meist ein relativ gutes „Bauchgefühl", in welcher Stärke die einzelnen Hebel eingesetzt werden können. Anschließend lassen sich die Ergebnisse auch graphisch aufbereiten, wie in der nachfolgenden Abbildung dargestellt.

Abb. 45: Strategische Einordnung der Warengruppen

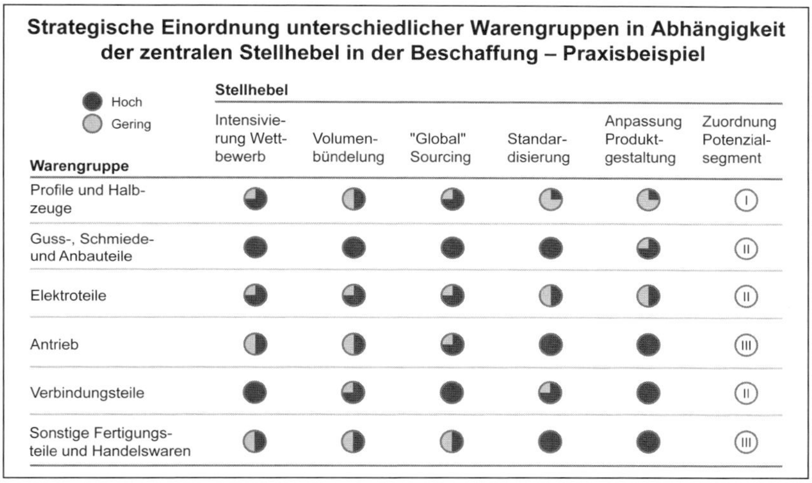

Strategische Einordnung unterschiedlicher Warengruppen in Abhängigkeit der zentralen Stellhebel in der Beschaffung – Praxisbeispiel

Warengruppe	Intensivierung Wettbewerb	Volumenbündelung	"Global" Sourcing	Standardisierung	Anpassung Produktgestaltung	Zuordnung Potenzialsegment
Profile und Halbzeuge	◐	◐	◐	◔	◔	(I)
Guss-, Schmiede- und Anbauteile	●	●	●	●	◐	(II)
Elektroteile	◐	◐	◐	◔	◔	(II)
Antrieb	◐	◐	◐	●	●	(III)
Verbindungsteile	●	◐	●	●	●	(II)
Sonstige Fertigungsteile und Handelswaren	◐	◐	◐	●	●	(III)

● Hoch ○ Gering

Quelle: Krampf et al., 2004, S. 380

Auf Basis der qualitativen Aussagen lassen sich die Ergebnisse für die Warengruppen in einer Matrix darstellen, wie sie beispielhaft in nachfolgender Abbildung dargestellt ist. Sie zeigt, wie stark die beiden Erfolgshebel im Einkauf auf die jeweiligen Warengruppen angewendet werden können.

Ergebnismatrix

Ausgehend von den Interviews über die Warengruppen und den in den Gesprächen darüber hinaus erzielten Eindrücken können den einzelnen Quadranten grobe Einsparpotenziale in Prozent zugewiesen werden. Es hat sich in einer Vielzahl an Projekten gezeigt, dass mit ein bisschen Erfahrungen diese Einschätzungen, die auf einer ersten groben Abschätzung beruhen, in ihrer Gesamtheit realistisch sind und anschließend in der Umsetzung auch erzielt werden können. Dennoch ist es nicht auszuschließen, dass einzelne Kaufteile oder sogar Warengruppen von der Ersteinschätzung am Ende deutlich abweichen. Über alle Warengruppen gleichen sich diese Abweichungen jedoch in der Regel aus. Vorteilhaft für die interne Kommunikation und Akzeptanz des Vorgehens ist es, statt exakter Werte in dieser Phase Bandbreiten für die Einsparziele zu verwenden.

Grobabschätzung der Einsparpotenziale

Anschließend sollten die Warengruppen auf verschiedene „Wellen" verteilt werden, in denen sie hinsichtlich konkreter Maßnahmen untersucht

Bearbeitungs- „Wellen" bestimmen

und bearbeitet werden. Die Mitarbeiter im Einkauf haben in der Regel nicht die Ressourcen und Kapazitäten, alle Warengruppen gleichzeitig zu bearbeiten. Ebenso würde ein gleichzeitiges Bearbeiten aller fremdbezogenen Kaufteile und Dienstleistungen auch Engpässe bei der Umsetzung in angrenzenden Bereichen, wie z. B. Qualitätssicherung und Konstruktion, nach sich ziehen. Die Bearbeitung einer sogenannten Welle beträgt drei bis vier Monate. Empfehlenswert ist es, das Einkaufsvolumen auf zwei bis drei Wellen zu verteilen, um auf der einen Seite die Organisation eines Unternehmens nicht zu lange in der Projektarbeit zu binden, auf der anderen Seite punktuell nicht zu stark zu belasten.

Für die erste Welle empfiehlt es sich, einige Warengruppen aufzunehmen, in denen Potenziale vermutet werden, die schnell zu realisieren sind. Solche „Quick Wins" unterstreichen den Erfolg der Vorgehensweise und erhöhen damit die Akzeptanz des Projekts im Unternehmen. Darüber hinaus sollte bei der Zusammenstellung der Wellen auf Heterogenität der Warengruppen geachtet werden, d. h. dass z. B. Kaufteile mit Serienfertigung und Projektgeschäft unterschiedlicher Materialarten bearbeitet werden, um die unterschiedlichen Vorgehensweisen und Herausforderungen bereits frühzeitig zu adressieren.

Abb. 46: Warengruppen und Potenzialsegmente

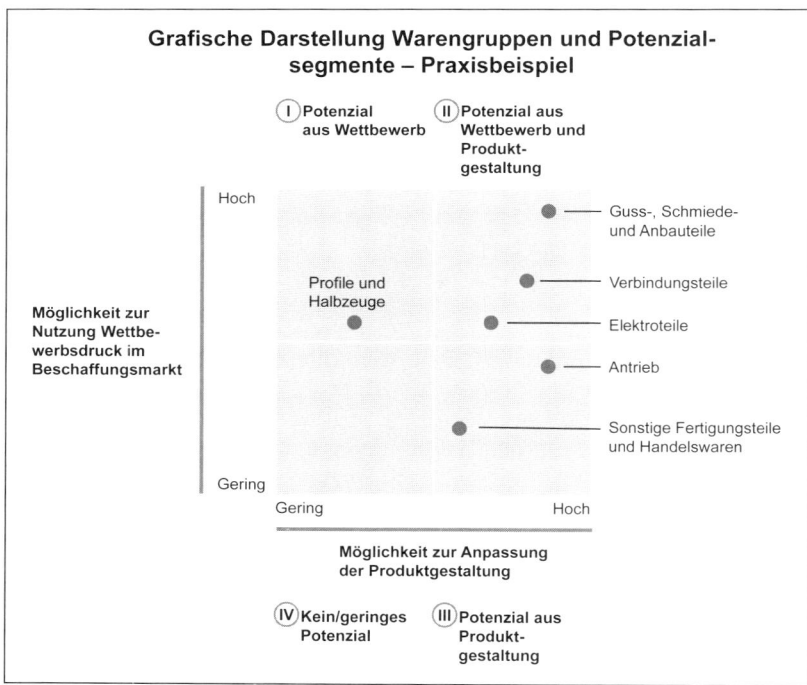

Quelle: Krampf et al., 2004, S. 379

Abb. 47: Ableitung der Einsparpotenziale

Ableitung der Einsparpotenziale auf Basis der strategischen Einordnung – Praxisbeispiel

● Hoch
◯ Gering

Waren-gruppen-segment	Stellhebel					Theoretisches Einspar-potenzial in Prozent	Einkaufs-volumen in Mio. EUR	Hochgerech-netes Einspar-potenzial in Mio. EUR
	Wett-bewerb	Volumen-bündelung	„Global" Sourcing	Standar-disierung	Produkt-gestaltung			
I	●	●	●	◐	◐	5 - 10	25,5	1,9
II	◐	◐	◐	◐	◐	10 - 15	114,8	14,4
III	◐	◐	◐	●	●	5 - 10	252,5	18,9
IV	◐	◐	◐	◐	◐	0 - 5	0	0
							392,8	35,2

Quelle: Krampf et al., 2004, S. 380

6.2 Erzeugung von Datentransparenz

„Nach der Phase der Informationssammlung, die nicht länger als eine Woche dauern sollte, wird zu einem ersten Workshop eingeladen, in dem die gesammelten Informationen strukturiert dargestellt werden und von den Teilnehmern diskutiert werden können."

Klein, in: Boutellier, Wagner, Wehrli, 2003, S. 977

Nach der Diagnosephase ist es im nächsten Schritt wichtig, die Beteiligten zu involvieren, d.h. insbesondere die Warengruppenverantwortlichen über die Vorgehensweise und Erwartungshaltung zu informieren. Darüber hinaus muss in der Bearbeitung von der aggregierten Warengruppenebene auf die einzelne Teilebene gegangen werden. Ziel eines ersten Workshops ist es, den nachfolgenden Anfrageprozess intensiv vorzubereiten.

Ziel

Das Minimum, was bei der Abfrage einer Warengruppe je Gesellschaft benötigt wird, sind je Kaufteil der aktuelle Lieferant, der derzeitige Preis und das Beschaffungsvolumen. Nach Aggregation der Daten ist es notwendig, die gesammelten Informationen auf Plausibilität zu überprüfen, da oftmals – gewollt oder ungewollt – nicht alle Daten vollständig oder in korrekter Form dem Projektteam übermittelt werden. Sollten Unplausibilitäten erst nach dem Versand der Anfrageunterlagen bzw. erst während der Verhandlung auffallen, wie z.B. die Erkenntnis, dass es sich um Auslaufteile handelt, so bedeutet dies einen enormen Zeitverzug und

Datenerfassung und Plausibilitätsprüfung

eine Unzufriedenheit bei allen Beteiligten. Typische Fehler, die zu Schwierigkeiten bzw. Fehlern in der Auswertung führen, sind z. B., dass Preiseinheiten unterschiedlich angegeben wurden, z. B. je Stück, je kg, je 1.000 Teile, etc. Ebenso muss man darauf achten, dass die Angaben der Preise nicht mit unterschiedlichen Währungen oder Wechselkursen hinterlegt wurden und daher untereinander nicht vergleichbar sind. Teilweise sind auch Lieferantennamen nicht einheitlich. So gibt es alleine für den Zulieferer Bosch unzählige Möglichkeiten, wie z. B. Robert Bosch GmbH, Bosch GmbH etc. Es kann auch vorkommen, dass nicht zu allen Clustern einer Warengruppe die benötigten Daten vollständig geliefert wurden und damit in der Auswertung fehlen. Darüber hinaus können Daten über Einkaufsvolumina zwischen Diagnosephase und Datentransparenz differieren. Die Einkäufer müssen in solchen Fällen aufgefordert werden, entsprechende Erklärungen zu liefern, die anschließend hinterfragt werden sollten.

6.3 Start des Anfrageprozesses

„Je mehr Anbieter, desto niedriger der Preis."
Versteeg, 1999, S. 45

Ziel Der Anfrageprozess wurde bereits im zweiten Kapitel als Element zur Erhöhung des Wettbewerbsdrucks kurz aufgezeigt. An dieser Stelle soll darauf aufbauend eine ausführlichere Behandlung auf Basis von Praxiserfahrungen erfolgen, um die einzelnen Teilschritte detaillierter zu erläutern. Für den reinen Angebotsprozess sollte mit ca. sechs Wochen gerechnet werden, da vor allem die qualifizierte Angebotserstellung bei den Lieferanten einige Tage benötigt.

Einkäufer-Workshop Liegen alle Daten zentral beim Warengruppenverantwortlichen vor und sind diese plausibilisiert, findet ein gemeinsamer Workshop aller Einkäufer einer Warengruppe statt. Dabei werden gemeinsame Untercluster für die Einkaufsvolumina der Warengruppe gebildet, die Erfahrungen mit den aktiven Lieferanten untereinander ausgetauscht, die Teile nach Volumen entsprechend der ABC-Logik priorisiert und für die Anfrage alle Lieferanten bestimmt sowie die notwendigen Dokumente und die nächsten Schritte definiert. Je nach Projektform wird dies z. B. durch den Leadbuyer oder den Warengruppenverantwortlichen organisiert. Es empfiehlt sich, neben den Einkäufern auch zu Beginn bereits die verantwortlichen Entwickler und Qualitätsverantwortlichen der Kaufteile hinzuzuziehen. Ebenso sollten neue Bauteile, die in den nächsten Monaten in der Fertigung von Endprodukten Einklang finden, in die Anfrage integriert werden.

Umfang einer Anfrage Um im Nachgang einen erheblichen Mehraufwand z. B. durch Mehrpreisforderung oder Nachkalkulation zu vermeiden und die Vergleichbarkeit der eingehenden Angebote von Beginn an sicherzustellen, benö-

6.3 Start des Anfrageprozesses

Abb. 48: Teilschritte der Anfrage

Teilschritte der Anfrage

- Vorbereitung der Anfrageunterlagen je Kaufteil nach gemeinsamer Festlegung des Anfrageumfangs und der zu involvierenden Lieferanten
- Versendung der Anfrage an aktuelle und ausgewählte neue Zulieferer je Warengruppencluster
- Überprüfung, ob die Unterlagen vollständig bei den Lieferanten angekommen und bearbeitbar (z.B. Öffnen von Anlagen) sind
- Gegebenenfalls Durchführung eines Lieferantentags, was sich insbesondere beim erstmaligen gezielten Durchführen eines Anfrageprozesses bewährt hat
- Erhalt der Angebote (1. Runde)
- Überprüfung der eingehenden Angebote der ersten Runde auf kaufmännische und technische Plausibilität
- Definition und Versendung der Zielpreise durch den Einkauf an diejenigen Zulieferer, die ein Angebot abgegeben haben
- Erhalt der überarbeiteten Angebote (2. Runde)
- Aufbereitung der Angebotsdaten und Erarbeitung eines Vergabevorschlags je Kaufteil

Quelle: Eigene Darstellung

tigt man für die Anfrage u. a. ein Anschreiben an die Lieferanten, in dem auch der Ansprechpartner aus der Technik für mögliche Nachfragen benannt ist. Darüber hinaus sollten den Lieferanten standardisierte Angebots- und Kalkulationsschema beigelegt werden, um eine schnelle Auswertung zu ermöglichen und Nachfragen zu vermeiden. Ebenso hat sich die Vorgabe einheitlicher Liefer- und Zahlungsbedingungen bewährt, mit denen die Zulieferer ihre Preiskalkulation vornehmen sollen. Auch müssen Zeichnungen und Spezifikationsbeschreibungen der Kaufteile zur Verfügung gestellt werden, um eine einheitliche Kalkulation bei allen Angeboten zu erhalten und damit die Vergleichbarkeit sicherzustellen. Ggf. empfiehlt es sich, zusätzlich notwendige Produktions- und Materialhinweise, die vom Hersteller erwartet werden und nicht aus den Zeichnungsunterlagen hervorgehen, in der Anfrage mit zu versenden.

In der Praxis haben sich einige Problemfelder herauskristallisiert, die eine zügige bzw. ordnungsgemäße Abwicklung von umfangreichen Anfrageaktionen behindern können. Ein frühzeitiges Erkennen und Gegensteuern ist hier hilfreich. Dies ist z. B. nötig, wenn eine manuelle Zusammenstellung der Unterlagen erforderlich ist, da nicht alle Daten elektronisch zur Verfügung stehen. Eine rechtzeitige Involvierung aller Beteiligten verhindert eine unnötige Verlängerung bei der Versendung der Unterlagen. Bei einem physischen Versand von Unterlagen oder Musterteilen kann es zu Verzögerungen kommen, da der postalische Weg teilweise auch innerhalb von Europa zehn Tage betragen kann. Bei der Planung von Meilensteinen sollte dies berücksichtigt werden. Eine weitere Schwierigkeit ergibt sich häufig, da Termine im Team nicht eingehalten und Änderungen noch sehr spät eingespielt oder angemerkt

Probleme in der Praxis

werden. Daher ist darauf zu achten, dass Meilensteine wirklich als „Deadlines" innerhalb des Projektteams verstanden werden.

Überprüfung der Unterlagen

Ein Teilschritt im Anfrageprozess ist die Überprüfung der Ankunft aller Unterlagen. Es empfiehlt sich, die Unterlagen zentral über den Warengruppenverantwortlichen zu versenden und entsprechende Nachfragen bei den Lieferanten über die Ankunft bzw. Verarbeitungsfähigkeit durchzuführen. Hilfreich ist es ebenso, wenn bereits vor den ersten Angebotsrückläufern Auswertetools erstellt werden, um eine schnelle Transparenz der Angebotssituation zu erhalten und um jederzeit auskunftsfähig über den aktuellen Potenzialstatus zu sein.

Lieferantentag

Nach dem Versand der Unterlagen an die Zulieferer hat es sich insbesondere bei der erstmaligen Anfrage des gesamten Teilespektrums als sinnvoll herausgestellt, einen Lieferantentag der entsprechenden Warengruppe durchzuführen, mit dem Ziel, die notwendigen Informationen über die Zielsetzung des Projekts zu vermitteln. Damit kann auch die notwendige Mobilisierung bei der Zulieferbasis erreicht werden. Allen Beteiligten wird bei einer solchen Veranstaltung verdeutlicht, dass sie im Wettbewerb zu ihren Konkurrenten stehen, da diese ebenfalls im Raum sind. Nach einem Vortrag des Einkaufsleiters und seiner Bereichsleiter sollte die Möglichkeit gegeben werden, dass die Lieferanten sich mit ihren entsprechenden Warengruppenverantwortlichen bzw. Leadbuyern austauschen können. Es hat sich gezeigt, dass das Interesse und die Teilnahmequote sehr hoch und in der Regel sogar größer als 80 % ist. Der Grund dafür liegt darin, dass es selten vorkommt, dass die Lieferanten die Möglichkeit zu derartig umfangreichen Informationen und den persönlichen Kontakt mit der gesamten Leitungsfunktion des Einkaufs erhalten.

Plausibilitätscheck

Nach Ankunft der Lieferantenangebote ist vom Leadbuyer ein erster grober Plausibilitätscheck der Daten, wie z. B. Währungsangaben, Liefer- und Zahlungsbedingungen, und die Vollständigkeit der Pflichtangaben zu überprüfen, um Fehler im Angebotsvergleich zu vermeiden. Anschließend erfolgt in einem zweiten Meeting der Warengruppe ein gemeinsamer Plausibilitätscheck der vorliegenden Daten. Darüber hinaus geht es darum, bei denjenigen Lieferanten noch einmal „nachzufassen", die nicht, bzw. nur bei geringen Teileumfängen angeboten haben. Ziel ist es, die Hintergründe zu erfahren oder durch weitere Angebote den Wettbewerb zu erhöhen. Ebenso müssen die verantwortlichen Einkäufer die eingegangenen Angebote einer genauen kaufmännischen Plausibilitätsprüfung unterziehen, wie es vorab der Leadbuyer gesamthaft durchgeführt hat. So ist es z. B. erforderlich, bei Unvollständigkeit der Angebote, falschen Losgrößen oder unakzeptablen Rohmaterialbedingungen Korrekturen vorzunehmen. Falls Unklarheiten bestehen, muss festlegt werden, welcher Einkäufer der Warengruppe diese Unstimmigkeiten mit dem entsprechenden Lieferanten klärt. Als letzter Schritt im Meeting werden die Zielpreise je Teil und die Kommunikation dazu festgelegt sowie die nächsten Schritte definiert.

6.3 Start des Anfrageprozesses

Festlegung Zielpreis

Der Zielpreis sollte in der Regel nicht mehr als drei bis fünf Prozent unter dem besten Angebot liegen. Die Kommunikation eines Zielpreises an all diejenigen – und nur diese – Zulieferer, die auch ein Angebot abgegeben haben, hat sich aus vielerlei Gesichtspunkten in der Praxis bewährt, selbst wenn einige Einkäufer dabei Bedenken haben, dass dadurch irgendwelche „Geheimnisse" bekannt werden könnten. Ganz im Gegenteil empfinden es die Zulieferer als Bereicherung und ein Zeichen der kooperativen Zusammenarbeit, wenn sie ihre Position im Wettbewerb erfahren. Nach dem erheblichen Aufwand, der oftmals einer Preiskalkulation zu Grunde liegt, gehört es geradezu zur Fairness, eine Chance zur Korrektur von Kalkulationsfehlern sowie zum Nachbessern des Angebots und damit eine Reaktion auf Wettbewerbsangebote zu bekommen. Außerdem zeigt es sich, dass ein derartiges „Feedback" für viele Verkäufer sehr hilfreich ist, da sie damit innerhalb ihrer eigenen Organisation Benchmarkwerte für die Fertigung liefern können und somit in der Lage sind, einen Anreiz für Verbesserungen innerhalb ihres eigenen Unternehmens zu setzen.

Erste Abschätzung erreichbarer Potenziale

Am Ende dieser Phase lässt sich eine erste und relativ stabile Abschätzung der final erreichbaren Potenziale machen. In einer Vielzahl von Anfragen hat sich gezeigt, dass das Potenzial einer Warengruppe nach dem Feedback aus dem zweiten Meeting („Plausibilitäts-Meeting") im Vergleich zum Potenzial, welches am Ende erzielt wird, nur noch unwesentlich steigt, d. h. noch um ca. acht Prozent. Die zweite Angebotsrunde generiert dabei ca. fünf Prozent und die finale Vergabeverhandlung weitere zwei bis drei Prozent.

Finale Angebotspreise liegen vor

Nachdem die Zielpreise versendet wurden und die Lieferanten noch einmal innerhalb einer Woche die Chance zum Nachbessern der Ange-

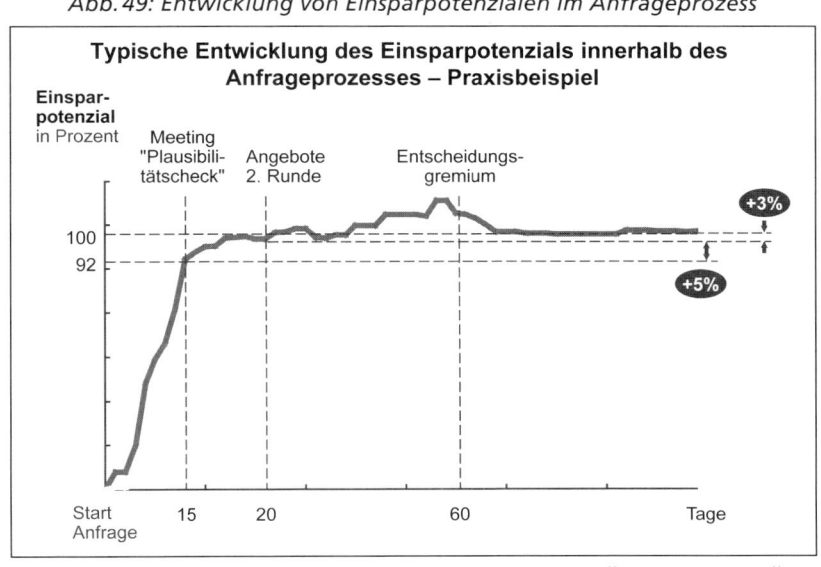

Abb. 49: Entwicklung von Einsparpotenzialen im Anfrageprozess

Quelle: Eigene Darstellung

botspreise hatten, liegen nun die finalen Preise vor, die eine Auswertung je Kaufteil hinsichtlich Einsparpotenzial, Notwendigkeit zum Lieferantenwechsel und damit zum Entscheidungsvorschlag ermöglichen.

6.4 Durchführung der Verhandlung und Entscheidungsfindung

„Das Geheimnis der Verhandlung liegt darin, die wirklichen Interessen der beteiligten Parteien in Einklang zu bringen."

Hirschsteiner, 1999, S. 71

Ziel Ziel der vierten Bearbeitungsphase ist es, im Zusammenspiel zwischen Einkauf, Logistik und Entwicklung, die offenen Punkte im Angebot des besten Lieferanten zu klären und damit eine finale Verhandlung durchzuführen. Anschließend muss der Entscheidungsvorschlag je Kaufteil vorbereitet und einem interdisziplinär besetzten Entscheidungsgremium zur Freigabe vorgelegt werden.

Faustregel für Lieferantenwechsel Als einfache Faustregel hat sich in der Praxis bewährt, dass die Durchführung eines Lieferantenwechsel nur angegangen werden sollte, wenn der Preisunterschied des besten Angebots zu dem des bisherigen Lieferanten größer als 10 % beträgt. Bei hohen Volumenwerten kann dieser Wert ggf. auch nach unten korrigiert werden. Ist der Preisunterschied geringer, sollte versucht werden, diese Differenz auf dem Verhandlungsweg mit dem aktuellen Zulieferer zu schließen, um die Opportunitätskosten in Form von Abstimmungsaufwendungen, anfängliche Fehllieferungen etc. zu vermeiden. Hat der bisherige Serienlieferant auch im Wettbewerbsvergleich das günstigste Angebot abgegeben, kann man auf eine Verhandlung ggf. auch verzichten. Dies wird von den meisten Lieferanten als starkes Signal des Einkäufers im Sinne eines fairen und partnerschaftlichen Umgangs verstanden. Außerdem wird dem Lieferanten damit auch eindeutig klargemacht, bei welchen Angeboten er tatsächliche Wettbewerbsnachteile besitzt.

Verhandlungsstrategie Bei der Verhandlungsstrategie kann man in Abhängigkeit von der Bedeutung der Lieferbeziehung sowie der Bedeutung der Einsparung vier alternative Vorgehen unterscheiden.

Vorgehen 1: „Win-win"-Strategie

Die „Win-win"-Strategie geht davon aus, dass sowohl die Bedeutung der Lieferbeziehung, wie auch die Einsparung sehr hoch ist und damit mit dem Ziel verhandelt wird, für beide Parteien Vorteile aus der Zusammenarbeit zu erzielen.

Vorgehen 2: „Lose-to-win"-Strategie

Die „Lose-to-win"-Strategie verzichtet auf die Erzielung möglicher Einsparpotenziale zum Erhalt einer guten Lieferbeziehung. Dies ist insbe-

6.4 Durchführung der Verhandlung und Entscheidungsfindung

sondere dann anzutreffen, wenn der Lieferant eine starke Position, z. B. durch eine Monopolsituation besitzt.

Vorgehen 3: „Win-to-lose"-Strategie
Die „Win-to-lose"-Strategie verzichtet auf eine gute und enge Lieferbeziehung, um die maximalen Einsparpotenziale für den Hersteller zu generieren. Diese Strategie findet insbesondere dann Anwendung, wenn es sich um Einmalbedarfe handelt oder eine Vielzahl an potenziellen Zulieferern zur Verfügung stehen.

Vorgehen 4: „Lose-lose"-Strategie
Die „Lose-lose"-Strategie ist eine theoretische Möglichkeit, in der sowohl auf die Lieferbeziehung, wie auch auf Einsparpotenziale verzichtet wird.

Abb. 50: Verhandlungsstrategien

Alternative Verhandlungsstrategien in Abhängigkeit der Lieferantenbeziehung und Bedeutung der Einsparung

Bedeutung der Lieferbeziehung	Bedeutung der Einsparung	
	Gering	Hoch
Hoch	**Anpassung** „lose-to-win"	**Kooperation** „win-win"
Gering	**Vermeidung** „lose-lose"	**Kampf** „win-to-lose"

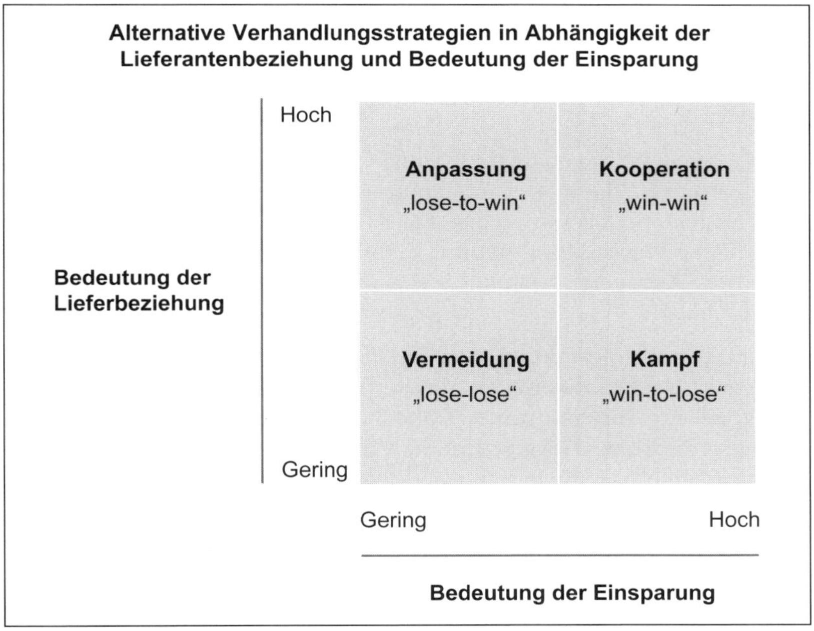

Quelle: In Anlehnung an Lewicki, Hiam, 1998, S. 115

In Vorbereitung auf das Entscheidungsgremium sollte das Warengruppenteam erneut zusammenkommen, d. h. das dritte und finale physische Treffen im Anfrageprozess machen. Ziel ist es, die Entscheidungsvorschläge je Kaufteil vorzubereiten und im Team gemeinsam abzustimmen.

Die Empfehlung an das interdisziplinäre Entscheidungsgremium sollte hoch standardisiert sein und die Informationen sich auf das erforderliche Minimum konzentrieren, um eine schnelle und effiziente Entscheidungsfindung zu ermöglichen. Bei der Information handelt es sich um

Standardisierte Empfehlung

die klassischen drei Parameter: Preis, Service und Qualität. Neben den Angaben, welche Lieferanten angefragt wurden und wie die Angebotsübersicht ist, sollte eine eindeutige Darstellung des Entscheidungsvorschlages vorliegen, aus der je Kaufteil ersichtlich wird, wer der aktuelle und wer der zukünftige Lieferant mit welchen Konditionen werden soll. Es hat sich in der Praxis sehr bewährt, wenn die betroffenen Bereiche diesen Vorschlag jeweils auch physisch unterschreiben bzw. elektronisch freigeben, um dadurch ihr Einverständnis und die Unterstützung für den Entscheidungsvorschlag nachhaltig zu dokumentieren.

6.5 Umsetzung von Entscheidungen

> „Jede Etappe ... wird vom Production Readiness verfolgt.
> Wichtig hierbei: Es muss sofort Alarm geschlagen werden, sobald ein
> Beteiligter seine Aufgaben nicht rechtzeitig erledigt hat."
>
> Versteeg, 1999, S. 62

Ohne Umsetzung keine Einsparung — Im bisherigen Prozess wurden lediglich mögliche Potenziale, im Einkauf auch gerne als „Savings" bezeichnet, erarbeitet. Wichtig ist es jedoch, diese auch zu realisieren, so dass für das eigene Unternehmen auch eine tatsächliche Wertsteigerung und nachweisbare Cash- bzw. GuV-Effekte entstehen. Ansonsten besteht die Gefahr, reine „Papiersavings" dargestellt zu haben.

Fortschrittsdokumentation — Wesentlicher Erfolgsfaktor für diesen Prozess ist, wie bereits in Kapitel 5 dargestellt, die Dokumentation des Fortschritts der Einsparmaßnahmen auf Teileebene durchzuführen. Dabei hat sich die Messung anhand von Meilensteinen bzw. Härtegraden bewährt. Ergeben sich im Zeitverlauf Änderungen hinsichtlich Preis und Menge, sollten diese auch genehmigt und aktualisiert werden. Die Einsparerfolge sollten auf einem Jahresvergleich, d. h. dem Vergleich zwischen Ist- und Vorjahr erfolgen, um die jährlichen Fortschritte transparent zu machen.

Der Zeitbedarf für die Umsetzung sollte dabei nicht unterschätzt werden. Aussagen wie „Im Einkauf liegt das schnelle Geld" und „10 % gehen immer" müssen differenziert betrachtet werden. Es ist richtig, dass die Einsparhebel im Einkauf immer noch enorm hoch sind. Es ist jedoch falsch zu glauben, dass diese schnell realisiert werden können. Ideen von Beratern, Serienbriefe an die Lieferanten mit der Aufforderung nach signifikanten Preiszugeständnissen zu verschicken, haben sich in der praktischen Umsetzung als nicht erfolgreich für die tatsächliche Realisierung von Einspareffekten erwiesen. Ganz im Gegenteil bedarf eine erfolgreiche Umsetzung die faktenbasierte Analyse. Bei der eigentlichen Umsetzung bedarf es dann, außer es handelt sich um eine reine Preissenkung beim bestehenden Lieferanten, einer entsprechenden Vorlaufzeit, wie das folgende Praxisbeispiel verdeutlicht.

6.5 Umsetzung von Entscheidungen

Umsetzung dauert bis zu zwei Jahre

Nach der Entscheidung zum Lieferantenwechsel im Einkaufsgremium sind beim Lieferanten Musterteile anzufordern. Je nach Beschaffenheit der Kaufteile muss dafür drei bis sechs Monate eingerechnet werden. Anschließend müssen diese Musterteile, die eine möglichst hohe Ähnlichkeit mit den finalen Bauteilen für die Serienfertigung besitzen sollten, im Unternehmen getestet werden. Je nach Anforderungen des Unternehmens bzw. der Branche bedarf dies weitere zwei bis neun Monate. In der Automobilbranche müssen z. B. sicherheitsrelevante Kaufteile einen Prüfzyklus durchlaufen. In mindestens drei Testfahrzeugen werden diese Teile eingebaut und über jeweils 100.000 km auf Ausfallerscheinungen überprüft. Sind alle Tests positiv durchlaufen und liegt eine finale Freigabe aus der Qualitätssicherung vor, so entsteht ein weiterer Zeitverzug, nachdem die bestehenden Verträge mit dem bisherigen Lieferanten erst modifiziert bzw. gekündigt werden müssen und der Lagerbestand aufgebraucht werden muss. Erfahrungsgemäß braucht man unter Beibehaltung der Qualitätsansprüche des Herstellers rund eineinhalb bis zwei Jahre, bis alle geplanten Einsparungen im Einkauf tatsächlich GuV-wirksam realisiert sind.

Abb. 51: Umsetzungszeit beim Lieferantenwechsel durch Testen von Musterteilen

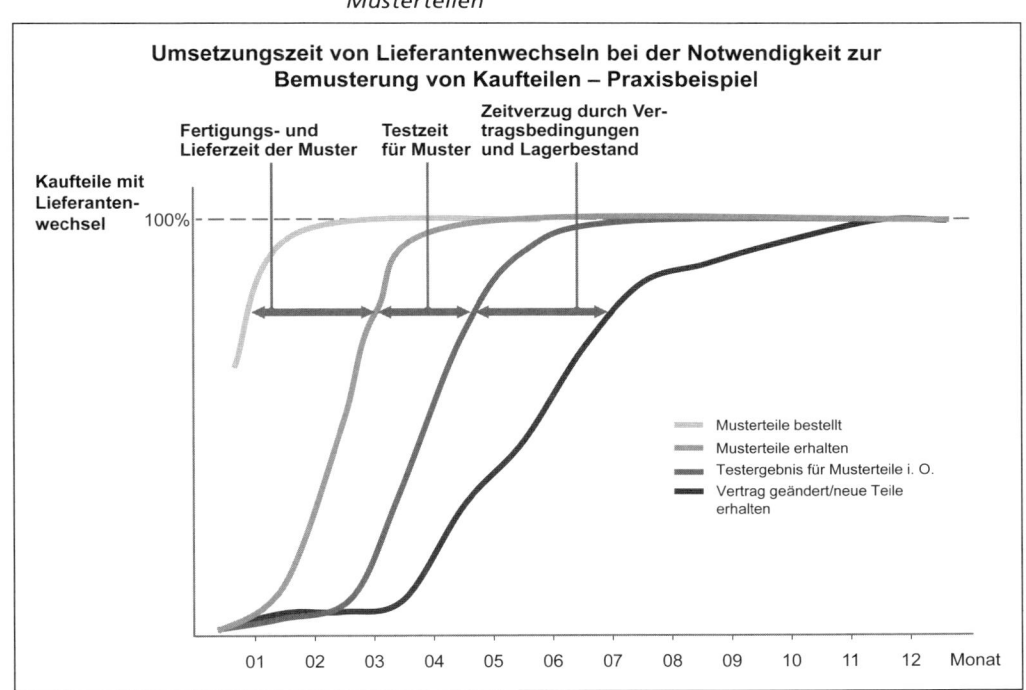

Quelle: Eigene Darstellung

6.6 Fragen zu Kapitel 6

1. Benennen und beschreiben Sie kurz die fünf wesentlichen Schritte, um unter zu Hilfenahme des Wettbewerbshebels im Einkauf von Kaufteilen und Dienstleistungen Kosteneinsparungen für das Unternehmen zu erzielen.
2. Zwischen der Beauftragung von Neulieferanten und der tatsächlichen Messbarkeit von GuV-Effekten liegen teilweise zwei Jahre. Worauf ist dies zurückzuführen?
3. Einige Einkaufsorganisationen richten in regelmäßigen Abständen einen Lieferantentag aus. Was ist die Zielsetzung einer solchen Veranstaltung innerhalb eines Kosteneinsparprogramms und wie sollte er ausgestaltet sein? Begründen Sie das Interesse der Zulieferer an einer Teilnahme.
4. Bei der Verhandlung mit Lieferanten kann auf unterschiedliche Strategien zurückgegriffen werden. Erläutern Sie die verschiedenen Arten und benennen Sie deren Unterschiede.
5. Bei einer Anfrage kann sehr viel Zeit verloren gehen, wenn erst spät in der Vergabe festgestellt wird, dass die Anfrageunterlagen nicht vollständig waren. Noch schwerwiegendere Folgen kann es haben, wenn erst nach der Vergabe realisiert wird, dass Fehler bereits zu Beginn passiert sind und der neue Lieferant anschließend Mehrpreisforderungen stellt. An welche Dokumente sollte der Einkäufer daher beim Versand der Anfrage denken?

6.7 Literatur zu Kapitel 6

Bergauer, Wierlemann, Einkauf – Die unterschätzte Macht, 2008.

Boutellier, Wagner, Wehrli, Handbuch Beschaffung. Strategien – Methoden – Umsetzung, 2003.

Bundesverband Materialwirtschaft, Einkauf und Logistik (Hrsg.), Best Practice in Einkauf und Logistik, 2. Auflage, 2008.

Fisher, Ury, Patton, Das Harvard-Konzept. Der Klassiker der Verhandlungstechnik, 24. Auflage, 2013.

Hirschsteiner, Einkaufsverhandlungen. Strategien, Techniken, Regeln, Praxis, 1999.

Kaufmann, Internationales Beschaffungsmanagement. Gestaltung strategischer Gesamtsysteme und Management einzelner Transaktionen, 2001.

Krampf, Einsparerfolge durch Optimierung des Einkaufs, in: ew, 104. Jahrgang, Heft 25, 2005, S. 20–25.

Krampf et al., Neuausrichtung im Beschaffungsmanagement, in: Zentes, Swoboda, Morschett, Fallstudien zum internationalen Management, 4. Auflage, 2011, S. 247–270.

Krampf et al., Fallstudienlösung: Neuausrichtung im Beschaffungsmanagement, in: Zentes, Swoboda, Fallstudien zum internationalen Management, Instructors' Manual, 2. Auflage, 2004, S. 377–387.

Lewicki, Hiam, The Fast Forward MBA in Negotiating and Deal Making, 1998.

Merkel et al., Global Sourcing im Handel. Wie Modeunternehmen erfolgreich beschaffen, 2008.

Versteeg, Revolution im Einkauf. Höchste Qualität und bester Service zum günstigsten Preis, 1999.

7 Lösungen zu den Fragen und Fallstudien in den jeweiligen Kapiteln

7.1 Lösungen zu den Fragen

Lösungen Kapitel 1:

Frage 1: Einkaufs- und Vertriebshebel:
- RoI ohne Materialkostenverbesserung: 12,6 %
- RoI mit Materialkostenverbesserung: 13,4 %
- Steigerung RoI: 6,3 %
- Umsatzsteigerung: 6,2 %
- Begründung: Im dargestellten Fallbeispiel ist der Materialkostenanteil (13 %) deutlich geringer, als dies z. B. in der Automobilindustrie (> 60 %) oder im Maschinenbau (> 50 %) der Fall ist.

Frage 2: Wettbewerbshebel im Einkauf:
- Materialkostenanteil in Unternehmen verhältnismäßig hoch, daraus resultiert, dass eine geringe Senkung der Beschaffungskosten einen starken Anstieg des ROI zur Folge hat. Im Automobilbereich liegt der Anteil des Materials bei über 60 %.
- Wettbewerbsdruck: Erhöhung des Wettbewerbsdrucks ist einer der Wettbewerbshebel der Beschaffung, neben der Harmonisierung der Spezifikationen.
- Maßnahmen: Volumenbündelung, Alternativlieferanten, Anfrage 70 % des Einkaufsvolumens, Global Sourcing, Jobrotation Einkäufer, Quotenverschiebung, e-Procurement

Frage 3: Bestellschreiber:
Wandel begründet durch die beiden Merkmalsausprägungen der Beschaffung: Betriebsorientierung und Marktorientierung
- Bestellschreiber: niedrige Markt- und niedrige Betriebsorientierung, reine Bestelltätigkeit (Abwicklung), Hervorhebung operativer Tätigkeiten, passiv
- Moderner Einkauf: hohe Marktorientierung und niedrige Betriebsorientierung, Bestellabwicklung tritt in den Hintergrund, Preisorientierung (Preis-Leistungsverhältnis), Hauptaktivitäten sind Beschaffungsmarktforschung, qualitative Angebotsvergleiche, Vergabeverhandlungen, teilaktiv

- Materialwirtschaft: niedrige Marktorientierung und hohe Betriebsorientierung, Kostenorientierung durch Optimierung der materialwirtschaftlichen Gesamtkosten, bereichsübergreifende Betrachtungsweise, Wirtschaftlichkeit steht im Vordergrund (Make-or-Buy-Entscheidungen), aktiv
- Beschaffungsmarketing: hohe Marktorientierung und hohe Betriebsorientierung, Gewinnorientierung, Versorgungsprozess wird von Marktverhältnissen (Konjunktur, Leistungspotenzial) bestimmt, Sicherheitsaspekte spielen eine Rolle, Veränderungen des Marktes werden frühzeitig mit einbezogen, aktiv kreativ

Frage 4: Einkaufs- und Vertriebshebel:

Berechnung (ROI alt = 10 %): ROI = Kapitalumschlag x (Umsatz – (Sonstige Kosten + Materialkosten))/Umsatz

ROI neu = 20 %: 0,2 = 3 x (30 Mrd. EUR – 15 Mrd. EUR – Materialkosten) / 30 Mrd. EUR

Materialkosten = 13 Mrd. EUR

Absoluten Einsparungen: 14 Mrd. EUR – 13 Mrd. EUR = 1 Mrd. EUR

Einsparungen in Prozent: 1 Mrd. EUR / 14 Mrd. EUR = 7 %

Alternativ im Vertrieb müsste der Umsatz auf 60 Mrd. EUR erhöht werden.

Berechnung: 0,2 = Umsatz / betr. Kapital x Umsatzrentabilität, Umsatz = 0,2 x 10 / 1/30

Umsatzsteigerung = 60 Mrd. EUR / 30 Mrd. EUR = 100 %

Frage 5: Harmonisierung von Spezifikationen:
- Hebel: funktionsübergreifende Teams, Lieferantenmanagement, regelmäßige Konzeptwettbewerbe, technische Ausbildung der Einkäufer, Integration von Lieferanten, Target Costing
- Alternative: „Erhöhung Wettbewerbsdruck"

Frage 6: Subjektkonzept:
- Individual Sourcing: Individuelle Durchführung von Beschaffungsaktivitäten
- Collective Sourcing: Gemeinsame Durchführung von Beschaffungsaktivitäten mit anderen Unternehmen
- Beispiele:
- Individual Sourcing: „Regelfall"
- Collective Sourcing: z. B. mittelständische Unternehmen, Kliniken oder Banken

Weitere Beschaffungskonzepte: Reines Arealkonzept, Lieferantenkonzept, Objektkonzept, Zeitkonzept

Frage 7: Einfluss Einkauf:

- Annahme Kostenbasis (z. B. Elektrotechnik): 26,2 % Kosten durch Personal, 53,5 % Kosten durch Material
- Folge: Eine 10 % Reduktion der Mitarbeiterzahl entspricht einem Einspareffekt der Materialkosten von 5 %

Frage 8: Aufgaben/Ziele des Einkaufs:

- Aufgaben: Planung, Steuerung, Durchführung und Kontrolle des Unternehmens mit Verbrauchsfaktoren und Betriebsmitteln unter Beachtung des Wirtschaftlichkeitsprinzips
- Sachziele: richtige Menge, richtige Zeit, richtiger Ort, richtige Qualität
- Formalziele: Reduzierung direkter (Anschaffungskosten) und indirekter (Bestellabwicklungs-, Lagerhaltungs- und Fehlmengenkosten) Kosten
- Nebenbedingungen: schnelle Abwicklung, Gegengeschäfte, Berücksichtigung interner Betriebe

Frage 9: Beschaffungsprozess:

1) Bedarfsmeldung

2) Erstellung Spezifikation

3) Ausschreibung

4) Angebotsvergleich

5) Verhandlungsvorbereitung

6) Vergabeverhandlung

7) Bestellschreibung

8) Bestellabruf

Frage 10: Strategiedimensionen:

- Traditioneller Einkauf: Aktionsradius: national, Qualität: operativ
- Strategische Beschaffung: Aktionsradius: national, Qualität: strategisch
- Internationaler Einkauf: Aktionsradius: international, Qualität: operativ
- Global Sourcing: Aktionsradius: international, Qualität: strategisch

Lösungen Kapitel 2:

Frage 1: Single Sourcing:

Definition: Unter Single Sourcing versteht man die Beschaffung von nur einem Lieferanten auf freiwilliger Basis.

Arten:

1) Single Sourcing über alle Baureihen und alle Werke,

2) Single Sourcing über eine Baureihe und alle Werke,

3) Single Sourcing über alle Baureihen und ein Werk,

4) Single Sourcing über eine Baureihe und ein Werk

Frage 2: Global Sourcing:

- Definition: strategische Aufgaben (rechtzeitige Identifikation von Trends, Nutzung von Markttransparenz) und weltweite Beschaffungsaktivitäten
- Vorgehen:

1) Aufbau einer entsprechenden Abteilung

2) Aktivierung der internationalen Lieferantenbasis

3) Erzielung Einsparungen

4) Etablierung Prozesse und entsprechende Organisation

5) strategische Ausrichtung des gesamten Lieferantennetzwerks

Frage 3: Sourcing Strategien:

- Single Sourcing: nur ein Lieferant, Kostenreduktion durch Potenziale aus Economies of Scale
- Multiple Sourcing: mehr als ein Lieferant, Steigerung des Zuliefererwettbewerbs
- Global Sourcing: weltweite Lieferanten, Steigerung des Zuliefererwettbewerbs

Frage 4: Integrierte Kostenanalyse:

K.-o.-Kriterien für die Warengruppenanalyse:

- Vor-Ort-Service
- Garantieleistungen, Alleinstellungsmerkmale
- Rechtliche Einschränkungen
- Einmalige Bedarfe
- Transportrestriktionen

K.-o.-Kriterien für die Länderanalyse:

- Politisches Risiko
- Sicherheitsrisiko
- Korruption
- Größe eines Landes

Integrierte Kostenanalyse: Betrachtung der Ergebnisse aus Warengruppen- und Länderanalyse über alle Warengruppen und Länder

Frage 5: Volumeneffekte:

- Economies of Scale: Mit steigender Stückzahl sinken die Stückkosten eines Produkts.
- Erfahrungskurveneffekt: Durch einen Lern- bzw. Erfahrungseffekt sinken die Stückkosten eines Produktes. In der Regel geht man davon aus, dass sich bei Verdoppelung der Stückzahl die Kosten je Stück um ca. 20 % reduzieren.
- Fixkostendegression: Durch eine steigende Stückzahl sinkt der Fixkostenanteil je Stück, so dass sich (bei gleichbleibenden variablen Kosten) die Stückkosten reduzieren.
- Bedeutung für Einkauf: Bei steigender Stückzahl sinken die Kosten je Kaufteil, d. h. es ist aus Kostengesichtspunkten sinnvoll, die Beschaffungsmenge zu bündeln und von einem Lieferanten zu beziehen (Single Sourcing), statt diese auf mehrere zu verteilen (Multiple Sourcing).

Frage 6: Jobrotation:

Ziele:

- Reduktion Abhängigkeit zu Lieferanten
- Minimierung „Verständnis" für Gegenargumente der Lieferanten
- Regelmäßig neues Hinterfragen der Preise (neuer Druck)

Zuordnung: Erhöhung Wettbewerbsdruck

Anderen Aktivitäten bei „Erhöhung Wettbewerbsdruck": Volumenbündelung, Alternativlieferanten, kontinuierliches Anfragemanagement, Quotenverschiebung, eProcurement

Konflikt: Bei funktionsübergreifenden Teams ist eine gewisse Kontinuität für die Zusammenarbeit erforderlich. Eine zu schnelle Rotation innerhalb des Einkaufs stellt damit die enge und vertrauensvolle Zusammenarbeit mit den anderen Bereichen nicht mehr sicher.

Frage 7: Minimierung der Anzahl an Lieferanten:

Definition:

- Global Sourcing: weltweite Beschaffungsaktivitäten
- Multiple Sourcing: Bezug von mehreren Lieferanten

Vorteile Global Sourcing:

- günstigere Preissituation
- höhere Wettbewerbssituation
- schnellere Verbreitung und Nutzung technologischen Wissens
- höherer internationaler Bekanntheitsgrad
- Umgehen von inländischen Streiks

Vorteile Multiple Sourcing:

- Reduzierung des Lieferrisikos

- Steigerung des Zuliefererwettbewerbs
- Senkung der Abhängigkeit
- Erhöhung der Flexibilität
- Größere Preissenkungsspielräume

Kritische Reflexion bei Reduktion Lieferantenzahl:
- Verzicht auf Wettbewerb, Verzicht auf günstigere Preise
- Höhere Abhängigkeit, eingeschränkte Flexibilität
- Erhöhtes Lieferrisiko

Frage 8: Vergleich klassisches und modernes Anfragemanagement:
- Verhandlung: pauschal versus kaufteilbezogen
- Preisreduzierungen: als Paket versus Cherry Picking
- Teileumfang: ausgewählte Kaufteile versus alle Kaufteile
- Involvierung: ausgewählter versus aller Lieferanten
- Involvierung Entwicklung/Qualitätsabteilung: vorher versus nach Eingang attraktiver Angebote

Frage 9: Kontinuierlicher Anfrageprozess:
1) Erzeugung Datentransparenz
2) Start Anfrageprozess
3) Durchführung Verhandlung und Entscheidungsfindung
4) Umsetzung der Entscheidung

Frage 10: E-Procurement:
- Elektronische Klassifizierung von Bedarfsgütern/Ausgabenanalyse
- Internetbasierte Informationssuche
- Elektronische Marktplätze und Plattformen
- Elektronische Ausschreibungen und Angebotsbearbeitung
- Online-Auktionen und -Verhandlungen
- Elektronischer Katalogeinkauf
- Electronic Collaboration
- Business Intelligence Anwendungen

Lösungen Kapitel 3:

Frage 1: Aufgabenbereiche Technik und Einkauf:
- Materialverwendung: ideal versus angemessen
- Beschäftigung mit Kosten: begrenzt versus geringe Gesamtkosten
- Spezifikation: perfekt versus praktikabel und ökonomisch
- Beschäftigung mit Lieferverfügbarkeit: gering versus hoch

- Beschäftigung mit Lieferanten: begrenzt versus hoch
- Beschäftigung mit Lieferbeziehung: bestehende Lieferanten versus Kostensicht

Frage 2: Angebotsauswertung:

Bei einem reinen Preisvergleich der beiden Lieferanten wird man Lieferanten A wählen, da dieser einen günstigeren Preis (100 EUR versus 120 EUR) anbietet. Wenn man die Gewichtung mit berücksichtigt und „weiche Faktoren" (qualitative Faktoren) mit in die Betrachtung einbezieht (TCO-Vergleich), wird man sich für Lieferant B entscheiden (66 EUR versus 71 EUR).

	Lieferant A	Lieferant B
Preisvergleich	100 EUR	120 EUR
TCO-Vergleich	71 EUR (100 EUR x 0,5 + 40 EUR x 0,2 + 40 EUR x 0,2 + 50 EUR x 0,1)	66 EUR (120 EUR x 0,5 + 20 EUR x 0,2 + 10 EUR x 0,2 + 0 EUR x 0,1)

- Vor- und Nachteile Preisvergleich: Der Preisvergleich ist ein relativ einfaches Vorgehen, bei dem keine zusätzliche Berechnung nötig ist. Jedoch werden qualitative Kriterien, wie z. B. Risiko, Liefertreue, Qualität, in der Entscheidungsfindung nicht berücksichtigt.
- Vor- und Nachteile TCO-Vergleich: Durch die multidimensionale Betrachtung wird versucht, eine objektive Entscheidungsfindung bei allen Einkaufsvorgängen zu erreichen, die nicht nur auf Preise eingeht. Qualitative Kriterien sind jedoch nicht immer objektiv bewertbar und es entsteht leicht eine Abhängigkeit von der angesetzten Gewichtung bzw. bleibt die Einschätzung auch weiterhin subjektiv.

Frage 3: Multiple versus Modular Sourcing:

- Multiple Sourcing: Dort gibt es keine Einbindung in den Entwicklungsprozess. Insgesamt besteht durch die Zusammenarbeit mit vielen Lieferanten ein hoher Verwaltungsaufwand. Daher bleiben auch die Lieferantenanalysen ungenau.
- Modular Sourcing: Modular Sourcing verursacht eine hohe Abhängigkeit vom Lieferanten. Darüber hinaus wird die Entwicklungskompetenz zum Lieferanten verlagert. Gesamtkostenvorteile entstehen durch die Nutzung von Erfahrungskurven- und Größeneffekten.

Frage 4: Preisvergleich Elektromotoren:

Berechnung: Gerade: $y = mx + t$

Günstigste Motoren A und D (zeigt sich in einer kleinen Skizze): A: $4 = 400 m + t$, D: $6 = 800 m + t$

Auflösung: D – A: $2 = 400 m \Rightarrow m = 1/200$, eingefügt in A (oder D): $t = 2$

Minimale Preisgerade: y = 1/200x + 2

Zu teure Motoren: B und C

Preis B ist: 6, ideal: 3 (KW eingesetzt in minimale Preisgerade), Delta: 3

Preis C ist: 8, ideal: 5 (KW eingesetzt in minimale Preisgerade), Delta: 3

Einsparpotenzial: 6 (Summe Delta B und C)

Kritische Würdigung: Die Prämisse, dass Kosten und Motorleistung in einem funktionalen Zusammenhang stehen, ist nicht immer gegeben. Andere Größen könnten auf den Preis Einfluss haben, so dass die Eindimensionalität nicht ausreicht.

Frage 5: LPP-Batterien:

Auf Basis der vorliegenden Informationen zu den Batterien empfiehlt sich folgende Vorgehensweise zur detaillierten Analyse der Kostensituation:

1) Clusterung der Batterien in homogene Gruppen nach Voltzahl (24, 48 und 80 Volt)
2) Vergleich von Preis und Kapazität der Batterien je Cluster
3) Ermittlung einer Best-Practice-Geraden zur Festlegung von Zielvorgaben

Anhand der Best-Practice-Geraden, die einen linearen Zusammenhang zwischen dem Preis und der technischen Kapazität unterstellt, lässt sich z. B. für den Batterietyp 24 V ein Einsparungspotenzial durch Vereinheitlichung der verwendeten Batterien bzw. Lieferanten sowie durch gezielte Preisverhandlungen von 24 % ausmachen. Über alle drei Batteriecluster hinweg zeigt diese Art der Analyse, dass sich die Kosten für Batterien insgesamt um 18 % senken lassen.

Frage 6: Funktionsübergreifende Teams:

- Typen: Einkäufer, Benutzer, Beeinflusser, Gatekeeper, Entscheider
- Einflussnehmer auf Entscheidungen: Beschaffung, Produktion, Vertrieb, Qualitätssicherung, Forschung und Entwicklung, Logistik

Frage 7: LPP-Schritte:

1) Festlegung der technischen Leistungs- und Kostentreiber
2) Erhebung der entsprechenden Leistungs- und Kostentreiber
3) Graphische Darstellung
4) Durchführung Regressionsanalyse/günstigste Preislinie
5) Festlegung Zielpreiskosten
6) Verhandlung

Frage 8: Schritte im Konzeptwettbewerb:

1) Festlegung Produktumfänge und Kalkulationsmethodik

2) Angebotserstellung (technische Konzepte und Kosten) durch Lieferanten und Einzelteile/Gesamt
3) Angebotsanalyse und Cherry-Picking
4) Durchführung Lieferantenworkshops und Erarbeitung technik- und kostenoptimaler Lösung

Frage 9: Best-of-Best Außenspiegel:
- Günstigste technische Alternative: 10,39
- Best-of-Best: 9,10 EUR
- Einsparpotenzial: 0,91 EUR durch Produktgestaltung (11,30 – 10,31) und 1,29 durch Best-of-Best (10,39 – 9,10), gesamt: 2,20 EUR (19,5 %)
- Grenzen: Die Ermittlung durch Best-of-Best ist erst einmal theoretisch, da sowohl die technische Machbarkeit (ggf. passen die Komponenten unterschiedlicher Lieferanten nicht zusammen), als auch die Bereitschaft der Lieferanten, darauf einzugehen, erst einmal durch Verhandlungen verifiziert werden muss

Frage 10: Collective Sourcing:
- Definition: Zusammenschluss von unabhängigen Unternehmen im Einkauf
- Ziel: Bessere Einkaufskonditionen
- Beispiel: Klinikeinkauf, z. B. durch Pro Spitalia oder Sana Kliniken

Lösungen Kapitel 4:

Frage 1: Vor- und Nachteile zentraler/dezentraler Einkaufsorganisationen:

Vorteile Dezentral:
- Realisierung schneller, unbürokratischer Entscheidungen
- Sicherstellung Nähe zu den Verbrauchern/internen Kunden
- Reduktion Koordinationsbedarf. Klare Zuordnung der Verantwortungen
- bei Local Sourcing besteht kein Vorteil durch Zentralisierung

Vorteile Zentral:
- Einführung standardisierter Prozesse im gesamten Unternehmen
- Durchsetzung höhere Ressourceneffizienz durch Spezialisierung
- Implementierung der besten Ansätze im Unternehmen durch höhere Transparenz („Best practice everywhere")
- Erzielung besserer Einstandspreise durch die Bündelung von Nachfragemacht
- Durchführung einer effizienten Lagerbestandskontrolle durch gestiegene Gesamttransparenz

- Global Sourcing erfordert in der Regel eine Zentralisierung, um den Aufwand gezielt durchführen zu können. Darüber hinaus werden die Global Sourcing-Maßnahmen bei einer dezentralen Struktur sogar häufig verhindert.

Frage 2: Verknüpfung von zentraler und dezentraler Einkaufsorganisation:

Die Verknüpfung der Vorteile beider Extremformen ist über eine Matrix-Organisation bzw. Hybridform möglich.

Frage 3: Leadbuyer-Konzept:

Leadbuyer sind zentral zugeordnet und können daher die Vorteile, wie z. B. Bündelung und gemeinsame Verhandlung, in einer Warengruppe umsetzen. Die entsprechenden Einkäufer werden jedoch weiterhin dezentral geführt, wodurch die Nähe zu den internen Schnittstellen erhalten bleibt.

Frage 4: Einflussfaktoren für die Einkaufsorganisation:
- Größe des Unternehmens
- Notwendigkeit zur Regionalität bzw. Globalisierung
- Homogenität bzw. Heterogenität der Geschäftsbereiche
- Verantwortung der Beschaffung
- Ressourcenverfügbarkeit

Frage 5: Ausgestaltungselemente einer Hybridform:
- Material- und Warengruppenmanagement
- Leadbuyer-Konzept
- Internationale Einkaufsbüros
- Entscheidungsgremium im Einkauf

Lösungen Kapitel 5:

Frage 1: Einkaufsergebnis:
- Serienproduktion:

  Einkaufsergebnis für Kaufteil A = Bedarfsmenge im laufenden Jahr x (Preis im laufenden Jahr – Preis im Vorjahr)

  Herausforderung: Externe Faktoren, wie z. B. Rohstoffpreise, die einen starken Einfluss auf die Kaufteilpreise haben und somit den eigentlichen Einsparerfolg überlagern. Verbesserung: Bereinigung um die Rohstoffpreisschwankungen.

- Projektgeschäft:

  Einkaufsergebnis für Projekt X: Budgetpreis für Projekt X – verhandelter und abgeschlossener Auftragswert für Projekt X

7.1 Lösungen zu den Fragen

Herausforderung: Budgetwert wird bewusst zu hoch angesetzt, um hohe Einsparerfolge auszuweisen. Verbesserung: Budgetwert muss analytisch hinterlegt sein, z. B. durch historische Vergleichswerte oder Ergebnisse aus Wertanalysen.

Frage 2: Härtegradlogik:
- Härtegrad 1: Idee erstellt, beschrieben und grob bewertet
- Härtegrad 2: Kaufmännische Bewertung erfolgt
- Härtegrad 3: Implementierungsgrad erstellt und im Einkaufsgremium entschieden
- Härtegrad 4: Einsparung im Einkaufssystem und vertraglich mit Lieferanten hinterlegt
- Härtegrad 5: Einsparmaßnahme budgetwirksam

Frage 3: Voraussetzung für Einspareffekte im Einkauf:
- Direkter Einfluss auf das Unternehmensergebnis
- Vollständigkeit des erfassten Ergebnisses
- Dokumentation aller Einflüsse
- Isolierte Betrachtung von anderen Bereichen

Frage 4: Elemente des operativen Beschaffungscontrollings:
- Erfassung/Bewertung der Ausgangssituation
- Steuerung von Maßnahmen
- Erfolgs-, Umsetzungs- und Prämissenkontrolle
- Informationsbereitstellung

Frage 5: Brutto- und Nettoerfolg im Einkauf:

Nettoerfolg = Preis Vorperiode x Externe Effekte – Bruttoerfolg (Verhandlungsergebnis)
- Der Nettoerfolg im Einkauf weißt den GuV-messbaren Effekt aus (Preisveränderung zur Vorperiode)
- Der Bruttoerfolg im Einkauf entspricht dem Verhandlungsergebnis

Frage 6: Notwendigkeit und Vorgehensweise beim Risikomanagement:
- Notwendigkeit: Gesetz zur Kontrolle und Transparenz im Unternehmensbereich und Sarbanes Oxley Act

Vorgehensweise:
- Identifizierung möglicher Risikoquellen und Einflussfaktoren durch Datensammlung, -aufbereitung und -auswertung
- Bewertung der identifizierten Risiken (Schätzung Eintrittswahrscheinlichkeit und potenzielles Schadensmaß)

- Risikosteuerung durch Reduzierung Eintrittswahrscheinlichkeit oder Schadenshöhe
- Risikokontrolle

Frage 7: Arten von Beschaffungsrisiken:

- Lieferantenrisiken: Insolvenz, Abhängigkeit, Qualität, Vertrag, Übernahme
- Bedarfsrisiken: Versorgung, Lager, Bestand, Lieferung, Prozess
- Marktrisiken: Preis, Währung, Länder, Standort, Kapazität

Frage 8: Performance im Einkauf:

- Einkaufsvolumen 2011: 4,75 (1,75 + 3,0)
- Einkaufsvolumen 2012: 6,5 (1,5 + 5,0) $\Rightarrow$ Einkaufsergebnis: 1,75 (6,5 – 4,75)
- Volumeneffekt: 2,75 (–0,25 + 3,0)
- Währungseffekt: 1,5
- Einkaufsleistung: –2,5 (6,5 – 4,75 – 2,75 – 1,5)

Frage 9: Normstrategien:

- Portfoliomatrix mit den Achsen Versorgungsrisiko und Einkaufsvolumen
- Normstrategien: Standardmaterial, Kernmaterial, Engpassmaterial und strategisches Material

Frage 10: Balanced Scorecard:

- 5 Perspektiven: Finanz, Kunde, Innovation, Prozess und Lieferant (zusätzlich zur klassischen BSC)

Strategischer Kreislauf:

- Übersetzung und Herunterbrechen der Vision und Strategie
- Kommunikation und Zielabstimmung
- Planung und Vorgaben
- Strategisches Feedback und Lernen

Lösungen Kapitel 6:

Frage 1: Kosteneinsparung – Schritte:

1) Diagnosephase: Schaffung Transparenz Einkaufsvolumen, Durchführung erste Potenzialabschätzung und Aufsetzen des Projekts nach Wellen
2) Erzeugung Datentransparenz: Involvierung Beteiligte, Vorbereitung Anfrageprozess und Durchführung Einkäuferworkshops

3) Anfrageprozess: Versand Unterlagen, Durchführung Lieferantentag, Auswertung Angebote, Kommunikation Zielpreise und Aufbereitung Angebote

4) Durchführung Verhandlung und Entscheidungsfindung: Klärung offener Punkte, Durchführung finaler Verhandlungen und Aufbereitung Entscheidungsvorschlag

5) Umsetzung Entscheidungsfindung: Durchführung Maßnahmencontrolling nach Härtegraden

Frage 2: Zeitverzug bei Umsetzung:
- Erstellung und Lieferung Musterteile
- Durchführung von Material- und Funktionstests
- Kündigung laufender Verträge
- Verbrauch von Lagerbestand

Frage 3: Lieferantentag:
- Zielsetzung: Information über Prozess und Hintergründe sowie Mobilisierung der Zulieferer, d. h. Schaffung eines transparenten Wettbewerbs zu anderen Zulieferern
- Vorgehen: Information durch Bereichs- und Einkaufsleiter sowie Austausch mit Leadbuyern
- Teilnahmequote: In der Regel höher als 80 %, da häufig erstmalig Kontakt zur gesamten Einkaufsorganisation ermöglicht wird und umfangreiche Informationen vermittelt werden

Frage 4: Verhandlungsstrategien:
- Vermeidung (lose-lose): Bedeutung der Lieferbeziehung: gering, Bedeutung der Einsparung: gering
- Kampf (win-lose): Bedeutung der Lieferbeziehung: gering, Bedeutung der Einsparung: hoch
- Anpassung (lose-win): Bedeutung der Lieferbeziehung: hoch, Bedeutung der Einsparung: gering
- Kooperation (win-win): Bedeutung der Lieferbeziehung: hoch, Bedeutung der Einsparung: hoch

Frage 5: Dokumente für Anfrage:
- Anschreiben
- Standardisiertes Angebots- und Kalkulationsschema
- Liefer- und Zahlungsbedingungen
- Zeichnungen und Spezifikationsbeschreibung
- Zusätzliche Produktions- und Materialhinweise

7.2 Lösungen zu den Fallstudien

Lösungshinweise zur Fallstudie 1 (Anfrage):

Angebotsübersicht:

(Erläuterung: alle Preise sind im Fettdruck, das Kostenvolumen im Normaldruck, Ist-Lieferant: schraffiert, günstigster Lieferant: eingerahmt)

Kabel-art	Bedarf (in km)	Ist-Preis (EUR/km)	Ist-Kosten (in TEUR)	Elektro-kabel	Kabel-Schmidt	ZKF AG	Dürren-stein
De luxe	1.000	**500**		**500**	550	580	**470**
			500	500	550	580	470
Spezial	50	**1.500**		**3.000**	**3.000**	**2.000**	**2.500**
			75	150	150	100	125
Ultra	20.000	**220**		**250**	**175**	**220**	**150**
			4.400	5.000	3.500	4.400	3.000
Extra	10.000	**300**		Absage	**250**	**330**	**300**
			3.000		2.500	3.300	3.000
XXL	10.000	**250**		**300**	**250**	Ab-sage	Absage
			2.500	3.000	2.500		

Anmerkungen je Kabelart:

- Nr. 1: Kabel De Luxe:

Dürrenstein unterbietet jetzigen Preis um 30 EUR/km, was ein Einsparpotenzial von 30 TEUR ermöglicht. Vor einem Lieferantenwechsel sollte versucht werden, den Ist-Lieferanten Elektrokabel auf den günstigsten Preis zu bringen, um Wechselkosten zu vermeiden.

- Nr. 2: Kabel Spezial:

Ist-Lieferanten ZKF AG nutzt die Anfrage zur Preiserhöhung (von 1.500 auf 2.000 EUR/km), was Mehrkosten von insgesamt 25 TEUR verursachen würde. Daher ist ZKF AG wieder auf den alten Preis zu bringen. Es sollte versucht werden, ob z. B. durch enge technische Zusammenarbeit Kabel Spezial durch ein anderes Kabel ersetzt werden kann, nachdem der Einzelpreis sehr hoch ist.

- Nr. 3: Kabel Ultra:

Durch den Preis von Dürrenstein (150 EUR/km) entsteht ein signifikantes Einsparpotenzial von 1,4 Mio. EUR im Vergleich zum jetzigen Preis (220 EUR/km) von ZKF AG. Vor einem Wechsel sollte aber auch ZKF AG als aktueller Zulieferer die Möglichkeit bekommen, auf dieses Preisniveau einzugehen. Der Einsatz einer alternativen Technik (bei Dürrenstein auch möglich) ist mit der Konstruktionsabteilung zu prüfen

- Nr. 4: Kabel Extra:

Ein Wechsel vom aktuellen Lieferanten Dürrenstein auf Kabel Schmidt bedeutet eine Einsparung von 500 TEUR und ist auf Grund der alternativ angegebenen Spezifikation mit der Technik zu überprüfen.

- Nr. 5: Kabel XXL:

Bei den Lieferanten ohne Angebot (ZKF AG und Dürrenstein) sollte nachgefasst und ggf. zusätzliche Angebote bei weiteren Zulieferern eingeholt werden. Ansonsten bleibt Kabel XXL beim jetzigen Lieferanten Kabel-Schmidt zu den bisherigen Konditionen.

Insgesamt ist die Anfrage von nur vier Lieferanten, die bereits aktiv Kabel an die Power AG liefern, beschränkt und damit sehr eng. Daher würde eine erweiterte Anfrage auch bei nicht aktiven Lieferanten Sinn machen, um den Wettbewerbsdruck zu erhöhen, weitere Potenziale zu generieren und die Gefahr von Absprachen zu reduzieren. Außerdem sollte eine 2. Runde (Feedback) vor einer finalen Verhandlung durchgeführt werden, um allen Lieferanten die Chance zur Überprüfung ihrer Angebote zu ermöglichen.

Lösungshinweise zur Fallstudie 2 (Global Sourcing):

Marktanalyse:

Global Sourcing bietet sich insbesondere auf Grund von Lohnkostenvorteilen an. Generell gilt für den Start von derartigen Aktivitäten jedoch, dass man dies zuerst in Anrainerstaaten, Ost- und Westeuropa testen sollte, um noch eine räumliche und auch kulturelle Nähe zu besitzen. Asien und andere Märkte sind erst nach ersten internationalen Erfahrungen empfehlenswert, da neben den kulturellen Herausforderungen auch intensive Arbeiten zur Sicherstellung einer funktionierenden Logistikkette notwendig sind.

Maßnahmen zur Umsetzung des Global Sourcing Gedanken im Unternehmen innerhalb der nächsten fünf Jahre:

1) Lieferantensuche: Insbesondere über Suchmaschinen im Internet können schnell potenzielle Lieferanten ermittelt werden.

2) Lieferantenansprache: Die gefunden Zulieferer sollten in einem nächsten Schritt hinsichtlich ihres Interesses zur Lieferung abgefragt werden.

3) Überprüfung der Informationen: Neben dem Interesse sollten parallel die verfügbaren Informationen überprüft und ggf. um weitere notwendige Daten ergänzt werden.

4) Testanfrage bzw. Integration in Anfragen: Im nächsten Schritt sollte die Leistungsfähigkeit insbesondere hinsichtlich der Wettbewerbsfähigkeit durch Testanfragen bzw. bereits laufende neue Anfragen überprüft werden.

5) Bei günstigsten Angeboten: Vor-Ort-Besuch. Stellt sich ein Lieferant bei einem bzw. mehreren Anfragen als wettbewerbsfähig heraus, so sollte ein persönlicher Besuch stattfinden, um sich über weitere Kriterien, wie z. B. Qualität, Fertigung, vor Ort ein Bild zu machen. Es empfiehlt sich, bei derartigen Audits, den Besuch mehrerer potenzieller Zulieferer in der gleichen Region zu verbinden.

6) Präqualifizierung: Anschließend sollten erste Muster vom Lieferanten angefordert und geprüft werden. Danach sollte eine Präqualifizierung des Zulieferers stattfinden.

7) Testbestellung: Sind auch die Musterteile positive begutachtet worden, so sollte über eine erste Testbestellung die Lieferkette aufgebaut werden.

8) Unterstützung bei der Serienbelieferung: Die folgende Serienbestellung sollte vom Einkauf bzw. einem spezialisierten Team unterstützt werden.

Anmerkung: Zeigt sich der Lieferant als ein potenzieller Serienlieferant für ein Produkt, sollte frühzeitig die Technik mit involviert werden, um Bedenken im Vorfeld klären zu können.

Lösungshinweise zur Fallstudie 3 (Verhandlung):

Wichtig ist es, eine kooperative Gesprächsatmosphäre zu schaffen, in der beide die tatsächlichen Interessen der Gegenseite verstehen, um eine gemeinsame Lösung zu finden Der Lieferant Dürrenstein will dabei mehr Aufträge erhalten, der Einkauf denkt jedoch nur an das eine Kabel.

Mögliche Ansatzpunkte, um die unterschiedlichen Zielsetzungen doch zu erreichen, bzw. sich gegenseitig anzunähern sind:

- Überprüfung der Möglichkeit zum Einsatz alternativer Materialien
- Kosten und damit Preise könnten durch eine Verlagerung der Produktion ins Ausland reduziert werden
- Unterbietung der Wettbewerbspreise bei anderen Kabeltypen und damit Lieferantenwechsel zu Dürrenstein
- Überprüfung der Reduzierungsmöglichkeiten bei Dürrenstein hinsichtlich Overheadkosten
- Reduzierung der Gewinnmarge, die bei Kabel Extra jedoch bereits jetzt schon sehr klein ist.

Lösungshinweise zur Fallstudie 4 (Einkaufsorganisation):

Bei der multidivisionalen Struktur des Unternehmens ist die Herausforderung beim Aufbau einer Neuorganisation im Einkauf, eine ausgewogene Balance zwischen Zentralisation zur Bündelung der Bedarfe und der historisch gewachsenen Dezentralisation zum Erhalt der Eigenständigkeit der Gesellschaften zu erreichen.

- Im ersten Schritt sollte daher ein konzernübergreifendes Materialgruppenmanagement umgesetzt werden, um gezielt unternehmensweite Synergieeffekte zu identifizieren und zu realisieren.
- Zur weiteren Verbesserung und Unterstützung kann danach zusätzlich ein Leadbuyer-Konzept aufgebaut werden.

- Parallel zu diesen Maßnahmen sollte ein Entscheidungsgremium im Einkauf installiert werden, in dem alle wesentlichen Entscheidungen über die Vergabe von Kaufteilen getroffen werden.

Sind die Standorte international bzw. wird ein signifikanter Anteil des Einkaufvolumens global beschafft, kann über den selektiven Aufbau internationaler Einkaufsbüros nachgedacht werden.

Lösungshinweise zur Fallstudie 5 (Einkaufscontrolling):

	Ingenieur-Dienstleistungen	Kabel	Navigationssysteme	Gesamt
EK-Volumen Vorjahr	600.000	1.200.000	1.800.000	3.600.000
Volumeneffekt	–100.000	600.000	–180.000	320.000
Referenzvolumen	500.000	1.800.000	1.620.000	3.920.000
Währungseffekt	n.a.	n.a.	–216.000	–216.000
Preiseffekt (= EK-Leistung)	–25.000	–120.000	126.000	–19.000
Rohstoffeffekt	n.a.	–252.000	210.600	–41.400
Verhandlung	–25.000	132.000	–84.600	22.400
EK-Volumen aktuelles Jahr	475.000	1.680.000	1.530.000	3.685.000
Nettoerfolg (= EK-Ergebnis)	–125.000	480.000	–270.000	85.000

Literaturverzeichnis

Akinc, Selecting a set of vendors in a manufacturing environment, in: Journal of Operations Management, 11. Jahrgang, Nummer 2, 1993, S. 107–122.

Arnold, Beschaffungsmanagement, 2. Auflage, 1997.

Arnold, Supplier Lifetime Value: Ein Konzept zur Lieferantenbewertung in Industrie und Handel, in: Bauer, Huber, Strategien und Trends im Handelsmanagement. Disziplinübergreifende Herausforderungen und Lösungsansätze, 2004, S. 177–197.

Arnold, Kasulke, Praxishandbuch innovative Beschaffung, 2007.

Arnolds et al., Materialwirtschaft und Einkauf, 12. Auflage, 2012.

Batran, Eßig, Erfolgsfaktor und Wertbeitrag strategischer Lieferantenentwicklung, in: Beschaffung aktuell, Nummer 7, 2009, S. 18–20.

Bergauer, Wierlemann, Einkauf – Die unterschätzte Macht, 2008.

Bogaschewsky, Götze, Management und Controlling von Einkauf und Logistik, 2003.

Bogaschwesky, Kohler, Innovative Organisationsformen des Einkaufs im Kontext der Globalisierung, in: Sanz, Semmler, Walther, Die Automobilindustrie auf dem Weg zur globalen Netzwerkkompetenz, 2007, S. 143–160.

Boutellier, Wagner, Wehrli, Handbuch Beschaffung. Strategien – Methoden – Umsetzung, 2003.

Brodersen, Beschaffungsmarktwahl, 2000.

Buchholz, Messung und Darstellung von Beschaffungsleistungen, Zeitschrift für betriebswirtschaftliche Forschung, 54. Jahrgang, Nummer 4, 2002, S. 363–380.

Bundesverband Materialwirtschaft, Einkauf und Logistik (Hrsg.), Best Practice in Einkauf und Logistik, 2. Auflage, 2008.

Büsch, Praxishandbuch Strategischer Einkauf: Methoden, Verfahren, Arbeitsblätter für professionelles Beschaffungsmanagement, 3. Auflage, 2012.

Buscher, Konzept und Gestaltungsfelder des Supply Network Managements, in: Bogaschewsky, Integrated Supply Management. Einkauf und Beschaffung: Effizienz steigern, Kosten senken, 2003, S. 55–86.

Carter, Narasimhan, Is Purchasing really strategic?, in: International Journal of Purchasing and Materials Management, 32. Jahrgang, Nummer 1, 1996, S. 20–28.

Cooper, Slagmulder, Target Costing and Value Engineering, 1997.

Dimitri, Piga, Spagnolo, Handbook of Procurement, 2006.

Droege & Comp., Gewinne einkaufen. Best Practice im Beschaffungsmanagement, 1998.

Eicke, Femerling, Modular Sourcing – ein Konzept zur Neugestaltung der Beschaffungslogistik, 1991.

Entchelmeier, Supply Performance Measurement: Leistungsmessung in Einkauf und Supply Management, 2008.

Eßig, Supplier Lifetime Value als Ansatz zur Neubewertung von Lieferantenbeziehungen, in: Bogaschewsky, Integrated Supply Management. Einkauf und Beschaffung: Effizienz steigern, Kosten senken, 2003, S. 323–346.

Eßig, Buck, Dimensionen, Elemente und Institutionalisierung eines Beschaffungscontrolling-Portfolios, in: Zeitschrift für Controlling und Management, 51. Jahrgang, Nummer 3, 2007, S. 168–173.

Fincke, Kades, Krampf, Besser einkaufen, in: Akzente, Nummer 22, Dezember 2001, S. 16–21.

Fisher, Ury, Patton, Das Harvard-Konzept. Der Klassiker der Verhandlungstechnik, 24. Auflage, 2013.

Friedag, Schmidt, My Balanced Scorecard: Das Praxishandbuch für Ihre individuelle Lösung: Fallstudien, Checklisten, Präsentationsvorlagen, 3. Auflage, 2006.

Fröhlich-Glantschnig, Berufsbilder in der Beschaffung: Ergebnisse einer Delphi-Studie, 2005.

Fröhlich, Lingohr, Gibt es die optimale Einkaufsorganisation? Organisatorischer Wandel und pragmatische Methoden zur Effizienzsteigerung, 2010.

Gabath, Risiko- und Krisenmanagement im Einkauf, 2010.

Gienke, Kämpf, Handbuch Produktion: Innovatives Produktionsmanagement: Organisation, Konzepte, Controlling, 2007.

Grossmann, Einkauf. Kosten senken – Qualität sichern – Einsparpotenziale realisieren, 5. Auflage, 2012.

Grünert, Fuchs, Cluster Sourcing: Wettbewerbsvorteile durch lokale Vernetzung am Standort Deutschland, in: Rademacher, Kaufmann, Unternehmensstandort Deutschland – Unsere Stärken nutzen, 2008, S. 145–161.

Hahn, Kaufmann, Handbuch industrielles Beschaffungsmanagement: Internationale Konzepte – Innovative Instrumente – Aktuelle Praxisbeispiele, 2. Auflage, 2002.

Heß, Supply-Strategien in Einkauf und Beschaffung: Systematischer Ansatz und Praxisfälle, 2. Auflage, 2010.

Hirschsteiner, Einkaufsverhandlungen. Strategien, Techniken, Regeln, Praxis, 1999.

Hüttenrauch, Baum, Effiziente Vielfalt. Die dritte Revolution in der Automobilindustrie, 2008.

Hungenberg, Strategisches Management im Unternehmen, 7. Auflage, 2012.

Jäger, Instrumente des Beschaffungscontrollings: Balanced Scorecard und Lieferantenmanagement im Fokus, 2009.

Johnson, Leenders, Fearon, Supply's Growing Status and Influence: A Sixteen Year Perspective, in: The Journal of Supply Chain Management, 42. Jahrgang, Nummer 2, 2006, S. 33–43.

Kaluza, Konzeption eines erfolgsorientierten Beschaffungscontrollings. Theoretische Betrachtungen und empirische Untersuchungen, 2. Auflage, 2010.

Kanakamedala, Ramsdell, Roche, The Promise of Purchasing Software, McKinsey Quarterly, 40. Jahrgang, Nummer. 4, 2003, S. 19–22.

Kaplan, Norton, The Strategy-focused Organization: How Balanced Scorecard Companies thrive in the New Business Environment, 2001.

Kaplan, Norton, The Balanced Scorecard. Translating Strategy into Action, 1996.

Kaufmann, Internationales Beschaffungsmanagement. Gestaltung strategischer Gesamtsysteme und Management einzelner Transaktionen, 2001.

Kerkhoff, Milliardengrab Einkauf. Einkauf – Die Top-Verantwortung des Unternehmens nicht nur in schwierigen Zeiten, 2. Auflage, 2011.

Kerkhoff, Penning, Der strategische Faktor Personal im Einkauf: Warum manche Einkaufsorganisationen erfolgreich sind – andere aber nicht, 2010.

Kotler, Keller, Bliemel, Marketing-Management. Strategien für wertschaffendes Handeln, 12. Auflage, 2007.

Kraljic, Purchasing must become supply management, in: Harvard Business Review, 61. Jahrgang, Nummer 5, September/Oktober 1983, S. 109–117.

Krampf, Einsparerfolge durch Optimierung des Einkaufs, in: ew, 104. Jahrgang, Heft 25, 2005, S. 20–25.

Krampf, Beschaffungsmanagement in industriellen Großunternehmen. Ein hierarchisches Konzept am Beispiel der Automobilindustrie, 2000.

Krampf et al., Neuausrichtung im Beschaffungsmanagement, in: Zentes, Swoboda, Morschett, Fallstudien zum internationalen Management, 4. Auflage, 2011, S. 247–270.

Krampf et al., Fallstudienlösung: Neuausrichtung im Beschaffungsmanagement, in: Zentes, Swoboda, Fallstudien zum internationalen Management, Instructors' Manual, 2. Auflage, 2004, S. 377–387.

Krampf, Rittershausen, Schlüchtermann, Wie aus Potenzialen Savings werden – gezieltes Einkaufs-Controlling bei Kostensenkungsprojekten, ZfCM Controlling und Management, 56. Jahrgang, Nummer 4, 2012, S. 279-287.

Large, Strategisches Beschaffungsmanagement. Eine praxisorientierte Einführung mit Fallstudien, 5. Auflage 2013.

Leftwich et al., Organizational Concepts for Purchasing and Supply Management Implementation, 2004.

Lewicki, Hiam, The Fast Forward MBA in Negotiating and Deal Making, 1998.

López de Arriortúa, Du kannst es: Memoiren eines Arbeiters, 1998.

Maurer, Dietz, Lang, Beyond Cost Reduction. Reinvesting the Automotive OEM-Supplier Interface, BCG Report, March 2004.

McKinsey Wissen, 3. Jahrgang, Nummer 10, 2004.

Meierbeck, Strategisches Risikomanagement in der Beschaffung, 2010.

Meinig, Die Zufriedenheit von Zulieferunternehmen der deutschen Automobilindustrie – eine empirische Analyse, 2001.

Merkel et al., Global Sourcing im Handel. Wie Modeunternehmen erfolgreich beschaffen, 2008.

Monden, Cost Reduction Systems – Target Costing and Kaizen Costing, 1995.

Moses, Ahlström, Problems in cross-functional sourcing decision processes, Journal of Purchasing and Supply Management, Volume 14. Jahrgang, Nummer 2, März 2008, S. 87–99.

Murphy, Heberling, A Framework for Purchasing and Integrated Product Teams, in: International Journal of Purchasing and Materials Management, 32. Jahrgang, Sommer 1996, Nummer 3, S. 11–19.

Newman, Single Source Qualifications, in: Journal of Purchasing and Materials Management, 24. Jahrgang, Nummer 2, 1988, S. 10–17.

Newman, Krehbiel, Linear performance pricing: A collaborative tool for focused supply cost reduction, Journal of Purchasing and Supply Management, Volume 13. Jahrgang, Nummer 2, März 2007, S. 152–165.

Oberender, Schlüchtermann, Schommer, Da-Cruz, Innovatives Beschaffungsmanagement im Krankenhaus, 2006.

Orths, Einkaufscontrolling als Führungsinstrument. Tipps und Tools für den Erfolg, 2. Auflage, 2009.

o.V., ZF Friedrichshafen: Netzwerk aus Lieferanten und Mitarbeitern. Kernstrategie Einkauf, Beschaffung aktuell, Nummer 11, 2005, S. 38–39.

Paquette, The Sourcing Solution. A Step-by-Step Guide to Creating a Successful Purchasing Program, 2004.

Piontek, Global Sourcing, 1997.

Proch, Krampf, Schlüchtermann, Linear Performance Pricing als Instrument zur Kostenoptimierung in der Supply Chain, in: Die Betriebswirtschaft (DBW), 73. Jahrgang, Heft 6, 2013, S. 515–534.

Ramsay, The Case Against Purchasing Partnerships, in: International Journal of Purchasing and Materials Management, 32. Jahrgang, Nummer 4, 1996, S. 13–19.

Rast, Chefsache Einkauf, 2008.

Robinson, Faris, Wind, Industrial Buying and Creative Marketing, 1967.

Rösler, Target Costing für die Automobilindustrie, 1996.

Rozemeijer, How to manage corporate purchasing synergy in a decentralised company? in: European Journal of Purchasing & Supply Management, 6. Jahrgang, Nummer 1, 2000, S. 5–12.

Rüdrich, Kalbfuß, Weißer, Materialgruppenmanagement. Quantensprung in der Beschaffung, 2. Auflage, 2006.

Sako, Supplier Development at Honda, Nissan and Toyota: Comparative case studies of organizational capability enhancement, in: Industrial and Corporate Change, 13. Jahrgang, Nummer 2, 2004, S. 281–308.

Schaaf, Marktorientiertes Entwicklungsmanagement in der Automobilindustrie: Ein kundennutzenorientierter Ansatz zur Steuerung des Entwicklungsprozesses, 1999.

Schliesing, Krampf, Schlüchtermann, Konzeption und Implementierung einer Procurement Balanced Scorecard. In: Controlling – Zeitschrift für erfolgsorientierte Unternehmensführung, 24. Jahrgang 2012, Heft 7, S. 411-418.

Schotanus, Horizontal Cooperative Purchasing, 2007.

Schuh, Kromoser, Strohmer, Einkauf als Margenmotor? Analytische Defizite und mangelnde Personalausstattung im Einkauf der deutschen Industrie, ATKearney, 2007.

Schulte-Henke, Kundenorientiertes Target Costing und Zulieferintegration für komplexe Produkte: Entwicklung eines Konzepts für die Automobilindustrie, 2008.

Statistisches Bundesamt, Statistisches Jahrbuch 2010.

Tella, Virolainen, Motives behind purchasing consortia, in: International Journal of Production Economics, 93. Jahrgang, 2005, S. 161–168.

Thiemt, Risikomanagement im Beschaffungsbereich, 2003.

Thommen, Achleitner, Allgemeine Betriebswirtschaftslehre: Umfassende Einführung aus managementorientierter Sicht, 7. Auflage, 2012.

Trent, The Use of Organizational Design Features in Purchasing and Supply Management, in: The Journal of Supply Chain Management, 40. Jahrgang, Nummer 3, 2004, S. 4–18.

Versteeg, Revolution im Einkauf. Höchste Qualität und bester Service zum günstigsten Preis, 1999.

Wannenwetsch, Erfolgreiche Verhandlungsführung in Einkauf und Logistik. Praxiserprobte Erfolgsstrategien und Wege zur Kostensenkung, 4. Auflage, 2013.

Webster, Wind, Organizational Buying Behaviour, 1972.

Wildemann, Einkaufspotenzialanalyse: Programme zur partnerschaftlichen Erschließung von Rationalisierungspotenzialen, 2. Auflage, 2008.

Wildemann, Risikomanagement und Rating, 2006.

Wolters, Modul- und Systembeschaffung in der Automobilindustrie: Gestaltung der Kooperation zwischen europäischen Hersteller- und Zulieferunternehmen, 1995.

Zelazny, Wie aus Zahlen Bilder werden. Wirtschaftsdaten überzeugend präsentiert, 7. Auflage, 2013.

Sachregister

A
ABC-Analyse 144
Accenture 24
AGKAMED 105
Alibaba.com 62
Allowable Costs 110
Anfragemanagement 39
Anfrageprozess 43, 180
Arealkonzept 21
Aufgaben des Einkaufs 5
Ausbildung 92

B
Balanced Scorecard 135, 146
Bayer 175
Beschaffungsprozess 7, 61
Beschaffungsrisiken 163
Beschaffungsstrategie 18
Bestellschreiber 12
Best-of-Best 89
Best Practice 18, 79
BMW 2, 24, 25, 48, 85, 99, 101, 102, 109
Bosch 22, 37, 101
Boston Consulting Group 25
Brutto-Einkaufserfolg 153
Budgetverfahren 154
Business Intelligence-Anwendungen 64
Buying Center 72

C
Celestica 47
Challenger 80
Change Management 58
Cherry-Picking 41, 89
China-Sourcing 57
Chrysler 101, 108
Claas 175
Claim Management 91, 129
Clinicpartner 105
Colgate-Palmolive 47
Collective Sourcing 23, 105
Compliance 53, 58, 83, 86, 128
Conjoint-Analyse 111
Controlling 84, 141
Corporate Sourcing Committee 133, 136
Cost Cutting 175
Covisint 63, 108
Credit Suisse 48

D
Daimler 24, 25, 77, 85, 108
Dana 101
Delphi 101
Demag Cranes 175
Demand Tailored Sourcing 23
Denso 101
Design Freeze 87
Design-to-Cost 87
Design-to-Value 87
Deutz 44, 50, 98
Dezentrale Einkaufsorganisation 126, 135
DHL 48
Drifting Costs 110
Dual Sourcing 22
D-U-N-S-Nummer 67

E
Economies of Scale 33, 39, 101, 128
Einkaufsbüro 49, 132
Einkaufsergebnis 153
Einkaufsgremium 132
Einkaufskooperationen 96
Einkaufsleistung 153
Einkaufsorganisation 125
Einkaufsstrategie 14, 18
– Funktionalstrategie 17
Einkaufstarget 113
Einkaufsziele 5
Einsparpotenziale abschätzen 177
– bei E-Procurement 61
– bei Global Sourcing 54
– Entwicklung 183
Einsparprogramm 175
Electronic Collaboration 64
Elektronische Ausschreibung 63
Elektronischer Katalog 64
Entscheidungsgremium 133
E-Procurement 61, 151
Erfahrungskurve 34
Ericsson 47

F
Fiat 99
Finanzperspektive 147
Flextronics 47
Ford 25, 63, 77, 108
Forschung & Entwicklung 74
Frühaufklärungssysteme 164

Sachregister

Funktionalstrategie 17
Funktionsübergreifende Teams 71, 76

G
Geberit 144
General Electrics 58
General Motors 1, 42, 108
Geschäftsfeldstrategie 17
Global Sourcing 21, 46, 163, 165

H
Harmonisierung von Spezifikationen 24, 71
Härtegrad 168
Harvard-Prinzip 8
Hebeleffekt 4
Henkel 59
Herausforderungen 9
Holländische Auktion 9, 63
HPI 24, 108
Huckepack-Konsortium 96
Hybride Organisationsformen 130
HypoVereinsbank 6, 134

I
IKEA 132
Indien 57
Individual Sourcing 23
Inhouse-Consultant 12
Innovationsperspektive 148
Insolvenzrisiko 163
Integrierte Kostenanalyse 54
Internet 62

J
Jobrotation 57
Johnson Controls 101
Johnson&Johnson 48
Just-in-time 23, 103

K
Karstadt-Quelle 47
Kennzahlen 152
– Darstellung 165
Kion 132, 134
Konstruktion 75
Konzeptwettbewerb 87
Konzernstrategie 17
Kooperation 94
– horizontal 96, 105
– vertikal 95, 97
Kundenperspektive 147

L
Leadbuyer 96, 131, 135, 176
Lehrstühle für Beschaffung 94
Lieferantenaward 86
Lieferantenkonzept 22

Lieferantenmanagement 81
Lieferantentag 43, 182
Lieferantenzahl 65
Linear Performance Pricing 78
Li Ning 48
Local Content-Anforderungen 55
Local Sourcing 21, 127
López 1, 42, 46
Low Performer 80

M
Magna 101
Market-based View 15
Marktplätze 62
Marktpreisanpassungsverfahren 154
Marktpreisindexverfahren 154
Marktrisiko 164
Maßnahmenumsetzung 169
Materialkostenanteil 3
Materialkostenoptimierung 175
Matrixorganisation 125, 130
Maverick Buying 6, 9, 134, 150
Maxeda 44
McKinsey 25, 47, 78
Mercateo 62
Merkmalsausprägungen 12
Mission 15
Modular Sourcing 23, 99
Motorola 47
Multiple Sourcing 22, 35, 59, 164
– Vorteile 38

N
Nearshore 48
Netto-Einkaufserfolg 153
Nissan 108

O
Objektbezug 23
Offshore 48
Online-Auktionen 63
Opel 1, 25, 40, 77
Outlier 80

P
P.E.G. 105
Periodenvergleichsverfahren 153
Peugeot 1
Plattformen 62
Porsche 24, 25, 105
Portfolioanalyse 165
Portfoliomanagement 144
Preisangebotsverfahren 153
Procter & Gamble 48
Procurement Balanced Scorecard 147
Produktkosten 76
Programmkonsortium 96
Projektcontrolling 167

Sachregister

Projektkonsortium 96
ProSpitalia 105
Prozessperspektive 148

Q
Qualität 74, 85
Qualitätsrisiko 164
Quotenverschiebung 59

R
Regressionsanalyse 79
Renault 63, 108, 175
Ressource-based View 15
Reverse Auction 9, 63
Risikomanagement 162
– Aufgabe 162
– Instrumente 164
Rohstoffpreisrisiko 164
Rohstoffschwankungen 159

S
Sana 105
Sarbanes Oxley Act 162
Schering 175
Scoring-Modelle 165
Shared Service Center 130
Siemens 65, 94
Simultaneous Engineering 97
Single Sourcing 22, 36, 104, 164
– Arten 36
– Vorteile 39
Smart 102
Sole Sourcing 22, 146
Stock Sourcing 23
Strategie
– Anforderungen an eine 19
– Elemente 14
Strategiedimensionen 19
Strategieprozess 15
– Strategieebenen 17
– top-down/bottom-up 16
Strategische Beschaffung 20
Subjektbezug 23
Supplier Lifetime Value 86, 142
Supply Chain Management 97
SWOT-Analyse 16
System Sourcing 23, 99

Szenario-Analyse 164

T
Target Costing 24, 74, 85, 108, 146
Tarifveränderungen 160
Techpilot 63
Third Party-Organisation 96
Total Cost of Ownership 20, 86
Toyota 84, 86, 99, 122
Trumpf 73
TRW 101

U
Umfeldanalyse 16
Umkehr der Beweislast 79
Umsetzungszeit 187
Unit Sourcing 23

V
Verhandlung 9, 40, 43, 79, 113, 118, 184
Verhandlungsstrategien 185
Virtuelle Organisation 96
Vision 15
Visteon 101
Volkswagen 1, 22, 24, 25, 40, 42, 102, 125, 132, 133
Volumenänderung 157
Volumenbündelung 33

W
Währungsrisiko 164
Währungsschwankungen 158
Warengruppenklassifizierung 61
Warengruppenmanagement 130
Werthebel 3
Wettbewerbsdruck 24, 33, 175
Wettbewerbshebel 24
Win-win-Strategie 8, 39, 80, 99, 184
Wirtschaftlichkeitsprinzip 5

Z
Zeitbezug 23
Zentrale Einkaufsorganisation 127
ZF Friedrichshafen 84
Zielkostendiagramm 112
Zielkostenverfahren 153